KB168722

노벨상이 만든 세상

물리학 Ⅱ

노벨상이 만든 세상

물리학 Ⅱ

세상 사람들이 나를 어떻게 보는지 나로서는 알 수 없다.
그렇지만 나 스스로를 돌이켜본다면, 진리의 대양은 발견되지도 않은 채
내 앞에 펼쳐 있는데 해변에서 놀면서 간혹 좀 더 고운 조약돌이나
예쁜 조개껍데기들을 줍느라 정신이 팔린 어린 소년과 같았다고
생각한다.

– 아이작 뉴턴 –

과학 분야의 연구는 몇 개의 작은 탑을 더 쌓아올리고
지붕에 붙일 몇 개의 조각품을 만들면
마무리된다.

–20세기 초 과학자들–

| 목 차 |

1권

2권

타임 머신

Time Machine

시간여행을 다룬 영화들이 세계적으로 흥행에 성공하면서
많은 사람들이 어린아이들처럼 타임머신이 언젠가 발명될 것이며
그렇게 되면 누구나 쉽게 시간여행을 할 수 있을 것이라고 믿고 있다.
시간여행이 정말로 가능한가?
이 해답을 아인슈타인이 쥐고 있는데 어쩐 일인지
그는 타임머신은 절대로 불가능하다고 결론 내렸다.

– 본문 중 –

타임 머신

프랑스의 한 텔레비전 방송국에서 제작한 「내가 바라는 세상」은 새로운 밀레니엄을 맞는 260명의 지구촌 어린이들이 미래에 대한 예측과 희망의 메시지를 전달하는 프로그램이다.

그 메시지는 이렇다. 인간들이 일부 부정적인 요소들을 슬기롭게 제거할 수만 있다면 꿈과 환상이 어우러진 희망찬 미래가 될 수 있다는 것이다.

재미있는 사실은 260명 어린아이들의 가장 큰 소망이 '타임머신을 타고 싶다' 는 것이었다.

사실 공전의 흥행에 성공한 SF 영화는 거의 모두 타임머신을 소재로 했다고 해도 과언이 아니다. 타임머신의 원조라고 할 수 있는 조지 웰스의 원작을 영화로 만든 「타임머신(Time Machine)」, 「터미네이터」, 「백 투 더 퓨처(Back to the Future)」, 「타임캅(Timecop)」, 「스피어(Sphere)」, 「비지터(Visiteurs)」, 「12 몽키즈(12 Monkeys)」 등 수많은 영화들이 현재에서 과거나 미래로, 미래에서 현재로 넘나드는 이야기였다. 중세 유럽과 현대를 넘나드는 「비지터(Visiteurs)」는 국내에서는 흥행이 다소 저조했으나 프랑스 등 유럽에서는 사상 최대의 관중을 동원했다.

| 영화 〈터미네이터〉의 포스터 | ▶

| 영화 〈백투더퓨처〉의 포스터 | ▼

| 영화 〈콘택트〉의 포스터 | ▼▼

『스타트랙』 시리즈의 4편인 「귀환」을 보자. 엔터프라이즈호의 승무원들은 거대한 외계의 우주탐사선에서 고래의 울음소리를 검출한다. 그리고 향유고래의 울음소리로 우주탐사선에 화답해야 한다는 사실을 알게 된다. 만약에 향유고래가 우주탐사선에 화답하지 못한다면 지구는 존재할 가치가 없으므로 파괴될 처지였다. 엔터프라이즈호의 승무원들은 20세기에 살아 있던 향유고래를 미래로 갖고 와야만 하는 것이다.

엔터프라이즈호의 승무원들은 태양의 중력장을 이용하여 매우 빠른 속력으로 가속해 과거 시간으로 거슬러 올라간다. 그들은 수족관에서 사육비 문제로 바다로 방류된 고래가 사냥꾼들에게 살해되려는 순간 아슬아슬하게 23세기로 옮겨온다. 우주탐사선은 그들의 신호에 고래가 응답하는 것을 듣고 태양계를 떠난다. 지구는 용서받고 살아남게 된 것이다.

제임스 카메론 감독의 「터미네이터」는 특히 흥미롭다. 2029년은 세계를 지배하는 기계들이 인류 소탕 작전을 벌이는 참혹한 미래이다. 핵전쟁으로 30억 인구가 소멸하고 겨우 살아남은 사람들은 인간보다 강해진 기계와 전쟁을 치르게 된다. 인간의 저항이 만만치 않자 기계군대의 독재자는 저항군 지도자인 존을 제거하기 위해 사이보그 인간인 '터미네이터'를 과거로 보낸다. 존의 어머니인 사라를 제거하면 저항군의 지도자 존이 태어날 수 없기 때문이다. 영화에서는 이에 대항하여 저항군의 전사인 카일이 존의 어머니인 사라를 구하기 위해 과거로 날아간다.

사라의 아들 존이 태어나려면 미래가 현재보다 먼저 일어나야 한다. 그의 아버지 카일은 존보다 늦게 태어나 그의 부하가 되고 다시 과거로 돌아가 그의 아버지가 된다. 존의 어머니가 되는 사라는 뱃속에 있는 아들에게 보낼 녹음 메시지에 이렇게 말한다.

"카일을 보낼 때 아버지인 줄 알지 못했을 것이다. 그러나 그를 보내지 않았다면 너는 태어나지 않았을 거야."

여기에서 흥미로운 것은 2029년 존의 아버지인 카일은 존이 보여준 사라의 사진을 보고 반해 사라를 보호하는 작전에 지원한다는 점이다. 그 사진은 1984년 사라가 주유소에서 찍은 것인데 카일은 사라가 죽은 후에 사라에게 반한다. 그들의 사랑은 미래에서 싹터서 과거에서 실현되었으며 다시 미래로 이어진 것이다.

「터미네이터」를 비롯하여 타임머신이 나오는 영화들은 주인공이 과거와 미래를 마음껏 넘나들면서 주어진 상황에 적절히 대처한다.

대부분의 SF가 타임머신을 이용하여 광대한 우주공간 또는 상당한 시간 차이가 있는 미래 또는 과거를 그린다. 그러나 단 20분이나 한 시간 전으로 돌아가기만 해도 수많은 일이 생길 수 있다는 것을 루이스 모노 감독은 「레트로액티브(Retroactive)」에서 보여주었다.

고속도로에서 작은 교통사고를 낸 범죄심리학자 카렌이 프랭크와 그의 처가 타고 가는 자동차에 동승하게 되면서 사사건건 일이 꼬인다. 프랭크는 고가의 컴퓨터 칩을 팔아넘기는 악덕 사기꾼인데 간이휴게소에서 아내의 부정을 알고 쏘아 죽인 후 카렌마저 살해하려고 한다.

카렌은 가까스로 탈출하여 과거로의 시간 역행 시스템을 연구하는 연구소로 들어간다.

그런데 연구소의 기계 조작 실수로 타임머신에 탑승하게 된 카렌은 20분 전의 과거로 다시 돌아가게 된다. 자신이 목격했던 살인사건을 막을 수 있다고 생각한 그녀의 예상과는 달리 과거로 돌아갈수록 희생자만 늘어나는 대형사고로 치닫게 된다. 물론 마지막 게임에서는 카렌의 의도대로 해피엔딩이 된다. 「레트로액티브」가 주는 의미는 단 하루일지라도 시간여행은 사람들에게 수많은 영감을 불어넣어 준다.

슈퍼맨과 타임머신

타임머신이 실용화된다면 아마 한국인들이 가장 반가워할지 모른다.

한국인들은 매년 설날이나 추석날 차례나 성묘를 위해 고향에 내려가느라 귀중한 시간 대부분을 교통체증으로 도로 위에서 보내게 된다. 그러니 타임머신이 발명된다면 굳이 죽은 조상의 무덤을 찾아 성묘길을 떠나지 않고, 그들이 살아 있던 과거로 거슬러 올라가면 되지 않을까.

이혼이라는 단어도 사전에서 사라질지 모른다. 수많은 장애물을 헤치고 결혼한 연인들이 막상 결혼한 후에 여러 가지 이유 때문에 이혼하는 경우가 많은데 관계가 파국으로 치닫기 이전에 사랑하던 시절로 돌아갈 수 있다면 이혼을 미연에 방지할 수 있을 것이다.

타임머신이 있으면 클레오파트라와 안토니우스의 뜨거운 사랑 현장도 목격할 수 있고, 그 유명한 안토니우스와 아우구스투스 사이의 악티움 해전도 관전할 수 있다. 임진왜란 당시 이순신 장군이 어떻게 거북선을 사용하여 전투에 승리했는지도 목격할 수 있다. 「스타트랙」처럼 역사상 천재 중의 천재라는 레오나르도 다빈치를 미래로 데려와 발달된 과학문명을 보여주고 다시 자신의 시대로 돌아가게 만들 수도 있다.

타임머신이라는 아이디어가 세상에 태어나자 과학자들은 곧바로 어떻게 하면 타임머신을 현실화시킬 수 있는가 방법론을 찾기 시작했다. 대부분 과학적인 생각이 결여된 아이디어 차원에 지나지 않지만 타임머신이 태어난 초창기에 가장 합리적인 아이디어로 인정된 것은 지구의 자전 방향과 반대 방향으로 회전하면 시간을 거슬러 올라갈 수 있다는 생각이다. 한쪽 방향의 운동이 앞으로 흐르는 시간과 동등하면 반대 방향의 운동이 거꾸로 흐르는 시간과 동등하다는 뜻이다.

영화 「슈퍼맨」에서 슈퍼맨은 애인인 루이스 레인이 핵폭발의 여파로 죽게 되자 역사의 길을 바꾸기로 결정한다. 그는 지구의 자전 방향과 반대 방향으로 적도 둘레를 빙글빙글 돌면서 루이스 레인이 죽기 직전의 과거로 돌아가 그녀를 살려낸다. 물론 루이스 레인이 죽기 직전에 슈퍼맨이 영화에서 구출하였던 사람들은 슈퍼맨이 루이스 레인을 구하려고 역사를 바꾸었기 때문에 죽지 않으면 안 되었을 것이다. 죽은 사람이 살아났기 때문에 극적으로 살아난 사람이 죽어야 한다는 것은 썰렁하기 그지없는 아이디어라고 볼 수 있지만 이러한 일이 일어날 수 없기 때문에 독자들은 안심해도 된다. 두 물리적 현상인 회전의 방향과 시간의 흐름은 서로 아무런 관계가 없기 때문이다.

「슈퍼맨」에서 사용한 논리는 천체의 운동이 시간을 흐르게 한다는 것이다. 그러나 실제로 천체가 운동하니까 시간이 흐르는 것이 아니라 시간이 흐르므로 천체가 운동한다. 슈퍼맨이 광속보다 빨리 달리더라도 과거로 가는 것이 아니라 광속보다 빨리 달린 것에 지나지 않는다. 결국 슈퍼맨은 루이스 레인을 만나지 못하고 지쳐서 달리기를 그만두었을 것이다. 이것이 진실이다.

더구나 우주가 회전하고 있다는 것을 알고 있는 사람이라면 설사 타임머신을 타고 미래로 갈 수 있다고 해도 다시 과거로 돌아오는 데 중대한 문제점이 있음을 알 수 있다. 시간 차원에서만 여행을 하고 공간이라는 3차원은 바뀌지 않아야 하는데 지구는 매우 복잡한 방식으로 3차원을 통하여 움직이고 있기 때문이다. 타임머신이 놓인 지면상의 한 점은 지구 축을 따라 움직이고 있다. 지구, 태양, 태양계, 우리의 은하도 운동을 하고 있으므로 과거로 달려가더라도 지구는 자신이 출발했던 장소에 존재하지 않는다. 광속보다 빠른 우주선을 타고 갔다 해도 그곳은 지구가 아닌 컴컴한 우주공간일 뿐이다.

우주의 회전까지 고려해 슈퍼맨이 과거로 갈 수 있도록 만반의 준비를 했다고 하더라도 여하튼 지구는 과거에 있었던 자리에서 이미 옮겨져 있다. 결국 텅 빈 허공에서 애인을 찾는 넌센스에 불과하다. 더구나 슈퍼맨의 애인은 슈퍼우먼이 아니므로 보호복 없이 우주공간에서 단 1분도 살 수 없다.

타임머신의 역설

시간여행을 다룬 영화들이 세계적으로 흥행에 성공하면서 많은 사람들이 어린아이들처럼 타임머신이 언젠가 발명될 것이며 그렇게 되면 누구나 쉽게 시간여행을 할 수 있을 것이라고 믿고 있다.

시간여행이 정말로 가능한가? 이 해답을 아인슈타인이 쥐고 있는데 어쩐 일인지 그는 타임머신은 절대로 불가능하다고 결론 내렸다. 아인슈타인이 이와 같은 결론을 내린 건 그의 상대성이론에 근거한 것으로 절대공간과 절대시간은 존재하지 않는다. 이 내용을 보다 구체적으로 설명하려면 필연적으로 아인슈타인과 그의 역작인 상대성이론을 끌어들여야 하지만 상대성이론에 대해서는 뒤에서 설명한다.

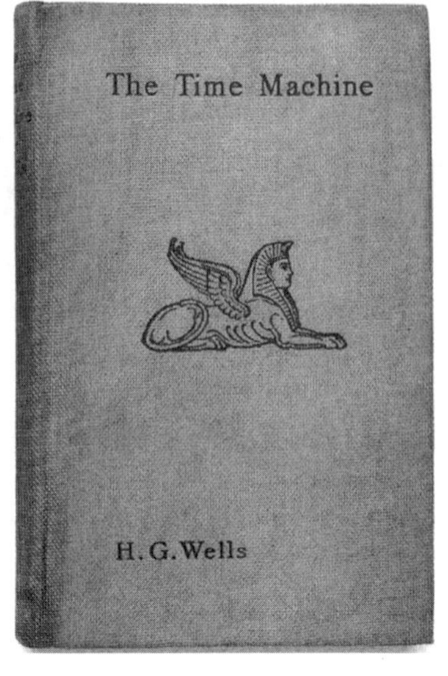

시간 속을 자유자재로 여행하는 타임머신은 많은 소설과 영화의 주요 소재이다. 1985년에 Heinemann사에서 발행한 H.G.웰즈의 『타임머신』의 표지

우선 영화에서 잘 알려진 타임머신은 SF 영화의 전유물이나 마찬가지로 알려져 있지만 원래는 소설가들이 현실을 풍자하기 위한 기법으로 도입한 것이다.

가장 잘 알려져 있는 것이 영국의 작가 찰스 디킨스의 『크리스마스캐럴』이다. 소설의 주인공 스크루지 영감은 타임머신이라는 복잡한 장치 없이도 자신의 미래를 미리 가 본 행운의(?) 주인공이다.

조지 웰스가 1895년에 발표한 소설 『타임머신』에서 그가 고안한 작품 속의 타임머신 장치는 오늘날 시간여행을 의미하는 고유명사로 확정되기에 이르렀다. 1960년대 공전의 흥행에 성공한 영화 『타임머신』의 줄거리는 다음과 같다.

> 발명가인 조지는 1899년 제야에 몇 명의 친구들을 초청하여 저녁식사를 하면서 자신이 개발한 타임머신의 모형을 보여준다. 그는 시간이란 보이거나 느껴지지 않는 '네 번째 차원'이라고 하면서 타임머신을 타고 미래로 갔다올 테니 1주일 후에 다시 만나자고 한다. 친구들이 모

두 돌아간 후 그는 타임머신을 가동시킨다.
그는 1917년에서 타임 머신을 멈추었다. 그의 집이 황폐해져 있었다. 집 밖으로 나온 조지는 친구의 아들인 필비를 만난다. 그는 계속하여 미래로 여행을 하면서 1940년에 제2차 세계대전이 벌어지고 있음을 목격한다. 그의 집은 이미 사라져 버린 후였다. 1966년에 이르러 조지는 대학교 학장의 제복을 입은 늙은 필비를 만나게 되는데 필비는 그의 젊음을 보고 놀란다. 그는 다시 미래로 여행을 떠나 80만 2701년에 타임 머신을 정지시킨다.
그곳에서는 인류가 두 인종으로 나뉘어 살고 있었는데 한 인종은 엘로이라고 불리며 어린아이와 같고 무지하며 나태한 사람들이었다. 그리고 다른 인종은 동굴에서 생활하는 몰록족인데 그들은 엘로이족을 먹이로 사육하고 있었다. 조지는 '위나' 라는 엘로이족 여자가 강에 빠진 것을 구해 주며 몰록인의 먹이가 되지 않게 해 준다. 그 후 조지에 의해 자아를 깨닫게 된 엘로이족은 몰록족으로부터 탈출한다. 그러나 이 와중에 조지는 위나를 잃어버리게 된다. 조지는 위나를 찾기 위해 타임머신을 위나와 헤어졌던 시점으로 되돌린다.

타임머신은 물론 조지 웰스가 처음은 아니다. 1888년에 미국의 에드워드 벨라미는 소설 『회고 : 2000년에서 1887년까지』에서 현재 시점에서 본 과거나 미래의 모습을 묘사하고 있으며, 『톰소여의 모험』과 『허클베리 핀』으로 유명한 마크 트웨인이 1889년에 발표한 소설 『아서 왕궁의 코네티컷 양키』도 같은 소재의 시간여행을 한다.
『아서 왕궁의 코네티컷 양키』는 19세기 말 미국의 한 기술자가 정신을 잃은 뒤 다시 깨어나 보니 영국의 아서 왕 시대로 날아갔다는 특이한 소재로 봉건제와 지배계급에 대한 풍자를 담았다. 이들 소설에서는 조지 웰스의 『타임머신』에 필적할 만한 과학적인 지식은 찾아볼 수 없다.

1930년대 중반에 미국의 냇 샤크너는 『선조의 목소리』를 통해 타임머신의 심각한 문제점에 대해 지적했다. 이 소설의 주인공은 타임머신을 타고 멸망 직전의 로마제국으로 갔다가 우연히 자신을 습격한 훈(Hun)족 사나이를 살해한다. 그로 말미암아 그 사나이의 후손인 게르만계, 유태계 혈손들이 순식간에 사라진다. 그중에는 히틀러를 포함한 나치당의 지도자들 상당수가 포함되어 있어서 정치적인 파장이 적지 않았다.

영화 「백 투 더 퓨처」도 매우 극적인 미래와 과거의 이야기를 주제로 삼았는데 『선조의 목소리』에서 많은 아이디어를 차용한 듯 보인다. 「백 투 더 퓨처」 시리즈의 1편에서 주인공 마티는 타임머신을 만든 과학자 브라운 박사에 의해 자신의 부모가 결혼하기 전의 과거로 간다. 그곳에서 마티는 어릴 적 어머니를 만나게 되는데 그녀가 마티를 좋아하면서부터 일이 꼬인다. 어머니가 마티의 아버지와 결혼하지 않으면 마티 자신은 태어날 수가 없기 때문이다.

타임머신이 실제로 가능하다고 한다면 다음과 같은 유명한 역설이 등장한다. 만약 당신이 태어나기 이전의 과거로 돌아가 어머니를 죽인다면 당신에게는 어떤 일이 생길까? 어머니를 살해하면 당신은 존재할 수 없다. 그러나 당신이 존재하지 않게 되면 과거로 돌아가 어머니를 살해하는 일도 저지를 수 없게 된다. 그리고 어머니를 죽이지 않는 한 당신은 계속 존재한다.

다소 유쾌하지 않은 가설이지만 '타임머신'이라는 아이디어가 세상에 발표되었을 때의 문제점을 이보다 정확하게 지적한 것은 없다. 영화 「백 투 더 퓨처」는 바로 이런 모순점을 다른 각도에서 설명한 것이다.

만약 마티가 자신의 어머니가 될 사람과 결혼하여 자신이 태어날 가능성을 원천적으로 봉쇄한다면 어떻게 될까? 영화에서는 이러한 일이 생기지 않도록 마티의 어머니와 아버지가 결혼하여 자연스럽게 인과율(causality)의 모순점을 해결했지만 이러한 질문은 타임머신 연구자들을 곤경에 빠뜨렸다.

이 상황을 좀 더 쉽게 말한다면 '존재한다면 존재할 수 없고 존재하지 않으려면 존재해야 한다'는 것이다. 타임머신에 관한 역설은 타임머신이 원천적으로 가능해서는 안 된다는 실망스러운 결론에 도달하는데 여기에서 유명한 '쌍둥이 형제의 패러독스'도 등장한다.

쌍둥이 패러독스의 답은 매우 빠른 우주선을 타고 출발한 형이 우주여행에서 돌아왔을 때 아우보다 형이 젊다는 것이다. 하지만 이 내용도 상술하지 않는다. 타임머신을 읽은 사람은 쌍둥이 형제의 패러독스 정도는 이미 숙지하고 있을 것으로 생각하기 때문이다.

타임머신이 영화처럼 그렇게 간단한 것이 아니라는 사실은 이제 충분히 이해했을 것이다.

타임머신이 불가능한 이유로 다음의 다소 철학적인 설명도 있다. 역사가 바뀌지 않도록 시간 순찰차가 언제나 감시하고 있는데 자연계에도 시간순서보호국이 존재하고 있다는 것이다. 그런데 타임머신은 시간의 본성을 어기는 것이므로 이와 같은 상황은 절대로 일어날 수 없다는 것이다.

이 설명을 보다 쉽게 풀이하면 물이 높은 곳에서 낮은 곳으로만 흐르듯이 시간은 한 방향으로만 흐른다는 점이 강조된다. 즉 시간은 과거에서 현재로, 현재에서 미래로만 향한다는 뜻이다. 아직까지 시간이 미래에서 현재로, 현재에서 과거로 역류한 예는 없었다. 이것은 우리는 언제나 시간축을 따라 현재에서 미래로 여행하는 일방통행 여행자라는 것이다. 따라서 어떤 기계를 만들더라도 이러한 시간의 비가역성을 바꾸어 놓을 수 없으므로 타임머신은 불가능하다는 결론이다.

어찌어찌 과거로 여행할 수는 있다 하더라도 이미 일어난 과거에는 아무 영향도 미칠 수 없다는 의견도 있다. 「백 투 더 퓨처」에서처럼 마티가 어머니가 될 여자와 사랑에 빠지고 싶어도 결코 그렇게 될 수 없는 상황이 발생하며, 자신의 아버지를 살해하려 해도 총알이 빗나가든가 누군가가 대신 맞아 주어 그 일은 결코 성공할 수 없게 된다는 뜻이다.

◀ | 타임머신 |

▼▼ | 타임머신2 |

2001년에 H. G. 웰스의 증손자인 사이먼 웰스가 감독을 맡은 「타임머신 2」에서도 이런 가설을 채택한다. 주인공 하디건은 타임머신을 만들자마자 몇 년 전에 공원에서 강도에게 살해당한 약혼자 엠마를 구하기 위해 달려간다.

그가 과거로 돌아가는 데는 성공하지만 그녀에게 꽃을 사주는 동안 그녀는 차에 치여 죽는다. 약혼자 엠마가 계속 죽자 엠마가 죽는 방식을 변화시킴으로써 과거를 바꿀 수는 있지만 최종적인 결과 즉 엠마를 살려낼 수는 없다는 사실을 깨닫고 그 이유를 알기 위해 미래로 방향을 돌린다.

이러한 생각은 타임머신의 패러독스를 해결하는 방법으로 그럴듯하기는 하지만 인류의 모든 과정이 이미 결정되어 있다는 유쾌하지 않은 모순점에 도달한다.

'프리퀀시(Freqency)' 도 이 같은 모순을 다룬 영화다. 존 설리반은 1969년 10월 12일의 브룩스톤 화재로 소방대원이었던 아버지를 잃고, 1990년대를 살아가는 평범한 경찰이다.

아버지 기일 하루 전, 폭풍이 몰아치는 날에 존은 아버지가 쓰던 낡은 햄 라디오를 발견하고 이를 튼다. 순간적으로 전기가 통한 후 그는 1969년도 월드 시리즈를 기다리는 한 소방대원과 무선통신을 하게 되는데, 그는 바로 자신의 아버지 프랭크(데니스 퀘이드)다. 30년의 시간을 건너뛴 부자간의 대화에 존도, 그의 젊은 아버지도 처음에는 모두 믿을 수 없어 하지만 이내 존은 자신이 아버지의 죽음을 막을 수 있음을 깨달았다.

간단하게 말해 존은 아버지에게 프룩스톤 화재사건을 경고함으로써 아버지를 구한다. 그러자 1999년 10월 12일, 존은 이제 자신의 벽에 걸린 아버지의 사진이 중년의 모습으로 바뀌어 있음을 발견한다.

그런데 문제는 아버지가 살아 있음으로 다른 일들도 바뀌었다는 점이다. 특히 아버지가 살아 있음으로서 미해결의 연쇄살인이 일어나는데 희생자 중에는 잔인하게 살해당한 존의 엄마도 있다. 이제 아버지 프랭크와 존은 30년의 시간을 뛰어넘는 무선통신을 계속하면서 살인을 막기 위해 혼신의 힘을 다한다.

과거에 이미 일어났던 사건을 시간여행으로 바꿈으로써 미래가 바뀐다는 것은 타임머신이 갖는 가장 큰 덕목 중에 하나다. 그런데 시간여행을 하더라도 과거의 사람에게 정보를 전달하거나 이미 일어난 사건을 일어나지 않도록 할 수 없다는 생각은 자신의 의지에 의해서 운명을 개척할 수 없다는 유쾌하지 않은 결론에 도달한다. 즉 이러한 생각은 타임머신의 패러독스를 해결하는 방법으로 그럴듯하기는 하지만 인류의 모든 과정이 이미 결정돼 있다는 운명결정론에 빠지는 것이다.

영화 「터미네이터」에서와 같이 이미 일어난 사건이나 재앙을 막기 위해 과거로 여행한다는 발상 자체가 아예 불가능하다는 것이다. 미래로 가는 타임머신도 마찬가지이다. 즉 후손들에게 미래가 어떻게 전개될 것인지를 말해줄 수 있어야 할 것인데 이 역시 불가능하다는 결론에 도달한다.

타임머신의 개발이 불가능하다는 아주 간단한 증거는 첨단과학기술로 무장했을 미래로부터의 여행자가 아직도 우리들 주위에 나타나지 않았다는 사실로도 알 수 있다. 물론 우리가 사는 이 순간에 미래인들이 몰려오지 않았다는 것만으로 시간여행이 불가능하다고 결론지을 수는 없다. 미래인들이 볼 때 지금이 너무 보잘것없는 시대이므로 미래인이 오지 않을 수도 있다는 주장도 일리가 있다. 이 문제는 뒤에서 다시 설명한다.

심판이 있어야 한다

아인슈타인의 이론 중에서 가장 유명한 것은 그의 상대성이론이지만 아인슈타인은 상대성이론으로 노벨상을 탄 것이 아니라 광전효과로 노벨상을 수상했다는 것은 이미 이야기했다. 아인슈타인이 광전효과로 노벨상을 수상한 것은 그 당시에는 상대성이론이 정확하게 검증되지 않았기 때문이다. 그러므로 아인슈타인이 광전효과로 노벨상을 수상했지만 그의 가장 유명한 이론, 즉 뉴턴 이후 최대의 이론이라 할 상대성이론을 여기에서 거론하는 것이 옳다고 생각된다.

아인슈타인이 1905년에 광전효과와 함께 발표한 특수상대성이론과 1907년부터 1916년까지 발표한 일반상대성이론의 근본은 절대공간과 절대시간의 존재를 부정하는 것으로 처음 듣는 사람들에게는 터무니없는 소리로 들린다.

상대성원리의 개념은 원래 갈릴레이로 소급된다. 손에 쥔 돌을 정지하고 있는 배 위에서나 등속으로 움직이고 있는 배 위에서 떨어뜨렸을 때 돌은 바로 발 밑으로 낙하한다. 이것은 물체가 낙하하는 일에 대한 역학의 법칙이 같기 때문에 일어나는 일이다. 등속 운동을 하고 있는 좌표를 '관성계' 라고 하며 갈릴레이는 '관성계에서는 모든 역학 법칙은 변하지 않는다' 고 생각했다. 바로 갈릴레이의 상대성원리이다.

그런데 아인슈타인은 만약 우주에 출발점이 없다면, 어떻게 사람들이 우주에 대한 모든 것을 알 수 있는가 하는 의문점을 가졌다. 그는 이 해결책으로 어떤 우주의 사건에 관련된 관성좌표계가 있어야 한다고 생각했다. 관성좌표계가 꼭 지구여야 할 필요는 없다. 태양 또는 그 어떤 구역 중에서 가장 편리한 것을 선택하면 된다.

스포츠에 있어서 심판의 잘못된 오심이 큰 문제가 되는 것은 잘 알려진 바이다. 2002년 동계올림픽에서 쇼트트랙에 출전한 김동성 선수가 오노 선수의 헐리우드 액션에 의해 금메달을 빼앗겼다.

이 당시 김동성 선수의 실격을 선언한 사람은 심판들로 그들이 분명히 오심을 했다는 것은 사진 분석에 의해서 명백하게 확인된다.

그러나 심판의 오심을 원천적으로 막기 위해 심판을 없앤다면 더 큰 문제점이 일어날 수 있다는 것을 누구나 다 알고 있다. 경기를 원활히 진행시키고 보다 객관적으로 우승자를 가리기 위해서 비록 오심을 하는 심판이 있더라도 심판진을 운용하는 것은 필수 불가결하다. 심판은 이미 제정된 경기의 규칙에 따라 경기를 진행시키고 반칙 등 불법 행위를 처벌한다. 야구는 투수를 포함하여 9명이 경기에 나서고, 축구는 골키퍼를 포함하여 11명이 출전한다. 농구는 5명이 출전하고, 배구는 6명이 한다. 바로 이런 규칙에 의해 경기가 진행될 때에 비로소 야구, 축구, 배구, 농구 등을 보다 정확하게 이해할 수 있고 어느 선수가 남보다 더 실력이 있고 우수하다는 것을 판별할 수 있다.

아인슈타인의 상대성이론은 스포츠와 같은 규칙을 우주의 틀로 확대하여 설명한 것이라 볼 수 있다. 예를 들어 태양계 안에 있는 행성의 운동을 기술할 때는 지구 중심의 관성좌표계보다는 태양 중심의 관성좌표계가 훨씬 편하다. 어느 것이 맞고 틀리는가가 중요한 것이 아니다. 비교적 이해가 쉽지 않은 공간과 시간의 측정이 주어진 관성좌표계에 따라 상대적인 것이 된다고 그는 주장했는데 이러한 이유로 아인슈타인의 이론을 '상대성이론'이라고 부르는 것이다.

사람은 고래보다 작다. 그러나 사람은 개미보다 훨씬 크다. 그렇다면 사람은 큰 것인가, 작은 것인가?

대답은 개미가 봤을 때 사람은 엄청나게 크지만 코끼리가 봤을 때는 매우 작다는 것이다. 그렇다고 사람의 키가 달라지는 것은 아니다. 바라보는 기준에 따라서 사람의 키에 대한 평가가 달라진다는 뜻이다. 우주에서도 어떤 기준을 설정한다면 보다 명확하게 우주의 현상을 이해할 수 있다는 것이다. 이제부터 다소 어렵다고 생각할 수 있는 설명들이 나오지만 SF 작품을 보다 재미있게 이해하는 데 도움이 되므로 눈을 크게 뜨고 계속 읽어 주기 바란다.

아인슈타인의 중요성은 뉴턴이나 갈릴레이가 인식한 역학 법칙만이 아니라 전자기에 대해서도 상대성원리를 만족시킨다고 생각했다는 점이다. 관성계에서는 역학과 전자기를 포함한 모든 물리 법칙이 변하지 않는다는 생각이다.

또 아인슈타인은 '빛의 속도는 언제나 일정하고 그 속도는 광원의 운동 상태와는 무관하다'고 생각했다.

맥스웰의 방정식이 옳다면 빛의 속도는 물리 상수로써 결정된다. 아인슈타인의 상대성원리로부터 생각하면 어떤 기준에서도 맥스웰의 방정식은 성립한다. 그렇다면 어떤 기준에서 보더라도 빛의 속도는 불변이 되어야 한다. 빛에 대해 어떤 상대운동을 하더라도 빛의 속도가 바뀌지 않는다면(광속 불변의 법칙) 필연적으로 속도를 규정하는 시간과 공간에 대한 종래의 태도를 변경해야 하는 점이 아인슈타인을 부동의 과학자로 만든 것이다.

아인슈타인의 상대성원리와 광속도 불변의 원리는 서로 모순되는 것처럼 보인다.

시속 50km로 달리는 차안에서 시속 50km 앞으로 던진 공을 지상에 서 있는 사람이 보면 시속 100km로 보인다. 그러나 광속도 불변의 원리를 받아들이면 광원이 어떠한 속도로 움직여도 광원 속도와 빛의 속도가 합해지지 않는다. 광원에서 나오는 빛의 속도는 광원의 속도와 무관하게 일정한 속도로 보인다. 맥스웰의 방정식에 따르면 빛의 속도가 일정해야 하므로 속도 합성의 법칙에 위배되는 것이다.

1905년 어느 봄날 아인슈타인은 잠에서 깨어났을 때 그 해답이 '갑자기 떠올라 이해가 되었다' 고 기록했다. 그는 곧바로 「운동하는 물체의 전기역학」이라는 제목의 특수상대성이론의 논문을 작성했고 논문이 완성된 것은 그날로부터 5주 후인 1905년 6월이었다.

아인슈타인의 머리에 갑자기 떠오른 답은 시간과 공간에 대한 생각을 바꾸는 것이다. 아인슈타인 이전의 물리학에서는 시간의 진행 방식이나 공간의 거리는 운동의 상태와는 무관하게 어디서든 누구에게나 일정하다고 생각되었다. 속도는 거리를 시간으로 나누어 구할 수 있다. 시간이나 거리(공간)가 일정하다고 생각하면 시간과 거리의 관계에 의해 빛의 속도는 변해야 한다.

여기에서 아인슈타인은 바꾸어서 생각했다. 빛의 속도가 일정해지도록 시간과 공간의 관계를 설정하는 것이다. 즉 빛의 속도는 불변이고 시간이나 공간이 상대적으로 변화한다는 것이다. 이제까지 생각되었던 1초나 1km가 다른 사람에게 있어서 똑같은 1초와 1km가 아니라는 것이다.

그는 자신의 아이디어를 기초로 고전적인 물리학에 변경을 가했다. 변경이 가해진 계산식에 의할 경우 일상생활의 감각으로 보면 기묘하게 느껴지는 현상이 유도된다. 정지하고 있는 사람이 보면 고속으로 달리고 있는 물체의 시계는 느리게 가는 것으로 보인다. 또 마찬가지로 정지하고 있는 사람이 운동하고 있는 물체를 보면 운동하고 있는 물체는 진행 방향으로 길이가 수축하고 있는 것으로 보인다.

그와 같은 효과는 광속에 접근할수록 현저하게 나타나게 되며 우리들의 일상생활에서는 거의 영향이 없다. 예컨대 시속 360km(초속 100m)로 움직이는 고속전철의 경우 광속에 비하면 300만 분의 1로서 매우 작으므로 특수상대성이론의 효과는 거의 볼 수 없다.

특수상대성이론의 논문 발표 후 아인슈타인은 자신이 주목받을 것으로 생각했지만 잠시 동안 아무런 반응이 없자 낙담했다. 여기에서 그의 가치를 처음으로 인정한 사람은 물리학자 막스 플랑크(1858~1947)였다. 1906년 플랑크는 아인슈타인에게 몇 가지 의문점을 질문했고 플랑크의 조수인 펠릭스 라우에(1879~1960)가 아인슈타인을 찾아와 그의 이론에 대해 토의했다. 곧바로 다른 물리학자들이 그의 이론을 연구하기 시작했다.

특수상대성이론은 시간이나 거리를 재는 사람, 즉 관찰자가 서로 등속도로 운동하고 있는 경우에 성립한다. 여기에서 상대성원리가 관찰자가 서로 가속되고 있는 경우에서도 성립하는가 의문을 가졌다. 특수상대성이론을 발표한 후 아인슈타인은 뉴턴의 만유인력 법칙을 어떻게 하면 상대성이론에 결합시킬 수 있을까를 생각하기 시작했다. 그에 대한 해답은 1907년 11월에 떠올랐다.

사람이 높은 곳에서 중력이 이끌리는 대로 떨어지면 자신의 무게를 느끼지 않을 것이다.

엘리베이터를 타고 내려갈 때 몸이 뜨는 것 같은 감각을 느끼는 사람이 많을 것이다. 엘리베이터를 메달고 있는 줄이 끊어지면 엘리베이터는 아래로 떨어지고 그 안의 물체는 공중에 뜬 상태가 된다. 이것은 엘리베이터가 낙하할 때의 가속도 운동에 의하여 무중력 상태가 되기 때문이다. 반대로 무중력 상태의 우주공간에서 엘리베이터를 위쪽으로 끌어올리면 엘리베이터 안에 떠 있던 사람은 바닥을 내리누르게 된다. 위쪽을 향한 가속도에 의해 중력과 같은 효과가 나타나기 때문이다. 아인슈타인은 중력에 의한 효과와 가속에 의한 효과가 같은 것이라고 생각했다.

나중에 '등가의 원리'라고 부르는 이 생각이 일반상대성이론의 제1보가 된다. 즉 관성계뿐만 아니라 임의로 가속도 운동을 하는 계로까지 일반화하여 1916년에 일반상대성이론을 완성하였다.

일반상대성이론에서는 시간과 공간을 휘어진 시공간으로 파악한다. 아인슈타인은 시간과 공간을 생각하기 위해 일반 유클리드 기하학이 아니라 다른 기하학이 필요하다고 생각했다. 이때 그의 친구이자 수학자인 그로스만이 아인슈타인의 문제 해결에 리만 기하학이 적합하다고 알려주었다. 리만 기하학은 19세기 중엽에 만들어진 것으로 고차원의 휘어진 공간을 다루고 있다.

1919년 한 학생이 실험상의 측정이 그의 이론과 맞지 않으면 어떻게 하겠느냐고 아인슈타인에게 질문했다. 아인슈타인은 "신에게 유감을 느낄걸세. 이론에는 틀린 것이 없거든"이라고 대답했다.

물리학에 큰 충격을 준 상대성이론

아인슈타인은 자신이 창안한 일반 상대성이론을 사용하여 제일 먼저 수성의 근일점 이동에 관한 쾌쾌 묵은 의문점을 깨끗이 해소했다.

수성의 근일점은 언제나 같은 장소가 아니고 항상 달랐으므로 20세기 초까지도 학자들을 가장 곤혹스럽게 만든 현상이었다. 뉴턴의 이론에 따라 행성이 태양 주위를 회전할 때 그리는 궤도가 타원이므로 행성의 궤적을 추적하는 것이 어려운 일이 아니며 모두 정확하게 맞았다. 뉴턴 역학은 타원궤도의 장축과 단축은 고정돼 있지 않고 태양 질량 분포의 불균일성이나 다른 천체의 영향으로 세차운동을 하게 된다고 설명한다.

세차운동의 크기는 태양과 행성 간의 거리에 반비례하기 때문에 태양에 가까운 행성일수록 그 효과가 커지게 된다. 태양에서 가장 가까운 수성의 경우 태양과 가장 가까운 궤도점인 근일점이 100년마다 574초씩 이동한다. 그런데 뉴턴 역학에 의한 계산값은 이보다 43초가 부족했다.

이것은 1년 동안 길어진 각도가 기껏해야 10km 밖에서 동전을 관찰하는 사람의 눈에 보이는 현의 길이 만큼에 해당하는 것이다. 그럼에도 물리학계에서 이 차이는 매우 큰 것이었으므로 심지어 이런 오차를 설명하기 위해 태양의 먼 뒤편에 '불칸(Vulkan)'이라는 보이지 않는 행성까지 가정했지만 끝내 발견되지 않았다.

천문학자들을 가장 고민에 빠뜨린 이 작은 오차는 아인슈타인의 일반상대성이론에 의하면 다른 행성으로부터 받는 중력의 영향에 의해 이동된다는 것으로 명쾌하게 설명할 수 있었다.⚘

두 번째로 뉴턴의 이론은 물체의 중력이 관성질량과 비례하는 이유를 설명하지 못했다. 중력가속도가 물체의 질량이나 성분과 무관한 이유, 즉 포탄과 깃털이 같은 속도로 떨어지는 이유가 무엇인지를 해결하지 못했다.

관성질량은 매끄러운 바닥으로 가방을 굴릴 때 느껴지는 힘, 중력질량은 가방을 들어 올릴 때 느껴지는 힘으로 비유할 수 있다. 이것은 두 질량 사이에 뚜렷한 차이가 있음을 암시한다. 중력질량은 중력이 드러나는 것이고 관성질량은 물질의 불변적 특성을 말한다.

⚘
「숱한 증명실험 통과한 상대성이론」, 박미용, 과학동아, 2004. 6

「뉴턴역학으로 풀지 못한 수수께끼」, 박석재, 과학동아, 1996. 2

지구 궤도를 벗어난 우주선 안의 가방은 지구의 중력에서 벗어나 있으므로 무게가 없다. 즉 가방의 중력질량은 0이다. 그러나 가방의 관성질량은 언제나 동일하다.

지상에서 잰 가방의 무게가 15kg이라고 하자. 이 무게가 가방의 중력질량이다. 이 가방을 비교적 마찰력이 적은 곳에 놓고 스프링 저울에 달아놓으면 가방은 15kg의 눈금에 도달할 때까지 같은 가속비로 떨어진다. 이것이 관성질량이다.[⁂]

수세기 전부터 과학자들은 중력질량과 관성질량이 같다는 사실을 알고 있었다. 이 때문에 포탄과 농구공은 서로 무게가 다르지만 같은 속도로 떨어지는 것이다. 포탄의 중력질량이 훨씬 크지만 같은 크기로 관성질량도 크기 때문에 느리게 가속되는 것이다. 다시 말해 두 질량이 서로 상쇄된다는 등가법칙이 성립한다. 뉴턴의 물리학은 등가법칙을 단지 우연적인 것으로 생각했던 것에 반해 아인슈타인은 그 이유가 있다고 생각했다.

아인슈타인은 중력이 가속이라는 형태로 해석될 수 있다면 가속은 구부러진 공간의 곡면을 따라 일어날 수 있다고 생각했다. 앞에서 이미 설명했지만 공간이 구부러진다면 뉴턴의 역학과는 달라지는 것이 당연한 일이다.

뉴턴의 이론에 따르면 모든 물체는 질량에 비례함으로 다른 물체를 끌어당긴다. 그러나 아인슈타인은 태양처럼 거대한 물체의 주변은 이 물체의 중력이 너무 크므로 이 물체가 회전할 때 공간을 함께 끌어들인다는 것이다. 이 내용은 현재 초등학생에게도 잘 알려진 내용이다. 즉 근처의 공간이 휘거나 구부러진다는 것이다.

그런데 아인슈타인의 등가원리를 여기에 적용하면 중력질량과 관성질량이 같아진다. 즉 아인슈타인은 우주선의 가속이 지구의 중력으로 인한 가속과 같다는 것을 지적했다는 점이다. 실제로 지구의 중력을 받으며 지구에 앉아 있는 것과 가속되고 있는 우주선을 타고 우주공간을 날아가는

[⁂] 『유레카』, 레슬리 앨런 호비츠, 생각의 나무, 2003

것과는 차이가 없다. 다시 말해 가속되고 있는 우주선 안에서 물체를 관찰하는 것과 중력이 있는 곳에서 물체를 관찰하는 것과는 차이가 없다는 점이다. 아인슈타인의 상대성원리에 의해 외양으로는 다른 것으로 보이는 중력질량과 관성질량이 같다는 것을 말끔하게 설명했다.⚜

아인슈타인의 이론을 가장 간명하게 설명하는 방법 중에 하나로 침대시트 위에 무거운 볼링공이 놓여 있다고 생각해 보라. 침대시트는 시공간, 볼링공은 지구와 같은 우주 속 물체로 생각하면 된다. 평평한 시트 위로 볼링공을 놓으면 시트가 움푹 들어간다. 시공간이 휜 것이다.

움푹 들어간 시트 주변에 작은 구슬을 놓으면 작은 구슬은 시트의 경사면을 따라 무거운 공으로 향한다. 휜 시공간이 작은 구슬을 볼링공 쪽으로 이동하게 한 것으로 이렇게 휜 공간은 아인슈타인 우주의 핵심이라 볼 수 있다.

이 원리의 중요성은 중력이 본질상 모든 물체를 서로 끌어당기는 힘에 불과한 것이 아니라는 것이다. 오히려 중력은 물질의 질량에 의한 공간과 시간의 휘어짐이라는 것이다. 질량의 존재에 의한 굽은 공간은 비(非)유클리드 기하학의 형태인데 빛의 속도가 주어지면 계산할 수 있다.

뉴턴은 변화하지 않는 절대공간의 존재를 믿었다. 뉴턴의 이론에 따른다면 공간이란 개념은 관찰자의 위치와는 상관이 없었다.

뉴턴은 자신의 이론을 증명하기 위해 밧줄로 물통을 매달아 실험을 했다. 양동이를 돌리자 밧줄이 꼬였다. 처음에는 평평하던 물 표면이 양동이가 회전함에 따라 함께 회전했고 급기야는 양동이와 같은 속도로 회전했다. 이 시점에서 물 표면은 포물선을 그렸다.

뉴턴은 물 표면을 변화시킨 것은 양동이의 운동 때문이 아니라 물 표면이 물에 영향을 받는 시점에서는 물이 더 이상 양동이를 따라 움직이지 않았기 때문이라고 설명했다. 대신 그는 물 자체의 운동이 이 차이를 만

⚜ 『유레카』, 레슬리 앨런 호비츠, 생각의 나무, 2003

들어낸다고 믿었다. 어쨌든 물이 회전운동을 하는 것은 사실이므로 이 실험으로 뉴턴은 힘의 작용 여부를 결정하는 절대공간이 있다는 결론을 내렸다.

이런 뉴턴의 주장을 오스트리아의 물리학자 에른스트 마흐(Ernst Mach, 1838~1916)가 비판했다. 마흐는 지구가 그렇듯 물이 주변 질량에 반응하는 것을 자체의 운동 때문이 아니라 주변의 질량 때문에 돈다고 주장했다. 절대공간이 있다는 뉴턴의 생각에 오류가 있다는 지적이었다.

과학자들이 뉴턴의 이론에 오류가 있다는 것을 발견했지만 어느 누구도 그의 이론이 가진 결함을 수정할 정교한 중력이론을 내놓지 못했다. 그런데 특허청에 근무하고 있던 아인슈타인이 그 방법론을 제시한 것이다.ᆠᆠ

20세기 물리학의 또 하나의 기둥인 양자론과 함께 상대성이론은 소립자 물리학이나 우주론, 천문학을 크게 발전시키는 원동력이 되었다.

상대성이론이 뉴턴의 역학을 근본에서부터 완전히 뒤엎은 혁명적인 이론이라고 불리는 이유는 무엇일까? 원칙적으로 일반상대성이론과 뉴턴의 법칙은 일상 세계에서는 기본적으로 똑같은 결과를 얻는다. 뉴턴의 역학도 일상생활이나 궤도 위에 위성이 놓여 있는 것과 같은 보편적인 천문학에는 잘 맞는다.

뉴턴의 역학에서 물체의 질량이란 그 안에 들어 있는 '물질의 양'이며 물체의 관성은 주어진 가속도를 만들어내는 데 필요한 힘이 가속도와 질량의 곱이라는 법칙에 따라 파악할 수 있다. 아인슈타인은 이 이론에서 광속을 고려해야 하는 등 특이한 문제에 부딪히면 속도에 따른 질량 증가 이론을 고려해야 한다는 것이다. 물체의 질량은 속도와 더불어 대략 그 운동에너지에 비례하여 증가한다는 것이다. 결론적으로 아인슈타인은 뉴턴의 이론에 약간의 수정을 가한 것으로 볼 수 있다.

그러므로 아인슈타인의 이론도 느린 속도에서는 뉴턴의 역학과 일치한

ᆠᆠ
『유레카』, 레슬리 앨런 호비츠, 생각의 나무, 2003

다. 그러나 빛의 속도에 따른 특성을 고려하려면 뉴턴의 질량 개념을 약간 변형해야 한다는 것이다. 결국 아인슈타인의 상대성이론은 우리들의 상식의 울타리를 넘어서 더욱 넓은 세계에서 통용이 되는 올바른 생각을 제시한 것이다.

미국의 〈라이프〉 지가 '지난 1천 년을 만든 100인' 중에 뉴턴을 6번째로 선정하고 아인슈타인을 21번째로 선정했다. 존 시몬스가 선정한 '사이언티스트 100인'에서도 1위가 뉴턴이고 2위가 아인슈타인인 이유는 뉴턴의 역학으로 우리들의 일상생활에 적용되는 물리학적인 현상은 거의 불편이 없기 때문이라는 것을 이제 이해할 수 있을 것이다.

상대성이론에서 나오는 결론은, 보통의 상식에 비추어보면 오히려 앞뒤가 맞지 않는 느낌이 든다. 상대성이론이 어렵고 알기 힘든 이론이라고 말해지는 것도 이 때문이다. 옛날 사람들에게는 땅은 평평하고 어디까지 가도 끝이 없다고 하는 것이 상식이었다. 그러나 지리의 지식이 풍부해짐에 따라 지금은 누구라도 지구가 둥글다는 것을 알고 있다.

상대성이론에 관해서도 19세기말부터 20세기에 걸쳐서 실험이나 관측 기술이 발달하고 빛과 그렇게 차이가 없는 큰 속도를 연구할 수 있게 되자 지금까지의 시간, 공간의 상식으로는 풀 수 없는 것이 많아졌다. 바로 그러한 문제점을 아인슈타인에 제시했기 때문에 인류가 태어난 이래 최대의 과학자 중에 한 사람으로 거론하는 것이다.

아인슈타인을 증명하다

아인슈타인이 수성의 근일점 이동 등 학자들을 고민스럽게 만든 문제점들을 말끔하게 설명했지만 아인슈타인의 이론이 워낙 혁명적이므로 당시

의 과학자들이 쉽게 이해하지 못했다. 아인슈타인의 이론은 젊은 과학자의 객기로 여겨질 정도였다. 그러나 모든 학자들이 아인슈타인에게 배타적이지는 않았다. 아인슈타인의 이론을 뚱딴지와 같은 이론이라고 무시하는 학자들도 있었지만 아인슈타인의 새로운 이론에 매료된 학자들도 많았다.

그러나 아인슈타인의 이론에는 결정적인 문제점이 있었으니 학자들, 특히 물리학자들에게 인정받기 위해서는 엄밀한 검증자료가 있어야 하는데 그의 이론은 광속과 같은 상상을 초월하는 현상을 다루기 때문에 실험으로 검증하는 것이 어렵다는 점이었다.

바로 이때 아인슈타인의 진가가 발휘됐다. 자신의 이론을 증명하는 것이 쉽지 않다는 것을 알자 자신의 이론을 검증할 수 있는 방법을 제시한 것이다.

태양의 뒤에 있는 별의 가장자리를 일식 때 관측한 후 지구가 반 바퀴 공전한 다음에 태양의 간섭을 받지 않은 그 별의 위치를 관측할 수 있다면, 태양의 중력에 의해 그 별빛이 휜다는 것을 검증할 수 있다는 것이다.

아인슈타인은 1911년에 중력장에 의해 태양을 통과하는 빛은 직선으로부터 1.75초만큼 휜다고 했다. 공간을 평평하다고 보는 뉴턴 역학에 의해

1801년 요한 폰 솔드너(Johann von soldner)가 계산한 것에 따르면 태양 표면을 스치듯 지나가는 빛의 휘어짐은 0.84초였다.

아인슈타인의 이론이 워낙 매력적이어서 독일 과학자들이 그의 예언을 검증하기 위해 모든 실험 장비를 갖추고 일식이 일어나는 러시아로 1916년에 출발했다. 그러나 당시는 1차 세계대전 중인데다가 러시아와 독일은 적성 국가였다. 순수한 연구 목적임을 역설했음에도 불구하고 독일 학자들은 모든 실험 장비를 압류당하고 추방당했다. 아인슈타인의 이론에 대한 검증은 연기될 수밖에 없었다.

1918년 세계대전이 끝나자 관측대를 보낼 계획이 영국에서 세워졌다. 그러나 반대도 만만치 않았다.

"적국 독일의 과학자가 내놓은 이론을 시험하기 위해서 영국이 많은 돈을 들여 관측대를 파견할 수는 없다."는 것이었다. 그러나 당시 관측 계획의 위원장이자 양심적인 반전 운동으로 유명한 천문학자 에딩턴 Eddington(1882~1944)은 "진리에는 국경이 없다. 어느 나라 과학자의 이론이든 옳은 이론을 증명하는 것은 과학자들의 책임이다"라고 강력히 옹호했다.

결국 1919년 5월 10일 개기일식이 관측되는 브라질 북쪽에 있는 소브랄과 서아프리카의 기네아만에 있는 프린시페섬으로 관측대를 파견했다. 에딩턴 자신도 프린시페섬 관측대에 참가했다. 에딩턴 팀이 일식 관측을 한 결과 태양 가장자리를 통과하는 광선은 각도로 1.64초 굴절했다. 앤드류 크로믈린이 이끈 소브랄의 탐사대도 1.98초의 거리 차이를 발견했다. 아인슈타인이 예언한 1.75초와 약간의 오차는 있었지만 두 값은 거의 일치했고 태양의 인력이 광선을 굴절하게 만든다는 것이 증명된 셈이다.

하룻밤 사이에 아인슈타인은 세계 언론의 찬사를 받았다. 1919년 11월 7일자 런던의 〈타임스〉지는 이렇게 보도했다.

과학에 일어난 혁명/우주에 관한 새 이론/뉴턴의 개념을 뒤집다.

위트가 뛰어난 아일랜드의 극작가 조지 버나드 쇼는 비꼬는 어조로 아인슈타인과 그의 상대성이론에 대해 경의를 표했다.

"프톨레마이오스가 만든 우주는 천 년 동안 지속되었다. 코페르니쿠스가 만든 우주는 4백 년 동안 지속되었다. 아인슈타인도 우주를 만들었는데 … 그것이 얼마나 오래 지속될지는 모르겠다."

버나드 쇼가 상대성이론에 대해 정확하게 이해했는지는 모르지만 아인슈타인은 빛의 관측으로 세계적인 학자로 부상한다.⚜

몇 년 후 아인슈타인은 역사적인 에딩턴의 실험 결과를 근거로 양자물리학의 창시자인 독일의 물리학자 막스 플랑크(Max Planck, 1858~1947)에 대해 "플랑크는 내 절친한 친구이며 훌륭한 사람이지만 아시다시피 그는 물리학을 진정으로 이해하지는 못했습니다"라고 말했다.

무슨 뜻이냐고 사람들이 묻자 그는 "1919년 개기일식이 일어날 당시 플랑크는 잠을 못자고 태양의 중력장으로 빛이 휘는지를 알아보려고 했습니다.

그가 관성질량과 중력질량이 같은 것임을 설명하는 일반상대성이론을 이해했다면 나처럼 그 역시 편안하게 잠을 잤을 겁니다"라고 대답했다.

그럼에도 불구하고 1921년 노벨상은 이러한 상대성이론으로 수상한 것이 아니라 광전효과 때문이었음은 이미 이야기했다. 그 후 아인슈타인은 중력과 전자기를 통합하는 통일장 이론을 모색했지만 결론을 내리지 못하고 1955년에 세상을 떠났다.

⚜ 『사이언스 오딧세이』, 찰스 플라워스, 가람기획, 1998

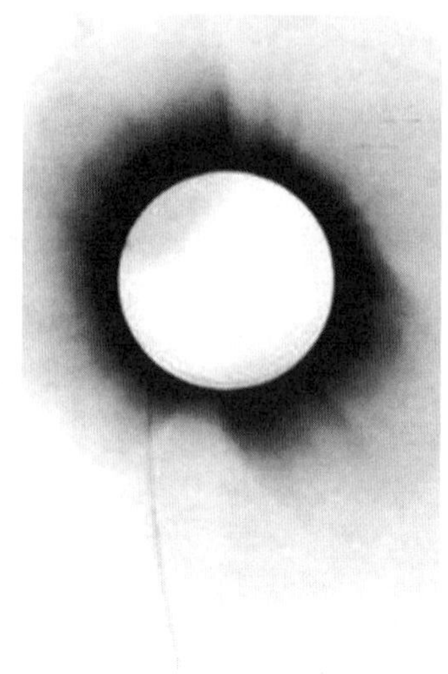

에딩턴이 1919년 아인슈타인의 이론이 증명되었다고 제시한 태양 관측 사진 ◀

◀◀ | 에딩턴 경 |

계속되는 검증에 통과한 상대성이론

1919년의 실험은 자연에 실재하는 거대 천체를 대상으로 한 것이지만 과학자들은 실험 방법이 정밀해진다면 실험실 안에서 아인슈타인의 이론을 검증할 수 있다고 믿었다. 물론 그의 이론을 실험실 안에서 검증한다는 것은 말처럼 쉬운 일이 아니었다. 그러나 계속되는 실패도 과학자들의 고집을 꺾을 수는 없었다.

여기에 도전하여 성공한 사람이 독일의 물리학자 뫼스바우어(Rudolf Ludwig Mossbauer)이다.

대개의 경우 원자는 감마선을 방출하면서 반동을 받고 이 반동에 의해 파장의 스펙트럼 띠가 넓어진다. 그러나 어떤 특정 조건 아래서는 결정 덩어리 전체가 하나의 원자처럼 행동해서 반동이 생겨도 그 반동에 의한 충격이 모든 원자에 골고루 퍼진다. 즉 반동이 흡수되는 것이다. 이렇게 반동이 흡수된 채 방출되는 감마선은 아주 가늘고 한정적인 스펙트럼 선을 가지게 된다. 그러나 이 한정적인 파장의 감마선은 원래의 결정과 같

| 뫼스바우어 |
뫼스바우어는 아인슈타인의 상대성이론을 공고히 하는데 결정적인 기여를 했다.

은 조건의 결정에는 거의 완벽하게 흡수되지만, 그 결정의 조건이 조금이라도 다른 경우에는 흡수되지 않는다. 이러한 현상을 '뫼스바우어 효과' 라고 한다.

뫼스바우어 효과는 파장이 10분의 1 정도 차이가 나는 감마선도 검출할 수 있다. 즉 건물의 꼭대기와 마루바닥 사이의 중력 차이로도 파장의 변화를 감지할 수 있다는 뜻이다. 이 실험은 아인슈타인의 이론을 공고히 하는 가장 중요한 것으로 평가되었다.

또 다른 검증은 중력 적색편이다. 상대성이론에 의하면 빛은 중력에서 벗어나면서 에너지를 점점 잃는다. 그렇게 되면 빛의 파장이 길어져 스펙트럼에서 긴 파장인 적색 쪽으로 치우치게 된다. 그래서 이 현상을 '중력 적색편이' 라고 한다. 중력 적색편이의 정밀 관측은 1960년 하버드대학의 로버트 파운드와 글렌 레브카 교수가 수행했다.

그들은 대학 내 건물의 엘리베이터 통로를 활용했다. 22m 높이의 엘리베이터 바닥에는 고에너지의 감마선 발사장치를 놓고 천장에는 센서를 장착했다. 그런 다음 감마선을 천장의 센서로 향해 쏘았다. 감마선이 지구 중력장으로 부터 22m 밖으로 나가는 상황인데 이로 인해 감마선은 1조 분의 2 정도로 미세한 에너지를 잃었다.

1964년 미국 하버드대학의 어윈 샤피로는 휜 시공간으로 인한 또 다른 현상을 발견했다. 빛이 중력장을 지나가면 그 속도가 확연히 감소한다는 것이다. 이 현상을 '샤피로의 시간지연' 이라고 한다.

그는 직접 전파망원경을 이용해 이 현상을 확인했다. 지구와 수성 사이의 전파이동 시간을 측정하는 것이다. 그는 지구와 수성 사이의 전파 이동선이 태양과 가까울수록 전파가 점점 느려진다는 것을 확인했다. 1970년대에는 샤피로 시간지연 현상이 화성 궤도선인 마리너 6호와 마리너 7호는 물론 화성착륙선 바이킹을 이용해 확인됐다.

2002년에는 이탈리아가 NASA와 공동으로 토성탐험선 카시니를 이용해 실험했다. 실험은 카시니호와 지구 사이의 가시선이 태양 바로 옆을 지날 때 수행됐는데 그 결과 샤피로의 시간지연 현상은 상당한 정밀도로 증명됐다.⚜

뫼스바우어는 1961년 노벨 물리학상을 받았다. 이때까지 아인슈타인이 살아 있었다면 노벨 물리학상을 두 번째로 수상했을 것이지만 그는 이미 고인이 되었기 때문에 직접 수상하지는 못했다는 것은 앞에서 설명했다. 이로써 아인슈타인이 직접 상대성이론으로 노벨상을 타지는 못했지만 타임머신과 초광속 여행의 대표적 캐릭터로 등장해도 무리가 없다는 것을 이해하게 됐을 것이다.

타임머신의 역설

타임머신이 실제로 가능하다고 할 때 몇 가지 유명한 역설이 등장한다는 것은 앞에서 설명했다. 특히 인과율 때문에 타임머신이 아예 불가능하다는 것은 사실 과학자들에게 그리 매력적인 이야기로 들리지 않는다. 그것은 물리적인 현상이 아니기 때문이다.

과학자들은 아인슈타인이 과거와 미래를 드나들 수 있는 타임머신이 왜 불가능하다고 단정했는지 이모저모 검토하기 시작했다.

아인슈타인의 이론 중에서 가장 중요한 것은 시간이란 절대적인 것이 아니고 관찰자와 관찰되는 대상 사이의 운동에 따라 상대적으로 결정된

⚜ 「숱한 증명실험 통과한 상대성이론」, 박미용, 과학동아, 2004. 6

다는 점이다. 동일한 시계를 정지한 관찰자가 보면 시계는 시간 t를 기록하고 있지만 시계에 대해 움직이는 관찰자가 보면 시계는 시간 t_0를 기록한다는 것이다.

두 시간 사이에는 $t=t_0/(1-v^2/c^2)^{1/2}$ 인 관계가 성립한다. 여기에서 v는 속력이고 c는 광속이다.

수학이라고 하면 머리를 흔드는 사람들이 굳이 이 공식을 풀 필요는 없다. 단지 이 공식에 의하면 관찰자에 대해 v=0.5c, 즉 광속의 절반으로 움직이는 시계가 100번 똑딱거렸다면, 동일한 시계를 자신의 손 위에 올려놓고 있는 관찰자가 보기에는 115번 똑딱거린다는 것을 느낄 수 있다는 것이다. 그래서 $t=1.15t_0$가 된다. 이러한 현상을 '시간 늘어남(time dilation)'이라고 부르는데 이런 '시간 늘어남'은 광속에 가까운 속도로 비행하는 우주선에 탑승한 우주인들에게 더욱 극적인 효과로 나타난다는 점에서 중요하다.

지구상의 중력과 같은 1G로 계속 가속할 수 있는 우주선이 있다고 하자. 출발한 지 1년 만에 우주선은 광속의 77%, 2년 후에는 97%, 3년에는 99.6%에 도달하게 된다. 우주선으로 5년이 지나면 약 84광년의 거리에 도달하고 7년 정도 지나면 지구에서 800광년 떨어진 위치에 있는 북극성을 지날 수 있으며, 10년이면 약 1만 5,000광년 거리가 된다. 우주인은 10년의 나이밖에 먹지 않았는데도 지구에서는 1만 5,000년이 지났다는 뜻이다.

요컨대 약 2만 8,000광년 거리에 있는 은하계 중심을 통과하려면 11년이면 충분하고, 12년이면 완전히 은하계 밖으로 나가게 된다. 약 14년이 지나면 230만 광년 거리에 있는 안드로메다 은하를 접근 통과(Flyby) 할 수 있다. 19년이 지나면 마침내 1억 광년, 20년이 지나면 4억 광년의 벽을 돌파하게 된다.

안드로메다 은하를 접근 통과하지 않고 광속의 99.9999999996452%에서 이번에는 1G로 감속하면 28년 161일에 230만 광년에 있는 안드로메다 은하에 도착할 수 있다. 9라는 숫자가 수없이 써 있으므로 읽기 힘들다고 말할지 모르지만 이 역시 그런 숫자가 가능하다는 것을 이해하면 되고, 앞으로 나오게 되는 긴 숫자도 같은 맥락으로 이해하기 바란다. 여하튼 이런 속도를 내는 우주선을 타고 안드로메다에 도착하여 1년을 한 행성에서 연구 조사를 마친 후 똑같은 과정을 반복하여 지구로 돌아온다고 가정한다면 상상할 수 없는 일이 일어난다.

안드로메다를 여행해서 58년 후에 돌아온 우주비행사가 지구에 도착해보니 지구에 남겨둔 처와 두 살짜리 딸의 경우 그처럼 쉰여덟 살을 더 먹은 것이 아니라 무려 460만 년 전에 죽었다는 것을 알게 된다. 460만년이라면 한 세대를 30년이라고 볼 때 무려 15만 3,333세대가 지났다고 볼 수 있다. 그와 가족의 접촉은 우주 여행을 떠나기 전 그를 배웅할 때가 마지막이었던 것이다.

더구나 우주비행사들이 우주선 안에서 보낸 시간이 변하는 것도 아니다. 58년 뒤에 돌아온 우주비행사는 지구에서 경과한 수백만 년이 아니라 단지 58년의 인생을 지구가 아닌 우주에서 보냈을 뿐이다. 그가 25세에 출발하였다면 83세의 노인이 되어서 돌아왔다는 이야기이다.

타임머신이 멈추었을 때

시간지연 현상이 이론상의 이야기가 아니라 실제로 일어날 수 있는 현상이냐고 누군가 질문할지도 모른다. 시간과 운동이 밀접한 관계가 있다는 상대성이론과 같은 고차원적인 문제들을 실제로 증명할 수 있느냐는 뜻이다. 물론 이에 대한 대답은 놀랍게도 '예' 이다.

그와 같은 일이 실제로 우리 주위에서도 일어나고 있기 때문이다. '뮤온' 입자가 바로 그것이다.

'뮤온' 이란 전자의 약 200배나 되는 질량을 가지고 있는 입자로 우주선(宇宙線)에 의해 발생되지만 잔존 시간이 매우 불안정하여 단시간 내에 붕괴하면서 하나의 전자와 두 개의 중성입자로 분열한다.

미국의 프리쉬(A. Frisch)와 스미스(J. Smith)는 해발 1,900m의 워싱턴 산 정상에서 뮤온의 개수를 측정하고, 산 아래 캠브리지에서 뮤온의 개수를 측정하였다. 뮤온의 반감기는 0.000002초이므로 뮤온이 살아 있는 시간 동안에 약 600m를 이동한다. 그러므로 1,900m의 산 정상에서 측정한 뮤온은 산 아래에서는 측정되지 않아야 정상인데 실제로 관측된 값은 예상보다 무려 아홉 배나 되었다. 과학자들은 뮤온이 광속에 달하는 속도로 달렸으므로 잔존 시간이 길어져 산 아래까지 내려올 수 있다는 결론을 내렸다.

스위스 제네바 근처의 CERN(유럽 고에너지 연구소)의 실험에서는 입자의 수명이 거의 30배나 연장되었다. 이 실험에 참가한 학자들은 실험의 오차가 1,500분의 1 이내였다고 발표했다. 이것은 시간이 절대적이 아니라 움직이는 물체와 연관이 되어 있는 상대적인 것이라는 아인슈타인의 이론을 증명해 주는 것이다.

그렇다면 상상할 수 없이 빠른 속도로 달리는 아폴로 11호 우주선을 타고 달까지 왕복 여행한 우주비행사 닐 암스트롱에게 생긴 시간 지연 현상은 어느 정도일까. NASA에서 발사한 아폴로 11호 우주선은 초당 8km라는 엄청나게 빠른 속도로 비행했지만 이 속도는 광속에 비하면 그야말로 새발의 피다. 그래도 우주선 안에 있는 시계는 지구에 있는 시계와 비교할 때 1천만 분의 1% 정도 속도가 느려졌다. 암스트롱과 그의 가족들이 이 시간 차이를 감지할 수 없음은 물론이다.

초대형 여객기를 탄 사람은 어떨까. 물론 이 경우에도 시간의 늘어남 현상은 어김없이 적용된다. 예를 들어 보잉747 대형여객기로 서울에서 출발하여 시속 950km의 속도로 LA에 8시간 후에 도착한다면 자동차로 여행했을 경우에 비해 무려 10나노(nano, 10^{-9}) 초의 시차가 일어난다. 즉 그만큼 젊어지게 된다.

브로크만에 의하면 미국 메이저리그의 강속구 투수 랜디 존슨이 160km의 속도로 던진 야구공이 홈 플레이트를 지날 때가 되면 질량이 0.000000000002g 정도 늘어나게 된다.

빠른 비행기를 타거나 야구장에서 야구공을 보기만 해도 우리들이 느낄 수 없는 숫자이기는 하지만 이론적으로 시간지연 효과나 질량 증가 효과를 얻을 수 있다는 것은 상쾌한 일이 아닐 수 없다.⚜

그럼에도 불구하고 아인슈타인의 상대성이론 검증은 일반인들의 생활에 거의 직접적인 영향을 미치지 않으므로 물리학자나 천문학자들의 분야라고 생각되는 경향이 많은데 근래 보다 확실하게 우리들의 실생활에 상대성이론이 적용되고 있다는 것이 밝혀졌다.

그것은 인공위성을 통해 자동차의 현재 위치를 알려주는 자동차 내비게이션 시스템(GPS)이다. GPS 시스템은 자동차가 현재 지구상에서 어디에 있는지를 3개 이상의 인공위성과의 거리를 측정함으로써 계산해내는 메커니즘이다.

위성이 발신하는 전파의 속도와 전파가 위성으로부터 자동차에 도달하기까지의 시간을 알면 '거리=속도×시간'의 공식에 의해 위성과 자동차와의 거리를 구할 수 있다. 전파의 전달 시간은 위성의 발신 시각과 자동차 내비게이터의 수신 시각의 차이다. GPS에서 시각의 기준이 되는 것은 위성에 탑재된 정확한 원자 시계이다.

⚜
『거의 모든 것의 역사』, 빌 브라이슨, 까치, 2005

아인슈타인은 시간은 절대적인 것이 아니며 관찰자와 관찰되는 대상 사이의 운동에 따라 상대적으로 결정된다고 주장하였다.(과학동아, 1988. 2)

그런데 위성은 지구 주위를 초속 약 4km로 일주하고 있으며 또 위성의 궤도가 있는 고도 약 2만km에서는 중력이 지상에 비해 약하다. 이것은 아인슈타인의 이론에 의할 경우 원자 시계의 진행은 지상의 시계와 차이가 나야 한다. 아인슈타인은 "지상에 정지하고 있는 시계에 비해 고속으로 움직이는 물체 위의 시계는 진행속도가 느려진다. 또 중력이 약한 곳에 있는 시계는 지상의 시계에 비해 빨리간다"고 말했기 때문이다.

상대성이론에 따르면 지상에 있는 시계에 비해 인공위성에 있는 시계는 하루에 38.6마이크로초 정도 빨리간다(마이크로초는 100만 분의 1초). 일반인들이 생각하기에 38.6마이크로초는 매우 짧은 시간이지만 이 시간 사이에 전파는 약 11km나 진행한다. 하루 종일 내비게이터를 방치한다면 약 11km나 되는 위치 오차가 생겨 GPS는 무용지물이 된다는 뜻이다.

그러므로 인공위성에 탑재된 원자 시계는 상대성이론에 따라 그 오차만큼 보정해주도록 설계되어 있다. 우리 주위에서 흔히 볼 수 있는 자동차 내비게이터라는 기술이 아인슈타인의 상대성이론에 의해 유지되고 있는 것이다.⁂

⁂ 『21세기판 상대성이론 입문』, 뉴턴, 2004. 4

아인슈타인의 이론은 원자시계의 실험으로도 증명되었다.

1971년 미해군 천문대의 조 헤이펠리(Joe Hafele) 박사팀은 제트기에 원자시계 네 개를 싣고 지구를 두 바뀌 돌게 했다. 한 번은 동쪽으로 돌게 했고 또 한 번은 서쪽으로 돌게 했다. 이는 아인슈타인의 특수상대성이론을 검증하기 위한 것이다.

물론 제트기가 아무리 빠르더라도 광속에는 어림도 없는 속도이다. 그렇다고 해도 아인슈타인의 이론에 의하면 제트기의 속도로도 지상에 정지해 있는 시계에 비해 약간의 시간 차이가 나야 한다. 그 시간 차는 나노초(10억 분의 1초) 단위로만 측정이 가능하다.

여하튼 조 헤이펠리 박사는 지구를 두 바퀴 돈 뒤에 비행기에 실린 원자시계를 지상에 있었던 원자시계와 비교했다. 놀랍게도 두 시계의 시간 차이는 아인슈타인의 방정식이 예측한 것과 정확하게 일치했다. 이를 헤이펠리-키팅의 실험이라고 부른다.⚜

좀 더 정밀한 실험은 1976년 NASA의 중력탐사A 위성을 통해서 이뤄졌다. 이 실험에서 정밀한 원자시계를 장착한 중력탐사A 위성이 10,000km 고도로 쏘아 올려졌다. 위성에 장착한 시계와 지상의 시계 간에 시간의 흐름을 비교한 결과 정확하게 시간차가 생김을 확인했다.⚜⚜

시간여행의 방정식

과거나 미래로 갈 수 있는 방법은 없다는 것이 아인슈타인의 결론이라고 볼 수 있지만, 영화감독들은 별로 그런 사실에 개의치 않는다. SF의 고전인 『타임머신』의 원작자 조지 웰스의 증손자인 시몬 웰스는 할아버지의 타임머신보다 성능이 월등히 우수한 최첨단 타임머신을 속편 「타임머신 2」에서 선보였다. 자동차 기어와 같은 조종만으로 간단하게 미래로 갈 수 있는 타임머신은 높이 3.5m, 무게 3t의 원작보다 다소 큰 최첨단 타임머

⚜ 『판타스틱 사이언스』, 수 넬슨 외, 웅진닷컴, 2005

⚜⚜ 「숱한 증명실험 통과한 상대성 이론」, 박미용, 과학동아, 2004. 6

| 쿠르트 괴텔과 아인슈타인 |
1950년 프린스턴에서

신이지만 성능은 엄청나게 개선되었다.

약혼자인 엠마가 강도에 의해 살해되자 알렉산더 하디건 교수는 과거를 바꾸기 위해 4년에 걸쳐 타임머신을 제작한다. 그러나 그가 시간여행에 성공하여 과거로 돌아갔음에도 엠마가 또 죽음을 당하자 아무리 발버둥쳐도 인간이 과거를 바꾸지 못한다는 사실을 알고 80만 년 후의 미래로 향한다. 80만 년 후의 인류는 할아버지인 조지 웰스의 소설처럼 인간들이 엘로이족과 몰록족 두 종류로 분화되었고, 후자가 전자를 잡아먹는다. 하디건이 엘로이족인 마라를 도와 몰록족을 물리치는 내용도 유사하다.

그러나 2편에서 사용되는 타임머신의 스피드는 비교할 수 없을 정도로 뛰어나다. 디자인이 독특한 사이먼 웰스의 타임머신의 성능은 상상할 수 없을 정도로 개선되어 80만 년을 1.2초에 뛰어넘는다(에너지를 어떻게 얻는지는 모르지만). 이 아이디어는 어느 감독도 예상하지 못했을 것이다.

1년은 31,536,000초이다. 이것에 80만을 곱하고 1.2로 나누면 21,024,000,000,000이 된다. 「타임머신2」가 보여준 엄청난 속도와 광대한 스케일을 이해할 수 있을 것이다.

원래 원작자 조지 웰스는 인류 진화의 전과정을 제시하고 인류의 앞날에 대해 비관적인 전망을 내놓았는데 그의 증손자 시몬 웰스는 과학이론과 기술을 고성능 믹서로 버무려 과학소설을 환상소설의 경지로 끌어올렸다. 아무리 과학이 발달했다지만 80만 년을 단 1.2초에 갈 수 있다고 생각하는 사람은 아무도 없을 것이다.

그런데 상대성이론이 태동한 지 30년이 지난 후 뉴저지 프린스턴 고등과학원의 쿠르트 괴델(Kurt Godel)이 드디어 시간여행을 실현시킬 수 있는 명확한 방정식의 해(解)를 찾아냈다고 발표했다. 우주 자체가 회전을 하면 그 주변의 빛을 끌어당기게 되면서 '일시적인 인과율의 고리'가 실제로 생성될 수 있다는 것이다.

이것을 '닫혀진 시간성 곡선(시간성 폐곡선 : closed timelike curve)'이라 부르는데, 괴델은 입자 바로 근처에서는 어떤 경우에도 빛의 속도를 초과함 없이 시간의 닫힌 경로에 따라 움직일 수 있으므로 시간여행을 한 뒤에 정확히 출발 지점, 출발 당시의 시간으로 되돌아올 수 있다고 주장했다.

드디어 타임머신을 타볼 수 있는 기회가 생긴 것이다.

괴델은 균일한 속도로 회전하는 우주에서는 거대한 반경으로 원운동만 해도 과거로 돌아갈 수 있다는 환상적인 아이디어를 제시했다. 그러나 환호성도 잠시. 괴델의 아이디어는 불행하게도 우리가 살고 있는 팽창하는 우주가 아니라 균일한 속도로 회전하는 우주에만 적용된다는 점이다. 한마디로 우리가 살고 있는 우주에서 타임머신은 불가능하다는 뜻이다.

1963년에는 뉴질랜드의 로이 커(Roy Kerr)가 보다 입맛에 맞는 타임머신의 해를 제시했다. 그의 주제는 회전하는 블랙홀에 관한 것이다. 물론 그의 해 역시 특별한 상황에서 시간 여행이 가능하다.

이러한 해들에서는 시간선을 따라 여행하다 보면 시간을 거슬러 출발점으로 되돌아갈 수 있다고 설명된다. CTC 가설을 흥미롭게 접목시킨 것이 1993년에 나온 「사랑의 블랙홀(Groundhog Day)」이다.

성격이 괴팍한 텔레비전 기상통보관 필은 매년 열리는 성촉절(Groundhog Day)을 취재하기 위해 펜실베이니아 주의 펑스토니 마을을 방문하는데 그가 첫 생방송을 하는 날부터 똑같은 하루가 반복되고 있음을 깨닫는다.

혼란에 빠지는 것도 잠시 필은 곧바로 악몽을 기회로 삼는다. 하루라는 짧은 시간에 벌어질 일을 이미 알고 있다는 점을 적극적으로 이용하는 것이다. 곤경에 처한 사람을 도와주고 나무에서 떨어지는 아이를 받아주는가 하면 거지 할아버지에게 따뜻한 저녁을 사주기도 한다. 결론은 하루라는 시간을 좀 더 가치 있게 이용하는 법을 깨달으며 사랑까지 얻는다는 내용이다.

여기에서 반복되는 사건들은 앞에서 설명한 닫힌 시간 곡선과 같다. 매일 아침 6시만 되면 코너스는 시간을 거슬러 24시간 전에 출발했던 바로 그 지점으로 돌아가는 것이다.

CTC를 과학적으로 좀 더 정확하게 묘사한 작품은 테리 길리엄 감독의 「12 몽키스 (12 Monkeys)」이다. 브루스 윌리스가 주인공인 제임스 콜 역을 맡았는데 그는 미래에서 온 범죄자이다. 그는 자유를 얻는 대가로 맡은 임무는 50억 명을 죽이게 될지도 모르는 치명적인 바이러스 표본을 얻어가는 것이다.

영화에서 1918년 제1차 세계대전의 소용돌이 속에 빠지기도 하고, 2035년의 서로 다른 역사적 순간들을 왔다 갔다 하는데 그는 꿈속에서 한 아이가 공항에서 죽어가는 남자를 바라보는 장면을 본다.

그 꿈은 콜이 어릴 때 겪었던 사건인데 살해당한 그 남자는 바로 미래에서 온 콜이다. 간단하게 말하면 콜은 어릴 때 미래의 자신이 죽는 모습을 보는 것이다.⚘

여하튼 아인슈타인의 상대성이론을 위배하지 않으면서 극히 한정된 조건하에서 타임머신이 가능하다는 희망은 학자들을 흥분시키기에 충분했다. 타임머신이 실제로도 가능하다는 조그마한 실마리가 나타나자 갖가지 아이디어가 쏟아지기 시작했다. 그중 가장 유명한 것이 바로 웜홀

⚘ 『판타스틱 사이언스』, 수 넬슨, 웅진닷컴, 2005

(worm hole : 벌레구멍)을 이용하는 것이다.

타임머신 가능 이론 중 가장 잘 알려져 있는 웜홀은 1988년에 미국 캘리포니아공과대학의 손(Kip S. Thorne) 교수 등이 발표했다. 웜홀에서는 중력에 의하여 시공간(space time)이 극단적으로 변형되어 두 장소를 순식간에 이동할 수 있으므로 이를 이용하면 타임머신이 가능하다는 것이다.

손 교수가 제시하는 타임머신은 다음과 같다. 먼저 웜홀을 만들어서 두 점을 잇고, 웜홀의 한쪽 입구를 광속에 가까운 속도로 이동시킨다면 특수상대성이론에 의하여 시간의 지연 현상이 반대쪽 입구에서 일어난다. 즉 웜홀의 한쪽 입구의 고유 시간과 시간지연 현상이 있는 다른 입구에서의 시간의 흐름이 서로 달라지는 것이다. 따라서 정지하고 있는 쪽의 웜홀의 입구에서 또 한쪽의 입구까지 이동하고, 그리고 웜홀을 통과하여 원래의 지점으로 되돌아간다면 출발한 시각보다도 앞선 시각으로 되돌아가게 되는 것이다.

킵 손 교수가 웜홀을 착상한 것은 천문학자이자 저술가인 칼 세이건 때문으로 알려졌다. 세이건 박사는 공상과학소설인 『콘택트(Contact)』를 집필하면서 26광년 떨어진 항성에 1시간 만에 도달하기 위한 방법론을 손 교수에게 질문했다.⚘

원래 세이건이 생각한 아이디어는 블랙홀을 포함한 것인데 블랙홀 속으로 들어가는 것은 무엇이든지 파괴된다는 것을 알고 손 교수에게 공간 여행을 가능케 해 줄 대안을 손 교수에게 의뢰한 것이다. 손 박사는 그 수단으로 유명한 웜홀을 제안했고 칼 세이건의 동명소설을 영화화한 「콘택트(Contact)」는 외계인에 대한 인간의 관심과 웜홀이 무엇이라는 것을 단적으로 보여주었다.

앨리 애로우는 밤마다 우주의 모르는 상대의 교신을 기다리며 단파방송에 귀를 기울인다. 그녀는 '이 거대한 우주에 우리만 존재한다는 것은 공

⚘ 「공상과학 소설에서 태어난 시간여행 이론」, 뉴턴, 2004. 10

간의 낭비다' 라는 생각에 외계생명체를 찾아내려고 한다.

그녀의 목표는 이루어져 드디어 베가성(직녀성, 26광년 거리에 있는 별)으로부터 정체불명의 메시지를 수신한다. 그것은 1936년 나치 히틀러 시대에 개최된 뮌헨 올림픽 중계방송이 발신되자 이것을 외계인이 수신하여 다시 지구로 발송한 것인데 그 프레임 사이에 은하계를 왕복할 수 있는 운송 수단을 만드는 데 필요한 수만 장의 디지털 신호가 담겨 있었다.

영화에서 애로우는 완성된 기계를 최초로 시험하는 사람이 되는데 그것이 우주 공간의 지하철망과 비슷하다는 사실을 발견한다. 그녀는 그것이 일종의 웜홀이라고 추측한다. 웜홀은 지구에서 베가까지 빠르고 쉽게 이동할 수 있게 해 준다. 너무도 짧은 순간이지만 그 과정은 우주를 가로 지른 것이 된다.

더욱 작가들을 감격시킨 것은 단지 만화와 같은 아이디어가 아니라 킵손 교수가 아인슈타인의 일반상대성이론을 수학적으로 재검토한 결과 안정된 웜홀을 공간 사이의 지름길로 이용할 수 있다고 제시했다는 점이다.

블랙홀의 의미

웜홀을 이해하려면 우주에 있다는 블랙홀과 화이트홀을 이해해야 한다. 설명하는 선후가 바뀌었지만 세 가지 홀은 모두 우리의 상식에서 벗어난 이상한 천체(시공간)라는 점이 공통이다. 우리의 상식에서 어긋나는 까닭은 이들 세 홀이 우리가 잘 알고 있는 지구나 태양의 중력에 비해 엄청나게 규모가 크기 때문이다.

제일 먼저 블랙홀에 대해 설명한다.

블랙홀이란 '물질은 물론이고 빛조차 빨아들여 검게 보인다' 로 간략하게 설명되는데 원래 현대의 블랙홀 개념은 18세기 말에 생긴 것이다.

1783년 영국의 지질학자 존 미첼(John Michell)과 10년 뒤인 1796년 프랑스의 수학자 피에르 시몽 드 라플라스(Pierre Simone de Laplace)가 『세계 시스템에 관한 해설』이란 책에서 각각 독자적으로 뉴턴의 법칙을 사용해 특정 물체의 탈출 속도를 계산하면서 가상 물체에 대한 탈출 속도를 검토했다. 그들이 생각한 가상의 물체는 아주 좁은 공간에 질량이 밀집돼 있는 별이었다. 그런데 그들은 아주 작거나 밀도가 아주 높은 별이라면 탈출 속도가 빛의 속도를 넘어간다는 사실을 발견했다. 즉 그 별에서는 빛을 포함해 그 어떤 것도 탈출할 수 없다는 계산이었다. 그들은 이러한 천체를 '보이지 않는 별'이라고 설명했다.

이들이 설명한 것이 바로 블랙홀이란 사실을 과학자들이 깨닭은 것은 무려 200년 후이다. 사실 '블랙홀(black hole)'란 용어 자체는 1960년 후반에 가서야 존 휠러(John Wheeler) 교수가 만든 것이다.

이론상 밀도가 아주 높은 '보이지 않는 별'은 아인슈타인이 1916년 일반상대성이론을 발표했을 때 다시 등장했다. 여하튼 블랙홀에 대해서는 워낙 많은 자료들이 있으므로 여기에서는 간략하게 언급한다.[⚘]

블랙홀의 특징은 막대한 중력을 가지고 그 주변의 모든 물체를 일방적으로 삼켜버리는 데 있다. 여기에서 일방적이라는 뜻은 일단 검은 구멍 속으로 들어간 물체는 다시 검은 구멍의 중력으로부터 빠져나올 수 없다는 것이다. 블랙홀에 들어간 물체가 빠져나올 수 없는 것은 탈출속도가 중력을 이기지 못하기 때문이다. 이 말은 중력을 이길 수 있는 속도만 있으면 언제든지 탈출이 가능하다는 뜻으로도 해석할 수 있다.

당연한 이야기이지만 중력으로부터 빠져나올 수 있는 탈출 속도는 물체에 따라 다르다. 어떤 천체에서 그 중력을 벗어나려면 최소의 속도 V(이탈속도)는 그 이탈지점의 거리(천체의 중심부터) R과 천체의 질량 M에 의해

[⚘] 『판타스틱 사이언스』, 수 넬슨, 웅진닷컴, 2005

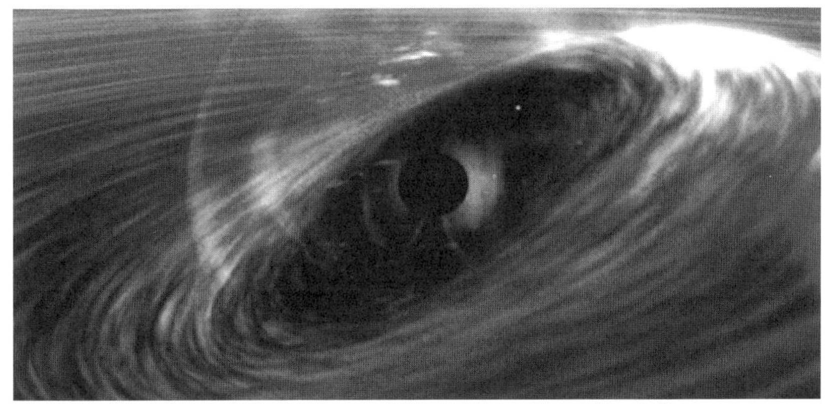

| 스티븐 호킹 박사의 블랙홀 |
블랙홀이 끌어들인 가스는 블랙홀 주위를 도는 가스원반을 형성한다. 원반 안에서 회전하는 가스는 주위의 가스와 마찰을 일으키고, 그 결과 속도가 떨어져 블랙홀로 빨려 들어가게 된다.

결정된다. 간단히 말해 M이 클수록, 또 R이 작을수록 V는 커져야 한다. 즉 중력이 클수록 이탈속도는 커진다.

지구 표면으로부터 외계로 탈출하려면 이탈속도는 11.2km/초, 태양 표면으로부터는 600km/초가 되어야 한다. 그러므로 질량이 어느 한계 이상에 이르면 이탈속도가 광속도를 넘어야 한다. 블랙홀이 바로 이런 경우로 질량에 비해 그 규모가 상상할 수 없이 작은 경우이다. 계산에 의하면 블랙홀에서 빠져나오려면 광속도를 넘어야 하는데 아인슈타인의 이론에서는 물체의 속도는 광속도를 넘을 수 없으므로 결국 탈출이 불가능하게 되는 것이다. 광속에 대해서는 다음 장에서 다시 거론한다.

블랙홀은 별의 진화이론에 따라서 생긴 이론으로 일반적으로 별의 진화에서 마지막 단계에 이르면 여러 가지 변수가 생긴다. 그중에서도 질량이 큰 별, 특히 태양보다 30배 이상 질량이 큰 별은 블랙홀이 되어 생을 마감한다. 실제로 태양이 블랙홀이 되려면 반지름이 3km가 되어야 하고, 지구가 블랙홀이 되려면 1cm 정도로 작아져야 한다. 사람의 경우 전자(10-18m)보다 1천만 배나 더 작아져야 한다. 이론적으로 가장 적은 블랙홀의 질량은 10만 분의 1g이다. 이렇게 작은 블랙홀은 고온고압 상태였던 빅뱅 때 만들어졌다고 추정된다.

여하튼 천문학자들은 별의 시체로서의 블랙홀을 찾는 데 주력했다. 블랙홀은 이름 그대로 아무런 빛도 내지 않는 존재이기 때문에 우주공간에 홀로 있으면 관측할 방법이 없다. 하지만 학자들은 블랙홀이 쌍성을 이루고 있을 경우에 방출되는 X-선을 관측하면 블랙홀의 존재를 알 수 있다는 것을 발견했다. 이 부분은 '빅뱅' 장에서 다시 설명한다.

1970년 발사된 최초의 X-선 관측위성인 우후루는 1년 후 이상한 별을 하나 발견했다. 백조자리 X-1에서 X-선 별이 관측되었는데, 놀랍게도 1초 동안 1천 번이나 깜박거리고 있었다. 계산 결과 별의 크기는 지름이 300km 이하인데도, 질량은 태양의 10배 정도인 것으로 드러났다.

이렇게 작은 별이 까마득하게 먼 곳인 지구에서도 관측이 될 만큼 강한 X-선을 내뿜는 이유는 무엇일까. 그 별의 바로 옆에는 일반 광학 망원경으로도 관측되는 거대한 별이 있었다.

그 큰 별의 운동을 유심히 관찰할 결과, 비틀거리고 있다는 사실이 밝혀졌다. 그 이유는 바로 옆에 있는 작은 X-선 별 때문이었다. 보이지 않는 그 작은 별은 블랙홀임이 드러났고, X-선은 이웃한 큰 별의 물질을 빨아들이는 과정에서 생겨난 것이다.

이별이 블랙홀이냐 아니냐로 인한 유명한 일화가 있다. 케임브리지대학의 스티븐 호킹(S · Hawking)과 캘리포니아대학의 킵 손은 백조자리 X-1이 블랙홀이냐 아니냐를 놓고 내기를 걸었다.

호킹은 아니라고 했고 손은 맞다고 했다. 내기에 걸린 조건은 호킹이 이기면 〈프라이비트 아이(Private Eye)〉지 4년치 정기 구독권을, 손이 이기면 〈팬트하우스(Penthouse)〉 1년치 정기 구독권을 얻는 것이었다.

결론은 1990년 호킹이 자신이 졌다고 물러섰다. 조셉 돌런(Joseph Dolan) 박사가 허블 망원경을 통한 자료를 분석하여 블랙홀의 증거를 찾아내었기 때문이다(아직도 모든 과학자들이 동의하는 것은 아님).

반면에 GRS 1915+105는 백조자리 X-1과는 달리 모든 학자들이 블랙홀로 인정한다. 그것은 GRS 1915+105의 질량이 태양의 13~15배에 이르며 X선 방출원이 동반성을 아주 빠른 속도로 돌게 하기 때문이다. 여하튼 블랙홀로 추정되는 천체는 지금까지 10여 개 이상이 관측되었다.

한편, 근래에는 모든 은하의 중심부에는 거대한 블랙홀이 있다고 추정한다. 놀라운 것은 2003년 3월 하버드-스미스소니언의 존 밀러(John Miller) 박사가 1,000만 광년 떨어진 나선 은하 NGC 1313 속에 있는 두 천체를 관측했는데 블랙홀의 부착 원반으로 추정되는 곳에서 회전하는 가스의 온도를 측정한 결과 태양 질량의 200~500배 되는 두 블랙홀이 존재한다는 것을 발견했다. 이것은 한 은하 중심에 두 개의 블랙홀이 있다는 것으로 2002년 찬드라 X선 천문대가 지구에서 4억 광년 떨어진 NGC 6240이라는 은하 속에서 발견된 것과 같은 결과이다. 천문학자들은 한 은하에서 두 개의 블랙홀이 존재하는 것은 각자 중심에 블랙홀이 하나씩 있던 두 은하가 합쳐진 것이라고 추측한다.[†]

우리 은하의 중심에도 태양 질량의 약 250만 배나 되는 거대한 블랙홀이 있는 것으로 알려져 있다. 블랙홀은 여느 은하만큼이나 흔한 천체라는 뜻이다.[††]

시간여행의 동반자 웜홀

웜홀, 즉 벌레구멍은 블랙홀의 사촌뻘이 되는 시공간이다. 우주(시공간)의 구조를 결정하는 중력방정식에 의하면 블랙홀과 비슷한 성질을 갖는 웜홀의 해(解)가 자연스럽게 얻어진다. 그런데 이 웜홀이 학자들의 주목을 끄는 이유는 시공간 사이를 잇는 좁은 지름길 역할을 할 수 있다는 점

† 『판타스틱 사이언스』, 수 넬슨 외, 웅진닷컴, 2005

†† 『별의 시체가 만든 불가사의 '블랙홀'』, 이성규, www.sciencetimes.co.kr, 2004. 7. 27

때문이다.

아인슈타인의 일반상대성이론이 발표된 지 1년도 채 안 되어서 오스트리아의 물리학자 플람은 구대칭(한 점으로부터의 거리에만 의존하고 방향과는 무관한) 중력장에 해당하는 중력방정식의 해(解) 가운데 웜홀이 포함됨을 밝혔다. 웜홀은 간단하게 사과 위를 기어가고 있는 벌레에 비유된다. 사과 표면에서만 움직일 수 있는 2차원 공간의 벌레는 표면의 두 점 사이를 표면을 따라서 갈 수밖에 없다. 그러나 제3차원이 허용된다면 두 점을 직선으로 잇는, 즉 사과 속으로 파 들어가는 벌레구멍이라는 지름길이 생긴다. 이와 마찬가지로 별과 별 사이, 또는 우리 은하와 다른 은하 사이에도 이러한 지름길이 있다고 생각하는 것이다.

모든 지름길이 그렇듯이 지름길이 갈라지는 곳에서는 길이 급하게 꺾어지는 법이다. 즉 웜홀은 시공간이 급하게 구부러지는 곳에서 시작된다. 아인슈타인에 따르면 시공간의 구부러짐은 중력에 의한다고 볼 수 있으므로 여기서는 강한 중력이 작용할 것으로 짐작한다. 이것이 블랙홀과 웜홀이 서로 관련을 갖고 있다고 생각하는 이유이다.

화이트홀은 수학적으로는 블랙홀을 시간적으로 뒤집은 것이다. 아인슈타인의 중력방정식은 뉴턴의 중력방정식이나 양자론의 방정식과 같이 시간을 뒤집어도 그대로 성립한다. 화이트홀은 블랙홀과는 반대로 물체를 일방적으로 뱉어내는 구멍이므로 일반상식으로 이해하는 것이 쉽지 않지만 물리학자들은 이론적으로 가능하다고 설명한다.

블랙홀과 화이트홀을 이해하면 웜홀을 이용하여 타임머신이 가능하다는 걸 쉽게 이해할 수 있다. 웜홀은 기관(throat) 모양의 관으로 연결된 두 개의 입구를 갖고 있으며, 여행자는 웜홀의 한쪽 입구로 빨려 들어가 기관을 따라 내려가서는 아주 짧은 순간에 다른 쪽 입구로 빠져나올 수 있다고 설명된다. 그것은 웜홀의 입구와 출구가 공간이 아니라 시간이 서로 다르다면 그 사이에 시간 터널이 연결되어 있어 과거 또는 미래로 갈 수 있는 것이다.

웜홀은 얼마나 떨어져 있는가는 문제가 되지 않는다. 공간을 굽힐 수 있다면 실제거리가 얼마이든 웜홀의 길이는 일정하게 조절할 수 있기 때문이다. 일례로 지구에서 달까지의 거리는 384,000km인데 1m의 웜홀이 생기면 한 발짝만 옮겨도 달에 갈 수 있다. 순간적이기는 하지만 그 과정은 우주를 가로지르는 것이 될 수도 있다. 바로 공상과학자들이 원하는 원리이며 SF 영화들은 대부분 이 이론을 채택한다.

그러나 아무리 과거로 웜홀이 여행자를 데려다 줄 수 있다고 해도 한계는 있다.

웜홀은 여행자를 웜홀의 생성시간보다 더 이른 과거로 데려갈 수 없다. 팽창효과는 단지 시간을 느리게 가게 하는 것일 뿐 시간을 거꾸로 가게 하는 것은 아니기 때문이다. 최대로 해서 입구가 빛의 속도로 움직인다면 시간은 움직이기 시작한 순간에 정지해 있을 뿐이다.⚜

시간여행의 일정표

웜홀로 타임머신을 만들 수 있다는 개념이 나타나자 학자들의 타임머신 연구는 더욱 박차를 가하기 시작했다. 학자들이 이렇게 매력 있는 타임머신 연구를 순순히 포기할 리 없다.

아인슈타인의 일반상대성이론은 다음과 같은 간단한 사실을 대전제로 하고 있다.

'시공간의 휘어진 정도, 즉 시공간의 곡률(曲律)은 그 안에 포함되어 있는 물질과 에너지의 분포로부터 결정된다.'

⚜ 「우주로의 시간여행」, 데이비드 프리드만, 과학동아, 1989. 10

사실 아인슈타인의 방정식은 곡률과 물질 및 에너지 사이의 관계를 수학적으로 표현한 것에 지나지 않는다.

시공간의 곡률(좌변) = 물질과 에너지(우변)

이 방정식의 좌변은 시공간의 기하학적 구조를 결정하고 우변은 물질과 에너지의 분포상태를 결정한다. 즉 물질과 에너지 분포가 주어졌을 때 그 결과로 시공간이 어떻게, 얼마나 휘어지는가를 알 수 있다. 이를 역으로 보면 시공간의 기하학적 구조가 주어졌을 때 물질과 에너지가 어떻게 분포되어야 하는지를 말해 준다. 그리하여 우리가 원하는 시간여행의 일정표를 설계할 수 있게 된다. 타임머신이 가능하다고 발표한 손 교수는 그 후 자신의 아이디어를 보다 구체화했다. 웜홀의 입구를 음의 에너지를 갖는 '신비의 물질'로 단단히 묶어 놓으면 된다는 것이다. 음에너지를 갖는 물질만 발견한다면 수만 년이나 더 되는 과거로 돌아갈 수도 있으며 그것이 타임머신이 될 수도 있다는 설명이다.

그런데 SF 영화 감독에게는 문제가 없지만 킵 손 교수가 제안한 웜홀에는 큰 문제점이 도사리고 있다.

웜홀을 열린 상태로 유지하려면 웜홀의 벽을 열린 상태로 지탱할 수 있는 일종의 특이한 물질이 필요하기 때문이다. 그런데 이 물질은 보통 물질과는 달리 음의 에너지밀도(질량이 0보다 작은)와 음의 중력을 가져야 한다. 그래야 바깥쪽으로 밀어내는 힘이 작용하여 웜홀이 닫히는 것을 막을 수 있고 여행자가 웜홀 속을 통과할 때 짜부라지지 않는다.

음의 에너지란 에너지가 0보다 작은 것을 의미하므로 과거의 학자들은 현실적으로 존재할 수 없다고 생각했는데 근래의 학자들은 네덜란드의 헨드릭 카시미르(Hendrik Casimir)가 음에너지의 존재를 증명했다고 믿는다.

| 헨드릭 카시미르 |
카시미르는 현실적으로 존재할 수 없다고 생각했던 음이온의 존재를 증명했다고 알려진다.

카스미르는 1948년 진공 속에서 두 금속판을 서로 마주 보게 놓아두면 두 금속판 사이에는 중력과는 상관없이 서로 끌어당기는 힘이 작용한다고 주장했다. 매우 기이한 주장이라고도 볼 수 있는데 두 금속판이 10억 분의 1m 정도 떨어져 있으면 실제로 이러한 현상이 일어난다. 이 힘을 '카시미르 힘'이라고 부르는데 금속판 사이의 거리가 가까울수록 그 힘은 더 커진다. 물론 이러한 일이 일어나는 이유는 공기를 완전히 뽑아낸 진공 상태 속의 텅 빈 공간이 실은 완전히 텅 빈 공간이 아니기 때문이다. 그 속에는 '가상 입자'들이 들어 있다.

가상 입자의 존재는 하이젠베르크의 불확정성 원리에서 그 근거를 찾을 수 있다. 이 원리에 따르면 어떤 입자의 위치와 운동량을 동시에 정확하게 아는 것은 불가능하다. 그 결과 양자 차원에서는 설사 텅 빈 공간이라 하더라도 그 속에서 수많은 입자들이 생성과 소멸을 끊임없이 반복한다는 것이다. 이 입자들은 어떤 정교한 관측 도구를 사용해도 눈에 띄지 않게 생성과 소멸을 거듭하고 있기 때문에 가상 입자라고 부른다.

입자는 파동으로도 나타낼 수 있기 때문에 입자마다 각자 다른 파장을 가진다. 그 결과 모든 가상 입자가 두 금속판 사이의 좁은 틈 안에 빽빽하게 들어 있을 수 없다. 파장이 두 금속판 사이의 거리보다 긴 입자는 그 속에 들어갈 수가 없다. 그 결과 금속판 바깥쪽에 있는 입자와 그 안쪽에 있는 입자의 수에 불균형이 생기게 된다.

따라서 만약 진공 속의 에너지가 '0'이라면 두 금속판 사이의 에너지는 금속판 주위의 에너지보다 더 낮게 되며 '0' 보다 작을 수밖에 없다. 이 음의 에너지가 두 금속판을 움직이게 하는데 카시미르 박사의 실험에서 일어난 일이 바로 이것이라는 설명이다.

여하튼 음의 에너지는 음의 중력을 만들어내고 웜홀을 열린 상태로 유지하는 데 필요한 물질로 충분하다고 여긴다. 그런데 SF에서 자주 보이는 타임머신이 만들어지기 위해서는 아주 큰 규모의 음에너지를 만들어야 하는데 계산에 의하면 놀라지 않는 사람이 오히려 놀라울 일이다.

지름 1m 정도의 웜홀을 만드는 데 필요한 음에너지는 행성 하나의 에너지에 해당할 만큼 크다고 한다. 그런데 여기서 말하는 행성은 보통 행성이 아니라 태양계에서 가장 큰 목성을 말한다고 수 넬슨은 적었다.⚘

물론 우리들이 갖고 있는 지식은 단편적이다. 그러므로 우리보다 훨씬 진보된 문명을 갖고 있는 외계인들이라면 웜홀을 만들어낼 수 있을지도 모른다. 아니면 시간여행을 가능하게 만들 수 있는 질량의 '모든' 분포상태를 일일이 규명한 뒤, 아인슈타인의 희망대로 그들 모두를 실현 불가능한 상태로 규정할 수 있는 '물리적 근거'를 찾을 수 있을지도 모른다. 그렇다면 그러한 불가능의 과학이 현실로 등장하는 때는 언제일까?

미래와의 조우

타임머신이 만들어질 수 있는 가능성을 많은 사람들이 고대하고 있는데 부응하기라도 하듯 타임머신이 가능할지 모른다고 주장한 사람이 스티븐 호킹이다. 스티븐 호킹은 개인적으로는 타임머신을 제작하는 것이 불가능하다고 생각하면서도 블랙홀이 유입된 정보를 밖으로 내보내지 않기 때문에 타임머신이 가능할 수도 있다는 가능성을 열어 놓았다.

⚘ 『판타스틱 사이언스』, 수 넬슨, 웅진닷컴, 2005

호킹 박사가 1975년에 발표한 블랙홀에 대한 설명은 다음과 같다.

> 거대 질량이 수축 · 붕괴해 생긴 '무한히 작은 점' 인 블랙홀에는 엄청난 중력이 존재해 모든 것을 빨아들여 파괴하므로 블랙홀에는 아무런 구조도 정보도 없다는 것을 순수한 수학적 계산을 통해 입증했다.

그는 블랙홀은 블랙홀 중력의 가장자리(사건의 지평선)에선 이른바 '호킹복사' 라는 에너지 방출이 일어나 블랙홀은 결국 질량을 잃어 소멸한다고 밝혔다. 호킹복사는 애초 정보가 아닌 소실된 정보이므로, 결국 과거의 정보는 블랙홀 소멸과 더불어 '흔적 없이 존재를 상실한다' 는 얘기다.

호킹은 일반 사람들의 상식과는 달리 블랙홀은 소모한 에너지만큼 홀쭉해지기도 하며 마침내 증발하기도 한다고 발표했다. 미니 블랙홀이 에너지를 내뿜을 때는 검은색이 아닌 흰색이 될 수도 있다는 것이다. 현재까지의 이론에 의하면 미니 블랙홀이 소멸되면 그 자리에는 빛만 남게 된다. 이것이 유명한 호킹 박사의 증발 이론으로 이 이론에 따르면 앞에서 말한 바와 같이 웜홀을 통해 시간이동이 가능하며 다른 우주가 있을 수 있다는 상상도 가능하게 해 주는 것이다.

스티븐 호킹의 블랙홀 이론에 의해 파생된 웜홀을 곰곰이 따져보면 색다른 아이디어가 태어날 수 있다. 그것은 다른 세계의 우주가 존재할지도 모른다는 것이다. 학자들은 시간의 축을 따라 현재에서 미래로 일방 통행하는 여행과는 달리 공간 축으로 여행할 경우 상황이 달라질지도 모른다는 점에 착안했다.

우리는 공간상 모든 방향으로 자유롭게 움직인다. 휴가를 위해 자동차를 타고 서울에서 부산으로 향하다가 맘이 바뀌면 차를 돌려 설악산으로 갈 수 있다. 공간은 시간과는 달리 어느 특정한 방향성을 갖고 있지 않기 때문이다. 이와 같이 자유로운 공간의 이동성에 대비하여 시간의 경직된 방향성을 물리학에서는 '시간의 비대칭성(time asymmetry)' 라고 한다.

이 비대칭성에 착안하여 앨리스(G. F. R. Ellis)는 만약에 우주가 무한하다면 우리와 같은 모습을 한 우주가 어딘가에 존재하고 있다는 가설을 제기했다. 우주가 무한하다면 우리가 모르는 셀 수 없는 대폭발(Big Bang)이 있을 것이고, 따라서 제각기 나름대로 진화하고 있는 우주가 셀 수 없을 정도로 많이 존재할 수도 있다는 뜻이다. 이를 평행우주라고도 한다.

인간들은 살아가면서 많은 선택을 하게 되는데 한 번 선택할 때마다 인생 경로가 요동치게 된다. 그런데 평행우주 개념은 인간이 선택해야 할 조건 모두가 가능한 세계가 존재한다는 것을 의미한다.

각각의 세계는 나머지 모든 세계와 똑같고 시간도 동일하다는 데 중요성이 있다.

영화에서 자주 나오는 소재이지만 어떤 세계에서는 불만족인 상대방과 결혼해 살지만 다른 세계에서는 결혼 전날 밤에 갑자기 도망치기도 한다.

이러한 평행우주 개념은 아직 확인된 것은 아니지만 양자론의 세계에서는 가능하다는 것이 물리학자들의 설명이다.

양자론의 세계에서는 우리가 일상적으로 경험하는 거시 세계에서 일어나는 것과는 아무 관계도 없는 기이한 일들이 일어난다. 양자론에는 확률과 중첩이라고 부르는 모호한 상태가 도입된다. 예를 들어 한 입자가 두 가지 스핀 상태(업과 다운)를 가질 수 있다고 할 때 우리가 그것을 측정하기 전까지는 그 입자의 스핀은 업일 수도 있고 다운일 수도 있으며 또는 업과 다운이 중첩돼 있을 수도 있다. 이렇게 모호한 중첩 상태에 있는 그 입자에게는 자신만의 평행우주들이 존재하는 셈이다.

양자론에 따르면 이러한 중첩 상태는 그 계가 관측되고 측정되기 전까지만 존재한다. 누군가 어떤 상태를 측정하려고 시도하는 순간, 결정되지 않은 모든 상태는 독자들이 존재하는 우주에서 붕괴하여 단 하나의 결과만 남게 된다.

1957년 프린스턴대학의 휴 에버렛(Hugh Everett)은 존 휠러 교수의 지도하에 매우 색다른 양자론의 영향에 대해 도전했다.

그는 우선 슈뢰딩거의 파동방정식(입자를 파동 또는 중첩된 파동들의 합으로 기술하는 방정식)을 기본으로 하여 모든 가능성 또는 상태가 실제로 존재하는 상황을 추론했다. 즉 측정하는 순간 중첩 상태가 붕괴하는 대신에 각자의 우주에서 계속 존재할 수 있다고 가정한 것이다.

중첩 상태에서 입자에게는 자신만의 평행우주들이 존재한다. 그런데 우리가 측정을 하는 순간, 특정 결과(예컨대 스핀)만이 우리가 경험하는 현실의 일부가 된다. 나머지 가능한 결과들은 사라지는 것이 아니라 각자 자신의 현실 세계를 걸어가게 된다. 이것은 하나의 우주에 하나의 현실만 존재한다고 보는 대신에 다중 우주에서 모든 현실이 존재한다고 보는 이론이다.

엄밀한 의미에서 물리학자들이 말하는 다중 우주는 양자의 틀에서만 존재하는 것이다.

그러나 SF 작가들은 이 개념을 널리 확장하여 수많은 SF 작품들을 만들었다.

필립 K.딕이 1962년에 발표한 『높은 성의 사나이(The Man in the High Castle)』에서 제2차 세계대전 후 미국 북부는 일본군에게 점령되고 남부는 독일군에게 점령된다. 로봇 해리스의 『조국(Fatherland)』에서는 독일의 제3세계가 아직 건재한다.

마이클 크라이튼의 『타임라인(Time line)』에서도 이러한 아이디어를 차용했다. 그는 우리가 경험하는 세계는 그와 동등한 많은 세계들 중의 하나라고 가정한다. 타임머신을 타고 과거로 여행할 때 여행자는 그가 살아

온 세계로 여행하는 것이 아니라 자신이 살던 세계와 평행적인 다른 세계로 여행한다.

이 경우의 장점은 여행자가 도착한 다른 세계에서 그의 아버지를 살해하거나 어머니와 결혼해도 문제가 되지 않는다. 그가 도착한 세계에서 그의 의지에 따라 새로운 역사를 만들 수 있기 때문이다.

그의 이런 발칙한 상상이 아무런 모순점이 없다는 것은 물리학 지식을 이용한 '평행우주' 라는 개념을 초기에 설정했기 때문이다. 우리가 모르는 우주들이 있고 그것들은 각각의 다른 역사를 갖고 있을 터이므로 우리의 과거 미래 또는 갖가지 다른 역사를 가진 우주가 존재한다는 것은 그렇게 무리한 설명이 아니다.

국내에서 만들어진 게임 「창세기전」에도 유사한 이론이 나온다. 시간여행의 모순점으로 미래의 사람이 타임머신을 통해 과거로 들어가 역사의 진행을 방해할 경우 미래 세계에 큰 영향을 미친다는 반발을 '평행세계' 이론으로 교묘하게 빠져나간다.

에버렛의 평행우주 이론은 과학자보다는 SF 작가들에게 절대적인 힘을 발휘했는데 옥스퍼드대학의 데이비드 도이치가 다중 우주 개념을 강하게 옹호하고 나섰다.

그는 두 개의 슬릿을 통해 빛을 비출 때 나타나는 간섭무늬의 밝은 줄무늬와 어두운 줄무늬를 새로운 개념으로 설명했다. 기존의 물리학에서는 빛이 파동처럼 행동하기 때문에 중첩된 파동이 상쇄하면서 어두운 부분이 나타난다고 설명한다. 그러나 도이치는 보이지 않는 '그림자' 빛 입자, 곧 평행우주에서 온 광자가 빛과 간섭을 일으켜 어두운 줄무늬가 나타난다고 설명한다.

다소 이해하기 어려운 설명이지만 수 넬슨은 다음과 같이 설명했다.

가까이 늘어선 두 슬릿 사이로 한 번에 광자를 하나씩 통과시키는 실험에서 나타나는 예기치 못한 결과도 설명할 수 있다. 두 슬릿을 열어 놓으면 전형적인 간섭무늬가 나타난다. 슬릿 하나를 닫아 놓으면 광자들은 열려 있는 슬릿을 한 번에 하나씩 통과한다. 다른 슬릿을 통해 지나온 광자가 없기 때문에 각각의 광자는 간섭을 일으키지 않아 스크린에는 간섭무늬 패턴 같은 것이 나타나지 않는다.

그런데 슬릿을 통과하는 광자의 수를 증가시키면 간섭무늬가 서서히 나타나기 시작한다. 스크린에 비치는 광자들은 밝은 줄무늬와 어두운 줄무늬로 늘어서기 시작하고 마침내 충분히 많은 광자들이 통과한 뒤에는 완연한 간섭무늬를 이루게 된다.

이러한 무한우주의 개념은 이제까지 논의한 타임머신과는 또 다른 이론으로 발전할 수 있음을 보여준다. 즉 시간여행이라면 시간 축을 따라 과거나 미래로 가는 여행이 아니라 평행우주로 여행을 가서 어느 우주에 도착해보니 그곳엔 우리의 10년 전 모습의 사람들이 살고 있을 수 있다는 것이다. 그러므로 우리는 10년 전의 과거로 여행한 것이 된다. 그곳의 모습이 우리의 10년 전, 100년 전 모습과 정확히 같다면 물리학적으로 '구분불가능(indistinguishable)'으로 부를 수 있다.

영화 「큐브2(Hypercube)」에서 점점 폭력적으로 변해가는 사립탐정 사이먼 그래디가 똑같은 사람을 세 번이나 죽인다. 이와 같은 상황은 코미디나 만화가 아닌 한 현실세계에서는 절대로 일어날 수 없는 상황이다.

문을 열면 자신이 죽는 모습도 보이고 이쪽 방에서는 죽었던 사람이 저쪽 방에서는 멀쩡하게 살아 있는 경우도 있다. 바로 평행우주의 개념을 차입했기 때문이다. 그들이 갇혀 있는 공간은 우리가 생활하는 3차원의 평범한 공간(cube)이 아니라 보통 사람의 인식 능력으로는 상상조차 하기 힘든 4차원의 공간(hypercube)이므로 그런 세계가 가능하다.

이런 개념을 가장 잘 묘사한 것이 이연걸 주연의 「더원(The One)」이다. 이 영화에는 125개의 우주가 존재하며 각 우주에는 지구에 살고 있는 현재의 나와 똑같이 생긴 또 다른 내가 있다. 선악의 구도로 나뉘어지는 영화의 속성상 마지막 이연걸을 살해하지 못하여 우주가 파괴되지 않고 지금까지 살아있을 수 있다고 하지만 자신과 똑같은 사람이 125명이나 우주 안에 살고 있다는 것은 유쾌한 일이 아닐 수 없다.⚜

이와 같은 개념은 「콘택트(Contact)」에서도 등장한다.

외계인의 신호를 받은 지구에서 우여곡절을 겪은 후 애로우는 우주선을 타고 베가성에 도착하여 아버지의 형상을 한 사람과 이야기를 나눈다. 이 장면을 보고 아버지가 사망했는데 어떻게 다시 나타나느냐고 시나리오의 모순점을 질책하는 사람도 있지만, 천만의 말씀. 이 장면은 손 교수가 주장한 웜홀을 이용하여 우주 어디엔가 우리와 똑같은 환경을 가진 우주로 이동할 수도 있다는 평행우주 이론을 접목시키면 간단하게 해결된다. 감독들이 과학에서 새로운 이론이 나오면 곧바로 자신의 영화에 어떻게 활용할 수 있는지를 보여주는 예이다.

지금 이 시간에 수많은 우주가 존재하고, 그래서 어느 우주에 나와 똑같은 모습을 하고 똑같은 옷을 입고 '나'와 똑같은 생각을 하면서 책을 읽고 있는 또 하나의 '나'가 존재할 수도 있다는 생각은 인간에게 알지 못할 위안과 기쁨을 준다. 어느 우주엔가 지구의 근대사와 똑같은 시대가 벌어지고 있는데 작금의 현실과는 달리 광개토대왕이 옛날 차지했던 만주 벌판이 한국 땅으로 존재하는 곳일 수도 있다. 임진왜란이 발발했지만 조선군이 역습하여 일본을 점령하고 오히려 일본을 식민지로 만들고 있을지도 모른다. 무한우주의 개념은 구 소련의 린데(A. Linde)에 의해 구체화되었는데 그는 인플레이션 우주론을 통하면 이런 우주들이 자연스럽게 생성

⚜ 「또 다른 내가 무한계 우주에 살고 있다」, 이강환, 과학동아, 2003.4

| 타임라인 | ▶

| 더원 | ▶▶

된다고 주장했다. 린데는 이렇게 각양각색으로 생기는 우주들을 '딸 우주(daughter universes)' 라고 불렀다. 기존 인플레이션 우주론의 모델들을 면밀하게 살펴보면 이런 딸 우주들이 도처에서 생기는 수학적 해(解)가 나타난다. 다만 이들 각개 우주 간에는 어떤 교신도 불가능하다. 왜냐하면 이들 '딸 우주' 간에는 오직 빛의 속도보다 빠르게 여행하는 여행자만 건널 수 있는 '시공간의 여울(spacelike interval)' 이 존재하기 때문이다.

그러나 특수상대성이론에 의하면 어떤 관측자도 빛의 속도에 이를 수 없다. 이런 관점에서 본다면 시간의 비대칭성, 즉 우리가 과거로 여행할 수 없다는 것은 결국 우주가 유한하거나 빛보다 빠른 속도로 여행하지 못한다는 절대적인 한계 때문이지만 이 역시 블랙홀이란 개념을 이용하면 다른 우주로의 이동이 가능할 수 있게 된다.

이것이 SF 작가들을 비롯한 수많은 전문학자들이 블랙홀에 절대적인 지지와 애정을 보이는 이유이다.

SF 작가들에게 미안하다

2004년 7월 스티븐 호킹 박사는 지금까지 많은 SF 작가들이나 영화감독이 차용하여 시간이론이 가능하다고 설명했던 블랙홀에 대한 자신의 이론이 틀렸다고 발표하여 세계 천문학계와 물리학계를 깜짝 놀라게 했다.

호킹이 이와 같이 발표하게 된 근본 요인은 호킹의 블랙홀이 방출하는 호킹복사가 '뒤섞인 정보' 라고 설명되었기 때문이다. 뒤섞인 정보란 블랙홀의 호킹복사가 어떤 유한한 온도의 열평형 상태에서 이뤄지는 에너지 방출이라는 뜻으로 이것이 이른바 '블랙홀 정보 패러독스' 논쟁의 시발점이 됐다.

양자이론에 의하면 '확률보존법칙(정보는 완전히 소실될 수 없으며, 모든 과정은 되돌릴 수 있는 가역성을 지닌다)' 이 성립돼야 하는데 그는 열복사를 보이는 블랙홀은 주변의 양자물질을 모두 섞인 상태로 바꾸며, 따라서 양자확률과 물질이 보존되지 않는다고 설명했다. 특히 우주 탄생 직후엔 작은 블랙홀들이 무수히 만들어졌던 것으로 추정되는데 호킹의 생각을 따르면 현재 우주는 태초 우주의 정보가 거의 유실된 이상한 상태에 도달했다는 것을 의미하므로 양자이론 학계가 벌떼와 같이 호킹의 이론을 공격했다. 호킹은 블랙홀은 지금의 양자이론으로는 설명되지 않는 '예외현상' 이므로 기존 양자이론은 수정돼야 한다며 자신의 주장을 견지했다.

호킹과 양자학계 사이에 일어났던 설전은 더 이상 이야기하지 않지만 2004년 7월의 발표는 결국 호킹이 거의 30년간이나 견지하던 자신의 주장을 일부 철회했다는 것을 의미한다. 그는 블랙홀 안에서 모든 것이 파괴되는 것은 아니며 파괴되지 않은 정보는 오랜 시간에 걸쳐 블랙홀 밖으로 서서히 나올 수도 있음을 인정했다.

스티븐 호킹은 다음과 같이 말했다.

블랙홀 속에서 이어지는 또 다른 우주는 없다. 정보는 우리 우주 속에 있다. 공상과학 팬들에게는 실망을 주게 되어 미안하지만 정보가 보존된다면 블랙홀을 이용해 다른 우주로 여행하는 것은 불가능하다. 만일 블랙홀로 뛰어든다면 질량 에너지는 우리의 우주로 되돌아올 것이다. 하지만 그 정보는 뭉개져서 알아볼 수 없는 상태가 되어 있을 것이다.

블랙홀에 대한 그의 이론은 발표 당시 양자론과 중력을 결합시킨 첫 시도라는 점에서 주목을 받았고 후에는 열역학까지 합쳐져 '블랙홀 열역학' 분야도 생겨났지만 그의 이론 수정은 양자학계에서 주장한 의견을 대폭 수용한다는 것을 의미한다. 블랙홀에서 일어나는 양자 수준의 미시현상을 이해하는 데 양자역학이 더 적합할 수 있음을 인정한 것으로 볼 수 있기 때문이다.

더구나 그의 새로운 설명은 블랙홀이 다른 우주로의 통로를 제공해 줄 것이라는 웜홀 이론을 여지없이 부숴버렸다. 한마디로 호킹은 지구인들에게 가장 매력적으로 들리는 이론, 즉 블랙홀과 화이트홀 그리고 그 통로 역할을 하는 웜홀을 근본적으로 부정한 것이다.

그의 수정된 이론에 의하면 블랙홀이 삼킨 물질들은 사라지는 것이 아니라 결국 특별한 형태로 바뀌어 다시 나오기 때문에 시간과 공간을 초월하여 과거의 것이 한 장소에서 다른 장소로 이동한다는 것이 불가능하다는 것을 의미한다. 이래저래 간단하

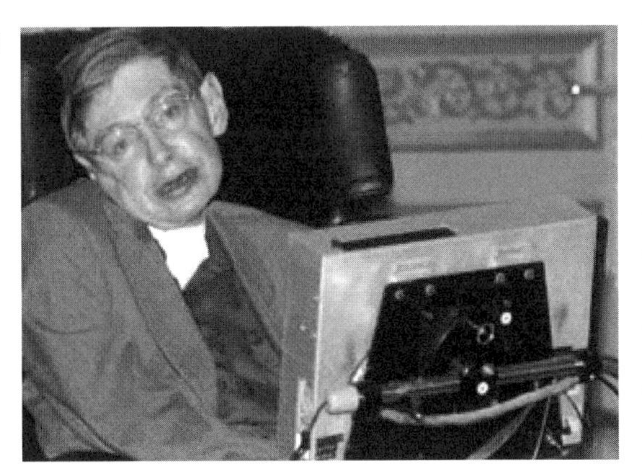
| 스티븐 호킹 박사 |

게 생각되지 않았던 시간여행이지만 그의 항복선언은 시간여행에 관한 한 다른 곳에서 해법을 찾아야 할 계기가 된 셈이다.

물론 그의 이론 수정은 그의 이론에 기반을 둔 많은 아이디어들을 사장케 한다는 다소 유쾌하지 않은 결론에 도달한다. 그러나 아직도 실망할 필요는 없다.

1991년에 미국 프린스턴대학의 리처드 고트(J. Richard Gott) 교수가 제안한 시간여행 이론은 아직도 살아 있다고 볼 수 있기 때문이다.

그것은 '우주끈' 이라는 물체를 이용하는 것이다(통일장 이론에 나오는 초끈 이론과는 다른 개념임).

우주끈은 그 폭이 원자핵보다도 작은 끈 모양의 물체로 질량은 1cm³당 1,016t이나 된다. 또한 무한한 길이의 닫힌 고리 형태로 우주를 아광속으로 떠돈다고 한다. 우주끈은 원자로 이루어진 물체가 아니라 불가사의한 성질을 지닌 어떤 종류의 에너지 덩어리로 추정하며 상대성이론에 따라 그 강력한 중력으로 주위의 시공간을 일그러지게 한다. 이 시공의 일그러짐이 과거로 돌아가는 시간여행의 문을 연다는 것이다.

물론 우주끈은 몇몇 물리학의 이론에서 그 존재가 예언되어 있는 것이지 우리가 사는 이 우주에 실존하는지는 아직 알려지지 않고 있음은 물론, 그 존재 가능성에 회의적인 학자들이 더 많다.

또한 설령 우주끈이 존재한다고 하더라도 기술적으로 과거로의 시간여행을 실현시킨다는 것은 상당히 어렵다. 아광속으로 날아다니는 우주끈을 포착하여 마음대로 운동을 제어한다는 것은 간단한 일이 아니다. 일본 도호쿠대학의 후타마세 도시후미 교수는 아광속의 우주끈 2개를 사용하여 과거의 자신과 만날 수 있는 이론을 다음과 같이 설명했다.

2개의 우주끈 A와 B가 아광속으로 서로 스쳐가듯 운동을 하고 있는 시공간을 생각한다. 아광속으로 항행할 수 있는 우주선이 정오에 지구를 출발하여 행성 X로 향한다. 보통의 시공간에서는 곧바로 행성 X를 향하는 것이 최단거리이지만 시공간에 잘려진 부분이 있다면 우주끈 A의 근처를 지나 행성 X로 향하는 것이 훨씬 빠르다.
그래서 우주선은 곧바로 오는 빛보다 먼저 행성 X에 도착할 수 있다. 이것은 겉보기 초광속 운동이라 볼 수 있다. 초광속 운동은 과거로 시간여행의 문을 연다. 행성 X에 우주선이 도착하는 시각은 정오가 된다. 이어 우주선이 우주끈 B의 근처를 지나 아광속으로 지구로 귀환하면 거기도 출발시점이었던 정오이다. 따라서 출발하려는 과거의 자신과 만날 수 있다.'[†]

다소 난해한 설명이 될 수 있지만 우주끈이란 이론으로 타임머신이 가능하다는 것은, 스티븐 호킹이 타임머신의 가능성을 원천적으로 봉쇄한 것에 비해 신선하지 않을 수 없다. 소설과 영화 등은 원래 상상력의 산물이다. 하지만 현대인들은 그 상상력에도 과학적 근거가 있기를 바란다. 그래야 설득력이 있기 때문이다. SF는 과학적 이론이 받쳐주지 않으면, 블록버스터는 고사하고. 극장에 간판을 걸기도 어려울 것이다.

비록 우주끈 이론이라는 최후의 피난처가 있다고 해도 호킹의 항복 선언은 지금까지 웜홀을 이용하여 시간이동을 자유자재로 하던 SF 작가들에게는 혼돈을 주었다. 하지만 여기에도 명쾌한 해법이 제시돼있다. 아이작 아시모프는 매우 간단한 문장으로 시간이동은 물론 초광속여행을 해결했다.

이 우주선은 시간과 공간을 초월하여 비행합니다.

[†] 「강력한 중력을 가진 '우주끈'이 과거로 돌아가는 문을 연다」, 뉴턴, 2004. 10

공간이동

Space Movement

공간이동의 아이디어를 학자들이 연구하기 시작하자마자 난관에 봉착했다.
현대 과학기술로는 도저히 공간이동이란 아이디어를 소화시킬 수 없기 때문이다.
결국 공간이동은 시나리오 작가의 아이디어대로 SF에서나
사용할 수 있는 아이디어에 불과하다는 결론이었다.

– 본문 중 –

공간이동

네티즌 484명에게 '갖고 싶은 초능력을 딱 한 가지만 고르라'고 했더니 1위는 '공간이동능력', 2위에는 '남의 생각을 읽을 수 있는 독심술', 3위에는 '투명인간'이 뽑혔다.

공간이동이 실용화되면 자동차, 기차, 지하철, 비행기 등이 없어도 자신이 원하는 곳으로 순식간에 갈 수 있다. 수많은 작품에서 교통체증이나 자동차, 기차를 놓쳐 약속시간에 제대로 도착하지 못하여 여러 가지 돌발적인 사건이 일어나는데 공간이동을 할 수 있다면 그럴 염려는 전혀 없다. 더욱 좋은 것은 사랑하는 사람과 아무리 멀리 떨어져 있더라도 마음만 먹으면 곧바로 갈 수 있다는 것이다.

이와 같은 공간이동은 1960년대 말에서 1970년대 초까지 무려 140편이나 제작되어 큰 인기를 끈 TV 드라마 「내 사랑 지니(I dream of Jennie)」에 유난히 많이 나온다.

미국의 우주비행사인 안토니 넬슨은 우주선의 고장으로 태평양의 한 섬에 떨어져 구조를 기다리는 동안 해변에서 호리병을 줍는다. 호리병 속에는 요정인 지니가 들어 있었는데 그녀는 자신을 호리병에서 꺼내준 안토

영화 「드레곤볼」 ▶
드레곤볼의 주인공들은 기를 이용하여 순식간에 우주를 마음대로 이동한다.

영화 「더 플라이」 ▶▶
공간이동장치를 개발하여 가동시켰더니 주인공과 파리가 합체된다는 가설은 공간이동방법을 적절하게 지적했다는 평가를 받았다.

니 넬슨을 주인이라 부르며 수많은 에피소드를 만들어낸다. 그녀는 눈깜짝할 사이에 장소를 옮기면서(그야말로 눈만 깜빡거리면 됨) 주인공들을 골탕먹이는데 거기에는 우주공간이나 다른 행성으로의 이동도 포함된다.

공간이동은 「드래곤볼」에서도 다반사로 등장한다. 악을 퇴치하기 위해 주인공인 손오공, 손오반, 베지터 등은 우주의 어떤 공간이라도 한순간에 이동한다. 공간이동을 하는 데 어떤 기계장치가 필요한 것이 아니라 마음속에 있는 '기'를 이용하는 것이 다른 작품들과 다른 점이다.

공간이동이 긍정적으로만 그려지는 것은 아니다. 여러 편의 시리즈로 제작되었던 영화 「더 플라이(The Fly)」에서는 과학자라는 이름을 가진 인간들이 파멸을 예견하면서도 자신의 호기심을 억누르지 못해 스스로 제물이 되어가는 역설을 그렸다.

주인공인 과학자 브런들은 순간이동장치를 개발한 후 시험해 보기 위해 자신이 직접 장치 안으로 들어간다. 그런데 이때 우연히 파리 한 마리가 장치 속으로 함께 들어가는 바람에 파리와 주인공이 혼합되어 무시무시한 파리인간이 탄생하는 것이다.

그는 결국 애인의 손에 의해 죽는다. 후속편에서도 공간이동장치에 파리가 들어가 파리인간이 되는 이유가 다소 설득력은 떨어지지만(장치를 가동하기 전에 청소하지 않은 이유가 무엇인지?) 이 영화는 공간이동의 기법은 원자 상태로 분해된 후 다시 재조합하는 과정이라고 정의 내리고 있다.

딘 패리섯 감독의 「갤럭시 퀘스트(Galaxy Quest)」는 「스타트랙」을 철저하게 패러디한 코미디이다. 유명한 TV 연속극이었던 갤럭시 퀘스트의 퇴물 출연배우들에게 어느 날 우주인들이 찾아온다. 그들은 갤럭시 퀘스트를 지구 영웅들의 역사가 기록된 다큐멘터리로 보았고 그들이 은하를 구할 수 있다고 믿었던 것이다.

코미디 오락영화답게 등장인물들의 공간이동방식도 매우 독특하다. 우주선을 타는 것도 아니고 물질을 해체해 전송하는 방식도 아니고 그저 어떤 액체에 둘러싸여 우주공간을 날아갈 뿐이다.

영화제작비 절감을 위해 태어난 공간이동장치

많은 사람들이 공간이동장치의 아이디어는 천재 과학자가 유도했으며 적어도 노벨상 정도는 받았을 것으로 생각한다. 그러나 공간이동장치의 아이디어는 놀랍게도 영화제작비를 절약하기 위해서 고안된 장치이다.

시나리오 작가 진 로든베리에 의해 탄생된 「스타트랙」은 새로운 문명을 찾아 먼 우주를 탐험하는 인간들의 모험을 다룬 SF물이다. 배경의 무대는 23세기로 지구라는 작은 행성에서 살고 있는 인간들이 이기심과 질투 때문에 화합하지 못하는 것을 아쉬워하는 작가가 전 우주적인 화합과 공존의 미덕을 호소한다.

영화 「스타트랙」의 엔터프라이즈호
시나리오 작가 진 로든베리는 제작자의 요구에 의해 공간이동 개념을 구상했다

이 작품이 30여 년 동안 영화와 TV에서 폭발적인 인기를 누려온 가장 큰 비결은 작가의 고집 때문이다.

진 로든베리는 시나리오를 작성하면서 SF 영화일지라도 과학이 뒷받침되지 않는 허무맹랑한 이야기는 거부했다. 그는 우주에서 일어날 수 있는 모든 현상을 과학적이고 논리적인 방식으로 전개했다. 우주선의 속도도 과학이 허용하는 틀 안에서 달려야 하므로 다른 SF 영화들과 같이 초광속 여행을 채택하지 않고 과학자들과 상의하여 초광속 효과를 얻을 수 있는 방법을 구상했다.

그러나 「스타트랙」이 점점 인기를 끌면서 우주선 엔터프라이즈호를 행성에 착륙시키는 장면을 찍을 때마다 엄청난 예산이 드는 것이 문제였다. 제작자들은 진 로든베리에게 매번 우주선이 착륙하지 않아도 가능한 착륙 방법을 의뢰했다.

여기에서 진 로든베리의 천재성이 발휘된다. 그는 우주선을 착륙시키는 것이 아니라 사람을 비롯한 소형 우주선들을 목적한 장소로 이동시키는 '트랜스포터 빔(운반광선)'을 고안했다.

그의 원래 구상은 본래의 물체를 주사(走査)하여 모든 정보를 추출한 뒤

이 정보를 수신 장소로 전송하여 복제물을 구성하는 것이었다.

「스타트랙」에서 사람을 공중전화 부스처럼 생긴 장치로 들어가게 한 후 스위치만 눌러주면 순식간에 그곳에서 사라져 전혀 다른 장소에서 모습을 나타낸다.

엔터프라이즈호의 우주탐사대원들이 낯선 외계행성에서 임무를 수행하다가 위험에 처하면 아무 때나 모선을 향하여 구조요청만 하면 된다.

스팍 : 커크 선장님. 그곳은 위험지역입니다.

커프선장 : 알았다. (커크선장 가슴에 손을 올리며) 스팍. 나를 올려줘

그야말로 공간이동이 이처럼 간단할 수 없다.

「스타트랙」이 얼마나 많은 인기를 끌었는지는 박상준은 다음의 예를 들었다.

미국 최초의 우주왕복선이 만들어졌을 때 워싱톤으로 40만 통에 가까운 편지가 날아들었다. 편지 내용의 대부분은 우주 왕복선의 이름을 '엔터프라이즈' 로 붙이라는 것이다.

공간이동으로 빛 이동 성공

물론 공간이동이라는 아이디어 자체가 일반인들에게 큰 반향을 일으킨 것은 헐리우드의 시나리오 작가인 로든베리에 의해 「스타트랙」에서 처음 태어났기 때문이기는 하지만 실제로 공간이동의 아이디어는 로든베리보다 훨씬 전부터 알려져 있었다.

1950년대에 조지 랑겔란(George Langelaan)이 공간이동에 대해 〈플레이보이〉지에 발표한 적이 있었다.

물론 그의 글은 별 반향을 일으키지 못했지만 그의 아이디어가 「더 플라이」에 의해 영화화되어 흥행에 성공했다.

물론 일부 학자들은 19세기의 소설에 이미 원격이동 개념이 등장했다고 주장한다. 에드워드 페이지 미첼(Edward Page Mitchell)이 1877년에 『몸이 없는 남자』라는 소설을 썼는데 그는 한 남자가 전화선을 통해 정보를 전송하듯이 전선을 통해 고양이를 전송했다고 한다.

그런 의미에서 로든베리의 공간이동이라는 아이디어 자체는 독창적이라고 볼 수 없지만 그의 이동장치는 이후 수많은 SF에서 사용될 정도로 보편화되었으므로 실질적으로 공간이동이란 아이디어는 로든베리에 의해 태어났다고 주장하는 사람이 많은 것도 과언이 아니다.⚘

여하튼 「스타트랙」에서 태어난 공간이동의 아이디어는 많은 사람들에게 큰 충격을 던져주었다. 학자들의 놀라움은 더 커서 공간이동이 과연 가능한지 곧바로 연구에 착수했다.

그러나 공간이동의 아이디어를 학자들이 연구하기 시작하자마자 난관

⚘ 「판타스틱 사이언스」, 수 알렌, 웅진닷컴, 2005

에 봉착했다. 현대 과학기술로는 도저히 공간이동이란 아이디어를 소화시킬 수 없기 때문이다. 결국 공간이동은 시나리오 작가의 아이디어대로 SF에서나 사용할 수 있는 아이디어에 불과하다는 결론이었다.

그런데 1993년 미국의 찰스 베넷은 4개국 학자들과 공동 연구로 양자역학 자체를 원격이동에 이용하는 방법을 발견했다고 발표했다. 간단하게 말하여 양자역학의 기본 특성인 얽힘 현상을 이용하면 불확정성 원리에 위배되지 않으면서 이 원리에 의한 제약을 우회할 수 있다는 것이다. 얽힘 현상은 뒤에서 설명한다.

1997년 오스트리아 인스부르크 대학의 안톤 젤링거를 비롯한 일단의 과학자들은 과학사의 한 장을 열 수 있는 매우 중요한 연구결과를 발표했다. 그들은 한 지점에 있던 빛을 제거한 후 1km 정도 떨어진 곳에서 이와 똑같은 빛을 완전하게 재생하는 실험에 성공했던 것이다. 빛의 기본단위인 광자(光子)가 갖고 있는 주요 물리적 특성에 관한 정보를 다른 광자들에게 고스란히 전달해냄으로써 마침내 빛의 공간이동을 실현한 것으로 적어도 공간이동 아이디어 자체가 터무니없는 상상의 산물은 아니라는 것을 증명했다. 그들의 발표 덕분에 「스타트랙」의 팬들은 더욱 열광했다.

1998년 캘리포니아 공대의 제프 킴블 팀은 인스부르크대학의 실험보다 개선된 방법을 사용하여 보다 정확하게 빛의 재생을 재현했다. 이들은 어떤 거리에서도 발생할 수 있는 자연의 가장 작은 입자 간의 양자 공간이동이 가능하다는 것을 보여주었다.

1999년 하버드대학 르네 하우 박사 팀은 절대온도에 가까운 극저온 상태의 기체원자로 채워진 공간에서 빛의 속도를 초속 17m로 낮추는 데 성공했으며 연이어 초속 8m로 낮추었다.

2001년, 하버드대학의 미하일 루킨(Mikhail Lukin)과 렌 하우(Lene Hau) 박사가 별도로 진공상태에서 빛을 완전히 정지시켜 저장했다가 다

달걀크기의 다이아몬드 (235캐럿)
굴절률이 가장 큰 다이아몬드의 경우 2.42로 빛의 속도는 초당 12km로 줄어든다.

시 놓아주는 기술을 개발하는 데 성공했다.

두 팀 모두 가스 원자들 사이로 빛을 통과시켜서 빛의 속도를 낮추었다. 루킨은 뜨거운 루비듐 원자를 사용했고, 하우는 과냉각된 소듐(나트륨)을 사용했다. 양쪽 다 빛을 정지시켰지만, 광자들은 가스 원자에 흡수되었다. 빛은 광자라는 알갱이로 이루어져 있는데, 특정한 조건에서 빛을 원자에 쏘면 원자가 광자를 흡수해서 들뜬 상태가 된다. 그리고 원자가 다시 원래 상태로 내려갈 때 흡수한 빛을 다시 방출한다. 이 경우엔 광자의 에너지가 가스 원자에 저장되어 있으므로 빛은 다시 발생될 수 있다. 하지만 빛이 멈추어 있을 때, 광자들은 사실 원자에 흡수되어 있는 것이므로 기술적으로는 빛이 사라진 것이라고 말할 수 있다.

2002년 오스트레일리아 국립대학 과학자들은 앞선 과학자들의 기술을 더 개선시켜 「스타트랙」의 팬들을 더욱 흥분시켰고 2003년 1월에는 55m에서 2km에 이르는 거리만큼 원격 이동을 일으키는 데 성공했다고 발표했다.

현재는 수만 분의 1초에서 수백만 분의 1초 동안 빛을 정지시킬 수 있지만, 왜 더 오래 빛을 정지시킬 수 없는지는 아직 알려져 있지 않다. 학자들이 빛을 정지시키는 기술에 몰두하는 것은 광통신에 유용한 것은 물론 양자컴퓨터에서도 사용될 수 있기 때문이다.⚜

⚜ 「빛을 저장한다」, 아즈, www.scieng.net, 2003. 12. 12

유사한 연구로 2004년 3월에 미국 〈국립표준기술원〉의 리차드 미린(Richard Mirin) 박사는 적외선 레이저를 인듐갈륨비소화합물 반도체로 구성된 10~20nm 크기의 양자점(quantum dot) 구조에 비추는 방식으로 빛의 가장 작은 단위인 빛 알갱이를 하나하나씩을 내보내는 데 성공했다고 발표했다.

학자들은 현재의 기술로 광자의 상태처럼 기본적인 상태는 수 km는 물론이고 인공위성에까지 원격이동시킬 수 있다고 확신한다. 원자는 현재의 기술로 원격이동이 가능하며, 분자는 향후 10년 내에 원격이동 기술이 개발될 수 있다는 것이다.

특히 제프 킴블은 "한 실체의 양자 상태가 다른 실체로 전송될 수 있다. 우리는 그 방법을 알고 있다고 생각한다"고 말했다. 물론 킴불은 분자단계 다음의 원격이동 즉 사람을 전송할 수 있다는 주장까지는 내세우지는 않았다.

빛은 물이나 유리처럼 투명한 매질(媒質)을 통과할 때 속도가 줄어든다. 이 빛을 완전히 정지시키기 위해 나트륨 원자로 구성된 가스를 -273℃까지 낮춰 매질로 이용했다. 빛을 멈추게 한 뒤 다른 파장의 빛을 비추자 신기하게도 처음에 사라졌던 빛이 본래 성질 그대로 되살아난 것이다.

언뜻 생각하면 빛의 속도를 줄이는 것은 쉬울 것으로 보인다. 진공에서 빛의 속도는 약 초속 300,000km인데 물 속을 통과할 때는 초속 220,000km로 느려진다. 빛은 지나가는 공간에 따라 속도가 달라지기 때문이다. 이때 빛의 속도를 느리게 만드는 것은 물질의 굴절률 때문으로 굴절률이 커지면 빛의 속도는 매우 느려진다.

그러므로 물질의 굴절률을 높이기만 하면 빛을 느림보로 만들 수 있다. 그러나 현실 속에서 물질의 굴절률은 아무리 커도 10을 넘지 못한다. 굴절률이 큰 물질로 알려진 다이아몬드의 경우 고작 2.42에 불과하다. 이 경우 빛의 속도는 초속 12km로 느려진다.

학자들이 빛의 속도를 느리게 하거나 정지하는 데 성공한 것은 굴절률을 높여서가 아니라 빛의 속성을 이용해서였다.

빛은 파동으로 움직인다. 빛을 그려보라면 대다수가 빛을 사인(sin)곡선으로 오르고 내리는 모양으로 그린다. 이를 통해 빛의 파장이 얼마고 진동수가 얼마인지를 말한다.

그러나 이러한 모양의 빛은 정보로서는 의미가 없다. 시작과 끝이 없기 때문이다. 정보로서 빛이 의미를 가지려면 공간과 시간적으로 한정된 파형이어야 한다. 이것을 펄스(pulse)라고 한다. 펄스의 모양은 사인곡선과는 달리 여러 가지 형태를 가질 수 있으므로 펄스가 있을 때는 1, 없을 때는 0으로, 즉 디지털 정보로 표현할 수 있다. 물리학자들이 느림보로 만든 빛은 펄스라는 뜻이다.

물론 과학자들이 빛을 이동하게 만들었다는 것이 영화에서의 공간이동을 의미하는 것은 아니다. 이들의 연구는 자연계의 가장 미세한 입자 간의 물리적 특성을 옮기는 이른바 양자(量子)공간이동이 가능하다는 것을 밝힌 것으로 적용 분야는 물체의 공간이동이 아니라 초고속 컴퓨터 개발이다. 양자공간이동을 이용한 양자컴퓨터는 현재 사용되는 컴퓨터로 수백만 년이 걸릴 문제를 양자컴퓨터는 단 몇 분 만에 해결할 것으로 예상하는 꿈의 컴퓨터이다. 학자들은 빛의 제어로 컴퓨터 기술의 새로운 장이 열렸다고 평가한다.

불확정성 원리가 공간이동의 문제점

과학자들이 성공한 것은 양자원격이동이라는 것을 설명했다. 여기에서 핵심 단어는 '양자(量子, quantum)'이다. 원격이동을 설명하려면 양자를 이해해야 하므로 먼저 양자에 대해 설명한다.

양자란 에너지나 물질 중에서 가장 작은 양(혹은 단위)을 의미한다. 그러므로 양자원격이동은 눈으로 볼 수 있는 것보다 훨씬 작고 물질의 가장 깊숙한 곳에 있는 것의 규모에서 일어나는 원격이동을 의미한다.

빛의 입자를 광자(光子)라고 부르는데 광자의 행동은 그 성질 곧 양자 상태로 기술할 수 있다는 데 중요성이 있다. 수 알렌은 옷에 여러 가지 성질(색, 스타일, 천 등)이 있는 것처럼 입자에도 여러 가지 성질이 있어 과학자들은 그 입자에 대한 정보를 계속 연구해 왔다고 했다.

그런데 앞에 설명한 공간이동은 「스타트랙」처럼 사람이나 옷 자체가 이동한 것이 아니라 옷의 색이나 스타일에 관한 정보가 이동했다는 것과 같다. 이것은 탄소에 기초한 생명체를 우주공간 어디에서 발사하여 송신한 후 다시 불러들이는 것과는 엄청난 차이가 있다는 것을 인식할 필요가 있다.

빛이 입자인 동시에 파동이기도 하다는 것은 잘 알려져 있다. 여기에서 양자론에 대해 일일이 설명하지는 않지만 공간이동을 설명하기 위해 어윈 슈뢰딩거(Erwin Schrodinger)가 제기한 불확정성이라는 개념을 인지할 필요가 있다.

그는 양자론의 기묘한 두 가지를 부각시켰다. 첫째는 불확정성이라는 개념이고, 둘째는 입자들이 동시에 다른 상태로 존재할 수 있는 '중첩'이라는 특이한 조건을 설명했다.

첫째는 아인슈타인으로 하여금 '신은 도박사가 아니다'라며 다음과 같은 말을 내뱉게 했다.

> "양자역학은 분명히 인상적이다. 그러나 내 속의 목소리는 그것은 아직 실체가 아니라고 말한다. 그 이론은 많은 것을 말하지만, 실제로는 악마의 비밀에 조금도 더 가까이 다가가는 것은 아니다. 어쨌든 나는 신이 주사위놀이를 하고 있다고는 절대로 생각하지 않는다."

| 슈뢰딩거 | ▶

| 하이젠베르크 | ▶▶
슈뢰딩거의 파동방정식과 하이젠베르크의 불확정성원리는 양자론을 확고한 이론으로 정립시켰다.

둘째는 잘 알려진 푸리에 수학으로 풀어지는데 푸리에 수학은 하나의 파동함수를 어떻게 서로 다른 파동함수들의 총합으로 볼 수 있는가를 보여준다. 즉 하나의 큰 파동이 있으면 그것을 더 작은 파동들의 합으로 볼 수 있다는 것으로 이 경우에 그 파동 속에 들어 있는 어떤 입자는 수많은 위치와 성질을 가질 수 있다는 것이다.

이것을 설명하기 위해 다양한 색깔의 사탕이 들어 있는 양자주머니를 상상하자. 여러분들이 주머니에 손을 넣어 사탕 하나를 꺼내는 순간 나머지 모든 사탕이 갑자기 사라진다. 다소 황당하게 생각되는 현상이지만 양자역학을 이보다 간명하게 설명할 수 있는 것은 없다. 여하튼 슈뢰딩거의 파동방정식은 독일의 베르너 하이젠베르크(Werner Heisenberg)에 의해 수학적으로 구체화된다. 이것이 유명한 '불확정성 원리' 이다.

하이젠베르크의 불확정성 원리는 어떤 입자의 속도와 위치를 동시에 결정하는 것은 불가능하다는 것으로 대변된다. 측정하고자 하는 입자에 너무 가까이 다가가면 관찰 행위 자체가 입자에 영향을 미쳐 그 행동을 변화시킨다는 것이다.

이것은 원격이동장치를 만드는 것에 큰 문제점이 있다는 것을 의미한다. 이동장치의 반대편에서 분해되어 원격 이동된 물질을 다시 결합시켜 원래대로 복원하기 위해서는 인체 내부의 입자와 원자에 관한 모든 정보를 정확히 알아야 하기 때문이다.

이것은 「더 플라이」의 주인공이 왜 문제의 괴물, 즉 파리의 유전자를 갖게 되는지를 알려준다. 원격이동장치를 가동 시킬 때 청소를 깨끗이 하지 않아 파리가 있다는 것을 모르고 기계를 가동시키자 인체에 관한 필수적인 원격이동정보만 취하지 못한 상태에서 비빔밥을 만들었기 때문에 일어난 사고로 볼 수 있다.

그런데 「스타트랙」에서는 하이젠베르크의 이론에도 불구하고 원격이동의 불확정성 문제를 해결했다고 한다. 물론 그 방법이 제시되지는 않았다. 「스타트랙」의 대본작가인 마이크 오쿠다는 단지 다음과 같이 말했다고 수 알렌은 적었다.

"아주 잘 성립해요. 고맙소."

확률과 불확정성 그리고 어떤 것이 동시에 여러 장소에 있을 수 있다는 능력(상태의 다중 중첩)을 도입한 양자론에 마술이나 공상과학 같은 측면이 있다고 리처드 홀링엄은 적었다.

노벨상 수상자인 리처드 파인만은 양자역학에 대해 다음과 같이 이야기했다.

"양자역학을 제대로 이해하는 사람은 아무도 없다고 해도 틀린 말은 아니다. 그러므로 어떻게 그런 일이 가능한가 라는 질문을 하지 않는 것이 좋다. 그랬다간 아무도 탈출한 적이 없는 막다른 골목으로 떨어질 것이기 때문이다. 어떻게 그런 일이 가능한지는 아무도 모른다."

양자론을 동전 던지기로 설명하기도 한다.

위로 던져진 동전을 손으로 잡기 전에 앞면이 나올지 뒷면이 나올지 알 수 없다. 앞면이 나올지 뒷면이 나올지 그 결과를 알 수 없다고 한다면 동전은 중첩 상태에 있다고 볼 수 있다.

즉 동전이 앞면일 경우, 뒷면일 경우, 앞면과 뒷면 모두 다일 경우에 대한 확률이 모두 함께 존재한다는 것이다.

측정을 하는 순간(손으로 동전을 붙잡는 순간), 일련의 성질 중 어떤 것(예을 들면 앞면)이 나타나는지 분명히 알게 되고 그와 동시에 나머지 가능성은 모두 사라진다. 여기서 납득하기 어려운 점은 측정이 이루어지기 전까지는 다른 가능성도 모두 존재하며 동전은 가능한 모든 성질을 가지고 있다는 사실(마술 같은 상태 중첩)이다.

다소 복잡한 이야기를 계속하여 설명하는 것은 이러한 능력이 원격이동을 가능하게 할 수 있다는 이론의 배경이 되기 때문이다.

여기에서 유명한 아인슈타인의 EPR 역설을 설명한다.

이 역설은 아인슈타인, 포돌스키, 로젠 세 사람이 하이젠베르크 등이 주장하는 양자론이 틀렸다는 것을 증명하기 위해 제시한 것이다. 그들은 똑같은 파동함수로 기술되는 두 입자를 아주 멀리 분리시킨다면, 다른 입자에 아무 영향을 미치지 않고 각각의 입자를 따로 측정할 수 있다고 주장했다.

그들은 입자들을 당구공이라고 가정했다. 움직이는 흰색 공이 정지하고 있는 검은색 공에 운동량의 일부를 전달한다. 한 공은 속도가 느려지고 다른 공은 움직이기 시작한다. 충돌이 일어난 후 두 당구공이 나누어 가진 총 운동량은 충돌 전에 흰색 공이 가졌던 운동량과 같다. 이것을 운동량 보존의 법칙이라고 한다.

입자에 대해서도 똑같이 말할 수 있다. 두 입자의 운동량을 알고 있다면 두 입자를 분리시킨 뒤 한 입자의 운동량을 측정하면 다른 입자의 운동량을 알 수 있다는 것이다.

이것은 한 입자에 대해 어떤 정보를 알게 되면, 두 번째 입자에 대해서도 자동적으로 어떤 정보를 알게 된다는 것이다. 이럴 경우 두 입자는 어떤 방식으로 서로 연결돼 있다고 볼 수 있다.

그런데 이 현상은 실제 세계에서는 일어나지 않기 때문에 EPR 역설이라고 불렀다. 세 사람은 이론상 그러한 연결 관계가 존재한다는 것은 양자론이 불완전하다는 것을 의미한다고 주장했다. 이 연결된 조건은 훗날 서로 얽힌 상태 또는 EPR 빔(또는 쌍)이라 불린다.

공상과학이 현실로

양자론에 대한 논쟁에 대해서는 노벨상 수상자와 과학저술가로 유명한 파인만의 설명이 가장 잘 알려져 있다. 한마디로 양자론을 정확하게 이해한다는 것이 거의 불가능하다는 것이다. 노벨상 수상자가 양자론을 정확하게 이해하기 어렵다고 설명할 정도로 양자론을 이해하는 것이 간단한 일은 아니지만 여하튼 공간이동은 양자론을 기반으로 하여 성립된다.

특히 많은 학자들이 얽힘(entanglement)이 실제로 일어날 수 없다고 주장하였음에도 불구하고 훗날 그것은 실제로 존재한다는 것이 증명되었다. 엄밀한 의미에서 공간이동 이론도 노벨상의 주류 연구에 의해 파생된 것이며 이어서 세계를 놀라게 한 원격이동 실험의 기초가 된다.

결론을 말한다면 1980년대에 프랑스 과학자 알렝 아스페(Alain Aspect)가 특별한 연관 관계에 있는 입자들 사이에서는 왼손이 하는 일을 오른손이 정말로 아는 것과 같은 일이 일어난다는 것을 실험적으로 증명했다. 얽힘은 실제로 존재했던 것이다.

| 알렝 아스페 | ▶
얽힘(entanglement)의 존재를 실험한 실험장치

| 찰스 베넷 | ▶▶

양자 정보가 광속을 뛰어 넘어설 수 없다거나 불확정성 원리를 극복할 수 없다는(EPR 논문의 지적처럼) 주장들은 원격이동이 현실적으로 불가능하다는 다소 유쾌하지 않은 결론을 이끌어낸다.

그런데 1993년 상황이 반전했다.

IBM의 찰스 베넷(Charles Bennett) 등이 어떤 과학 법칙도 위배하지 않고서 양자원격이동을 이룰 수 있는 방법을 발표한 것이다.

그들은 양자 정보의 본질적인 특징(즉 정보를 한 계에서 다른 계로 교환할 수 있지만 결코 복사하거나 복제할 수는 없다는)을 사용함으로써 한 입자의 양자 상태를 얽힌 빔 곧 EPR 빔으로 원격이동시킬 수 있다고 주장했다.

그들의 설명은 다음과 같다.

만약 앨리스가 자신이 가진 입자에 대해 어떤 것을 측정하려고 시도한 다음 그 정보를 전통적인 이동수단(팩스나 이메일)으로 밥과 공유한다면 밥은 앨리스가 가진 입자에 대해 불완전한 정보만 얻을 수 있다. 그것은 불확정성 원리로 인해 그 입자에 관한 모든 정보를 측정할 수 없기 때문이다.

원격이동이 일어나려면 앨리스와 밥이 각자 얽힌 쌍의 입자를 둘 다 (각각 하나씩) 가지고 있어야 하며 그 입자들의 도깨비 같은 연결 관계 (오른손이 하는 일을 왼손이 아는)를 최대한 활용해야 한다.

그러므로 앨리스가 가진 입자들은 양자 얽힘(연결할 수 있는 능력)이라는 독특한 성질을 공유하게 된다. 따라서 앨리스의 얽힌 입자는 원래 입자가 지니고 있던 어떤 성질과 서로 보완되는 성질을 가진다. 그런데 밥도 앨리스가 가진 얽힌 입자 쌍 중 하나와 원래 얽혀 있던 입자 하나를 갖고 있다. 따라서 밥의 입자는 다른 장소에 있음에도 불구하고 자동적으로 그 입자에 보완되는 성질을 지니게 되고 원격이동시키려는 입자와 똑같은 성질을 갖게 된다.

두 가지 상태(예컨대 스핀 업과 두운, 또는 동전의 앞면과 뒷면)가 존재하는 어떤 계에는 가능한 얽힘의 상태가 네 가지가 있다.

여기서 마술의 비밀은 밥에게 정확한 상태가 원격이동될 수 있도록 밥에게 정확한 배열을 알려주는 데 있다. 이것은 앨리스가 자신이 가진 두 입자를 측정한 다음, 밥에게 그 결과를 전송하는 것을 통해 이루어진다. 그 결과는 밥에게 앨리스가 자신의 두 입자 사이에 만들어낸 얽힌 상태가 네 가지 중에서 어느 것인지를 알려주며 원래의 상태가 밥 쪽에 어떻게 나타날지 말해 준다.

매우 어렵다고 생각하는 독자들도 마지막까지 읽어주기 바란다. 아인슈타인이 불가능하다고 확신한 것을 가능하다고 설명하는 것이므로 다소 어렵게 느껴지는 것은 당연한 일이라고 볼 수 있지만 약간의 이해성을 요구한다.

이 단계에서 밥의 입자는 앨리스의 입자와 똑같은 양자 상태에 있지 않은데, 앨리스가 측정을 하는 순간 그녀의 두 입자가 얽혀버리기 때문이다. 따라서 밥의 입자에는 앨리스가 밥에게 보내고자 하는 양자 상태가 왜곡되어 나타난다. 그러나 밥은 앨리스의 입자들이 서로 어떻게 얽혔는지 아는 순간, 거기서 얻은 정보를 이용해 왜곡된 자신의 입자를 앨리스가 원격이동시키고자 했던 입자의 상태로 바로잡을 수 있다.

이것은 밥이 이러한 정보를 둘 다 얻었을 때 적절한 조정을 통해 원래 입자의 상태를 정확하게 복원할 수 있다는 것을 의미한다. 그와 동시에 앨리스 쪽에서는 원래의 입자가 더 이상 원래의 형태 그대로 존재하지 않는다. 문자 그대로 사라져버린다.

바로 원격이동이 되었다는 것을 의미한다. 여기에서 주목되는 것은 이 방법으로 어떤 과학 법칙도 깨지지 않는다는 점이다. 앨리스는 자신이 가진 입자들의 양자 상태를 모두 알고 있지 않았기 때문에 불확정성 원리는 깨지지 않았다. 또한 원래의 입자가 파괴되었기 때문에 어떤 복제도 만들어지지 않았다. 마지막으로 일부 정보를 전통적인 방식으로 보내므로 원격이동 과정은 즉각적으로 일어나는 것이 아니므로 빛의 속도를 넘어서지 않아도 된다. 소위 물리학 법칙을 어기지 않는 것이다.

위의 설명이 제대로 이해되지 않는다는 것은 당연한 일이다. 그러므로 많은 사람들이 찰스 베넷의 공간이동 방법을 쉽게 풀이하려고 노력했는데 다음 내용도 그중에 하나이다.

얽힘을 쉽게 이해하기 위해 바구니 속에 빨강과 파랑 2개의 공이 들어 있다고 가정한다. 바구니에서 한 개의 공을 뽑아 색을 보지 않고 주머니에 넣자. 주머니 속의 공은 어떤 색깔일까. 빨강일 확률 1/2, 파랑일 확률도 1/2이다. 그러면 바구니에 남아 있는 공도 주머니 속의 공의 확률과 같은 1/2이다.

너무나 간단한 이야기이지만 바구니나 주머니 속의 공이 모두 빨간색이거나 파란색일 확률은 0이다. 이러한 결합 확률은 하나에 의해 다른 공의 색이 결정되기 때문에 서로 연관돼 있다고 말할 수 있으며 이런 상태를 얽힘이라고 한다.

예를 들어 학교에서 광돌이는 바구니를, 광순이는 주머니를 갖고 각자의 집으로 갔다고 하자. 둘은 자신이 어떤 공을 가졌는지 모르지만 집에 돌아가서 확인하는 순간 상대방이 무슨 색의 공을 가졌는지 알 수 있다. 이런 결과는 광돌이와 광순이가 아무리 멀리 떨어져 있다 하더라도 마찬가지다. 이를 두고 얽힘이 보존된다고 말한다.

여기에서 광돌이가 색을 보는 것(측정)이 광순이의 공에 교묘하게 영향을 끼친 듯 보인다. 이 때문에 과학자들은 얽힘에 의해서 생겨나는 측정 결과를 두 공 사이에 신호가 오가는 것으로 설명할 수 있다고 생각했다.

이 원리를 갖고 베넷은 전자를 이동시킬 수 있다고 설명했다. 그가 설명한 방법, 즉 베넷의 원리를 김기식은 다음과 같이 설명했다.

> 애리스는 두 개의 전자를 서로 작용시킨 후 하나를 상자에 넣어 보브에게 보낸다. 다음에 애리스는 공간이동하고 싶은 전자(세 번째의 전자)를 남은 전자와 서로 작용시킨다. 그리고 이 두 개의 전자에 관한 정보를 보브에게 보내는 것이다. 정보를 받은 보브는 가지고 있는 전자(네 번째의 전자)를 먼저 보내온 전자와 상호작용시켜 두 개의 전자의 상태가 애리스가 보낸 정보와 완전히 같아지도록 한다. 그렇게 하면 네 번째의 전자는 세 번째 전자의 완전한 복제가 된다. 결국 세 번째의 전자는 애리스에게서 보브가 있는 곳까지 공간이동한 결과를 얻는다.⚜

그러나 얽힘 상태는 외부 잡음에 의해 잘 깨질 수 있어 그 얽힘을 큰 거리를 두고 보존하는 일은 매우 어렵다. 더구나 거시적 물체를 구성하는

⚜ 『판타스틱 사이언스』, 수 알렌, 웅진닷컴, 2005

개개의 입자에 대한 얽힘 상태를 모두 유지하는 것은 더욱 어려운 일이다. 물론 이 어려움도 누군가에 의해 멋진 해결책을 찾을지 모른다고 생각하는 것은 즐거운 일이다.⚜

에너지도 필요해

현재까지 알려진 공간이동 방법은 다음과 같다. 우선 공간이동장치를 이동시키고자 하는 목적물에 조준한 후 그 목적물의 영상을 읽는다. 그리고 목적물을 '비물질화' 시킨 뒤 그 형상을 '패턴 보관실' 에 잠시 저장해 두었다가 '원형구속발사기' 를 통해 '유동형 물질' 을 목적지로 발사한다. 따라서 공간이동장치는 이동 대상물의 물질(원자)과 정보(비트)를 모두 전송하는 것이다.

원리는 간단하지만 사람을 비롯한 살아 있는 물체를 대상으로 할 때는 생각보다 심각한 문제가 야기된다. 사람의 경우 사람의 몸을 구성하고 있는 원자들을 이동시켜야 하는지, 아니면 단순히 그 원자들이 담고 있는 정보만 이동시켜도 되는지를 파악해야 한다. 두 가지 방법 중에서 일단 정보를 이동시키는 쪽이 훨씬 쉽다. 정보만을 전송하는 경우라면 개개의 원자를 비트로 정보화하여 원하는 만큼의 복사판을 만들어낼 수 있기 때문이다. 이럴 경우 무한정으로 복제 인간이 가능하다.

그러나 정보를 이동시키는 데도 두 가지 문제점이 제기된다. 첫째, 필요한 정보를 추출하는 것이 쉽지 않으며 둘째, 그 정보들을 재결합하여 원래의 물질로 만들어내는 것은 더더욱 어렵다는 점이다.

결국 학자들은 사람을 이동시키려면 원자가 직접 이동해야 한다는 결론을 내리지 않을 수 없었다.

⚜
「가능성 보여준 양자원격이동」, 김기식, 과학동아, 2000. 7

그러나 이 방법도 결정적인 문제점이 제기됐다. 공간이동장치가 물질과 정보를 모두 보내는 것이라면 이동을 마친 후의 원자의 개수는 이동하기 전의 원자의 개수와 정확하게 같아야 한다는 점이다. 단 한 개의 원자가 틀리더라도 원래의 인간으로 재현하기 어렵기 때문이다. 이것은 이동시키고자 하는 물체를 구성하는 원자 또는 그 이하 수준의 단위에 대한 정보를 정확히 알아야 한다는 것을 뜻한다. 적어도 이런 정보가 확보되어야만 실질적인 원격이동 방법으로 원자와 같은 구성입자를 분해해 직접 보내든지, 아니면 구성입자를 빛과 같은 에너지 형태로 전화해서 보내든지, 구성입자가 담고 있는 정보를 전송하든지 해야 가능하다는 것이다.

영화 「더 플라이」에서 주인공이 공간이동장치에 있던 파리와 결합하여 파리인간이 태어나는 것도 바로 이런 원리를 이용한 것이다(원칙적으로 파리와 인간의 DNA가 달라 이런 합성은 이뤄질 수 없다).

SF 영화에서의 공간이동은 그야말로 간단하다. 공간이동장치를 작동시키기만 하면 된다.

그러나 현실에선 쉬운 일이 아니다. 제일 먼저 공간이동장치를 제작해야 한다. 빛의 이동이 성공한 것을 감안하여 미래의 어느 때, 완벽한 공간이동장치가 개발될 수 있을 거라는 건 상상할 수 있다. 그런데 학자들은 이런 장치가 개발되더라도 물체를 이루는 원자를 해체해서 광속에 가까운 속도로 전송하는 데 근원적인 문제점이 있다는 것은 앞에서 설명했다.

우선 공간이동장치를 가동시키는 데 엄청난 에너지가 소요된다는 점이다. 인간의 몸을 구성하는 원자에 관한 모든 정보를 저장하는 것도 그리 간단한 일은 아니다.

로렌스 크라우스는 『스타트랙의 물리학』에서 그 이유를 이렇게 적었다.

인간은 약 10^{28}개의 원자로 구성되어 있으므로 이들 원자 10^{28}를 정보량으로 변형시켜야 한다. 예를 들어 이들 원자들을 모두 순수한 에너지 형태로 변환시킨다고 하면, 60kg의 사람이 발생하는 에너지는 1Mt급 수소폭탄 1천 개를 넘는 양이다. 현실적으로는 이 정도의 에너지를 다룰 만한 방법이 없다. 즉 한 사람을 비물질화시키는 대가로 주변의 모든 생명체를 날려버려야 한다는 결론인 것이다.

다음에는 변형된 정보량 10^{28}을 저장해야 한다. 대략 원자 하나에 1KB가 필요하다고 보면 한 사람 당 필요한 정보량은 약 10^{28}KB에 달한다. 이 양이 얼마나 큰 것인지는 현재 지구상에 있는 책을 모두 모은다 해도 10^{12}KB 정도밖에 되지 않는다는 사실이 말해 준다. 한 사람의 몸에 있는 정보를 현재 시판되고 있는 하드디스크 중 용량이 중간 정도로 볼 수 있는 100GB에 넣는다 해도 하드디스크 한 개의 높이를 3.5㎝로 간주할 경우 그 높이는 무려 350광년에 달한다.

학자들은 인간의 정보를 저장하는 데 성공했다고 가정할 경우 어떤 문제점이 생기는지를 다시 검토했다. 이번엔 정보를 목표하는 지점까지 전송하는 일이 문제였다.

정재승 박사는 디지털정보를 전송하는 데 현재의 기술 수준으로 1초에 100MB 정도임을 감안하면 이 정도의 속도로 인간의 정보를 전송하려면 20조 년이 걸린다고 적었다.

또 하나, 공간이동장치 내의 물질을 '비물질화' 시키려면 어떻게 해야 하는가를 생각하지 않을 수 없다. 물질은 원자로 이루어져 있다. 원자의 중심에는 양성자와 중성자가 있으며 그 주변을 전자들이 둘러싸고 있다. 원자의 대부분이 빈 공간임에도 불구하고 왜 물질들은 서로 뚫고 지나갈 수 없을까?

대답은 간단하다. 벽면이 단단한 이유는 입자들로 꽉 차 있기 때문이 아니라 입자들 사이에 형성되어 있는 전기장 때문이다. 사람들이 SF 영화처럼 벽면을 뚫고 들어가지 못하는 이유는 몸의 전자들이 벽면의 전자를 관통할 수 있을 만큼 여유 공간을 확보하지 못해서가 아니다.

벽면의 전자와 몸의 전자들 사이에 작용하는 전기적인 척력(斥力 : 밀어내는 힘) 때문이다.

이런 정상적인 상태를 벗어나기 위해서는 원자들 사이에 작용하는 결합력을 이겨낼 만한 새로운 힘이 작용하면 된다. 즉 어떤 물체를 이루고 있는 원자들을 해체하는 것이다. 일반적으로 어떤 물체를 분자구조 수준에서 해체하거나 변형시키는 일은 비교적 간단하다. 열을 가하거나 다른 물질과 반응시키는 등 다양한 방법이 있고 심지어 상당수의 물질들은 자연적으로 분자구조가 서서히 변하기도 한다.

그러나 분자가 아닌 원자구조 수준에서 물질을 해체하는 일은 무한대의 에너지가 필요하다. 일반적으로 이런 용도를 위해서는 물체 전체가 에너지화 할 때 10%정도에 해당하는 에너지가 필요하다고 한다. 간단하게 말한다면 70Kg 정도의 물질(중년 남자 한 사람)의 물질을 원자구조 수준에서 해체하려면 1Mt 수소폭탄 140여 개가 필요하다.⚜

여기에 광속과 비슷한 속도로 물질과 정보를 모두 전송시키려면 오늘날 지구상에서 소비하고 있는 에너지의 1만 배에 달하는 에너지를 순간적으로 만들어낼 수 있는 에너지원이 필요하다.

지금까지 알려진 이론에 따른다면 공간이동장치를 실현시키려면 어떤 물질을 태양중심부의 온도보다 100만 배 높은 온도로 가열할 수 있어야 하며, 현재의 인류가 소모하고 있는 모든 에너지를 한꺼번에 소모할 수 있는 기계를 만들어야 한다. 컴퓨터의 성능도 1조×10억 배 정도 빨라져야 한다.

순간이동이 불가능하다는 것은 에너지보존법칙에도 위반될지 모르기 때문이다. 서울 시내에 건설되어 있는 30여 층 정도의 높이, 즉 100m 건물의 옥상에서 물건을 떨어뜨리면 시속 160Km로 지면에 충돌한다. 옥상

⚜ 「스팩! 나를 순간이동 시켜줘」, 박상준, 과학향기 퓨전, 2005. 2. 23

에서 가지고 있던 위치에너지가 운동에너지로 변환되기 때문이다. 어떤 운동을 하더라도 에너지의 총량은 바뀌지 않는다. 에너지보존법칙이 버젓이 버티고 있기 때문이다.

「드래곤볼」에서 주인공 손오공은 우주의 운명을 걸고 악당 중의 악당인 부우와 결전에 임한다. 이때 우주를 구할 임무를 갖고 있는 트랭크스, 손오천, 손오반 등은 기(機)의 집중만으로도 이 우주, 저 우주를 간단하게 옮겨갈 수 있다. 지구가 현재와 같이 평화롭게 우주인들의 침략을 당하지 않고 온전하게 살 수 있는 이유가 이들의 엄청난 능력 때문이라는 걸 알고 있는 지구인이 얼마나 될까?

그런데 손오공을 비롯한 우주를 구할 전사들은 공간이동장치에 의해 이동하는 것이 아니라 순전히 자신의 능력인 기(氣)를 옮김으로써 순간이동을 한다. 이 말은 그 만큼의 에너지를 자신의 체내에서 몽땅 공급한다는 뜻으로 체내에 있는 에너지로 우주를 마음껏 이동할 수 있다니 이렇게 편리할 수 없다.

그런데 여기에서도 감독들은 휴머니즘을 결코 잊지 않는다. 작가는 「드래곤볼」에서 순간이동은 엄청난 에너지를 쓰기 때문에 수명을 단축시킨다고 우주 전사들에게 주지시킨다.

물론 주인공들은 자신의 생명이 줄어드는 것을 알면서도 우주를 구하기 위하여 순간이동을 마다하지 않는다. 「드래곤볼」의 주인공들이 지구를 지키기 위해 자신을 희생시킨다는 것은 그야말로 인간이 아니면 할 수 없는 거룩한 행동이다.

태양계가 아닌 다른 우주를 볼 수만 있다면 자신의 수명 중에서 20~30년 정도는 적어져도 감수하겠다는 사람이 적지 않다. 이것은 그만큼 공간이동이 매력적 이라는 뜻으로 볼 수 있다.

'완벽하게 금지된 일이 아니면 언젠가는 반드시 일어나게 된다' 라는 말이 있다. 컴퓨터의 발전 속도가 10년에 열 배 정도 증가한다고 하니까 앞으로 300년이 지나면 방대한 양의 정보를 단시간에 처리할 수 있는 공간이동장치가 컴퓨터 기술로 실현될 수 있을 것일다.

또한 과학기술의 발달로 어떤 원리에 의해서든 공간이동장치를 만들수만 있다면 그야말로 상상할 수 없는 일들이 일어날 수 있다.

영화 「쥬라기공원」에서 공룡을 복제하는 것보다 더욱 간단하게 인간이나 동물을 복제할 수 있게 될 것이다. 즉 저장된 인간의 정보량을 사용하여 새로운 인간을 만들려면 버튼만 누르면 된다. 불치의 병이나 사고가 나도 걱정할 필요가 전혀 없다. 원본인간이나 복제인간에 손상이 가해지거나 버그가 발생하면 즉시 백업 받아두었던 버전으로 대치할 수도 있기 때문이다.

해롤드 래미스 감독의 「멀티플리시티(Multiplicity)」는 바로 이런 상황을 그린 영화이다. 너무나 바빠서 아내와 대화할 시간도 없었던 덕은 우연히 유전공학박사를 만나 자신과 똑같은 복제인간을 만들어 회사 일은 복제인간 1호 덕에게 맡기고 자신은 그동안 소홀했던 집안 일은 맡는다. 그러나 집안 일이 얼마나 힘들었는지 집안 일을 분담할 복제인간 2호 덕을 또 만든다. 그러자 3번 덕이 임의로 자신을 복제해 네 번째 덕이 태어나는데, 그는 멍청이 덕이다. 원본 덕이 절대 금물로 했던 '아내와의 잠자리' 까지 복제 덕에 의해 침범당한다. 게다가 복제인간들끼리 서로 다투기까지 하자 주인공 덕의 고민이 시작된다.

이와 같이 공간이동장치를 이용하여 만들어지는 복제인간은 생물적인 방법을 사용한 복제인간과는 완전히 다르다. 공간이동장치가 가동된다면

| 영화 「멀티플리시티」 |
「멀티플리시티」에서는 주인공 덕을 컴퓨터 디스크를 찍듯이 만들어내는데 공간이동의 개념과 유사하다.

터미네이터는 물론 수백, 수천 명의 자신과 똑같은 사람을 만드는 것도 어려운 일이 아니다.

문제는 일반 사람들의 기대와는 달리 과학이 아무리 발전된다고 하더라도 공간이동장치는 결코 개발될 수 없다고 단언하는 과학자들도 있다는 점이다. 공간이동장치가 성공한다는 것은 인간이란 결국 원자들의 집합체에 불과하다는 뜻인데 외피나 형식은 몰라도 본질은 절대 바꾸거나 이동시킬 수 없는 존재이므로 공간이동장치는 성공할 수 없다는 것이다.

이와 같은 극단적인 주장이 나올 수 있는 것은 인간은 보통 동물과 다르다는 것에서 출발한다. 인간의 몸을 구성하고 있는 원자들의 물리화학적인 상태를 철저히 분석하여 동일한 원자의 집합체를 만들 수 있다고 하더라도 그 이동된 생명체가 공간이동 되기 전의 사람이 갖고 있는 기억과 희망, 꿈, 정신 등을 똑같이 갖고 있을지 아무도 장담할 수 없다는 것이다.

공간이동에 있어 가장 큰 문제점은 '마음(정신)' 이라고 말하는 것도 복제가 가능한가의 중요한 여부이다. 우리들은 종종 어떤 일을 결정할 때 '내 마음이야', '내 마음대로 할거야' 라고 말한다. 그런데 마음(정신)이란 과연 어떤 것인가? 마음은 어디에 있는가?

학자들은 인간의 특성이라고도 볼 수 있는 마음이 다른 동물 중에서는 유일하게 침팬지에게도 다소나마 있다고 인정한다. 그것은 인간이 침팬지로부터 가지쳐 나왔기 때문에 놀라운 일도 아니다. 예를 들면 침팬지는 다른 침팬지가 무엇을 볼 수 있는지 그리고 무엇을 볼 수 없는지를 안다. 특히 침팬지는 장애물이 있으면 볼 수 없다는 것도 안다. 그럼에도 불구하고 학자들은 침팬지에게 눈으로 들어오는 영상을 처리하는 '마음' 이 있다는 사실은 모른다고 말한다.

이런 예를 볼 때 인간과 침팬지의 공통 조상은 아마 다른 개체들처럼 마음 이론(Theory of mind)이 없었을 것으로 추정한다. 학자들은 대체로 인간의 조상인 호미니드가 약 500만 년 전(700만 년 전으로 추정하는 학자들도 있음)에 침팬지로부터 가지쳐 나온 뒤부터 마음 이론을 발달시킬 수 있었다고 믿는다.

앤드루 위튼과 로빈 던바는 호미니드가 원숭이와는 달리 나무에서 내려와 아프리카 초원에서 살게 된 이후부터 마음 이론을 진화시켰다고 생각한다.

초원으로 나오면서 호미니드는 사자나 표범처럼 덩치가 크고 무서운 포식자들과 마주친다. 그런데 초원에서는 위험을 피해 뛰어올라갈 나무가 별로 없었다. 그래서 호미니드들은 많은 개체들과 서로 모여 집단을 이루었다. 무리가 커지면 사회적 지능이 더 잘 발달할 수 있고 이 과정에서 남의 마음을 읽을 줄 아는 능력을 진화시켰다는 것이다.

이들은 다른 호미니드의 눈 속을 들여다보고 그들이 무슨 생각을 하는

지도 알아낼 수 있었다. 이어서 신체언어도 이해하게 되었고 과거에 다른 사람들이 자신에게 한 행동도 기억할 수 있게 되었다. 당연히 이런 과정을 통해 호미니드는 서로 속이거나(여기에서 속인다는 것은 다른 개체보다 더 영리하다는 것을 포함한다) 동맹을 맺거나 남의 행동을 추적하는 일을 더 잘하게 되었다.

일단 마음 이론이 호미니드에게 자리잡기 시작하자 진화는 걷잡을 수 없이 진행된다. 더 뛰어난 마음 이론을 갖고 태어난 호미니드는 집단 구성원들을 더 잘 속이거나 이해시킬 수 있었고 적극적으로 번식에 성공할 확률도 높아진다. 위튼은 이렇게 말했다.

> "진화가 진행되자 호미니드의 거짓말을 알아내는 능력은 모든 개체들이 개발하는 쪽으로 작용하기 시작했다. 그리고 거짓말을 알아낼 수 있다는 것은 다른 사람의 마음 속에서 어떤 일이 일어나는지를 더 잘 알 수 있게 되었다는 것을 뜻한다."

호미니드의 머릿속에 마음이 들어가기 시작하자 서열이 낮은 개체들도 매우 영리해졌기 때문에 우두머리 수컷은 구성원들에게 위계질서에 복종할 것을 강요하기가 어려워졌다. 이에 따라 호미니드의 사회는 침팬지식의 서열 사회에서 좀 더 평등한 구조로 바뀐다.

호미니드의 사회가 평등사회로 변하자 진정한 수렵채취 생활의 이익을 누리기 시작한다. 남자들은 의심의 노예가 되지 않고도 여자와 어린이들을 남기고 함께 계획을 짜서 사냥을 나갈 수 있었고, 여자들도 자기들끼리 줄기식물을 비롯한 먹을 수 있는 식물을 함께 찾아다녔다. 위튼은 당시의 상황을 이렇게 설명했다.

"마음 이론이 있기 때문에 우리는 타인의 마음을 깊이 헤아릴 수 있고 따라서 숭고한 존재가 될 수 있었다. 그러나 동시에 인간은 지구상의 어떤 종보다도 더 야비한 동물이 될 수 있었다."

여하튼 많은 사람들이 우선 마음을 어떤 종류의 '실체'로 생각하고 실체라면 특정한 장소에 있을 것으로 여긴다. 그러나 이와 같은 보편적인 생각이 아직 학계의 인정을 받고 있는 것은 아니다. 그것은 존재한다는 것과 '특정한 장소에 있다'는 것과는 별개의 일이기 때문이다.

학자들은 마음이란 육체에 존재하며 신체 중 팔다리가 아닌 뇌의 작용임에 틀림없지만 그 위치를 알 수 없으므로 '어디에 있다'는 것을 정한다는 것은 무리라고 말한다. 그러나 팔다리가 없는 경우라도 마음은 살아있는데 뇌를 없애면 마음도 없어진다.

이러한 모순점을 학자들은 다음과 같이 추론하고 있다. 외부세계에서 뇌로 정보가 들어가고 신경세포가 정보를 처리하고 판단하며 이에 입각하여 어떤 행동이 만들어진다. 그렇게 하여 뇌의 여러 장소가 관계하여 기억이나 지각 · 판단 · 행동 등 정신현상을 형성하고, 이러한 것을 모두 조합시킨 게 바로 사람의 마음이다. 따라서 뇌가 없으면 마음이 없어지게 되지만 뇌=마음이 아니라 어디까지나 뇌가 작용함으로서 비로소 마음이 만들어진다는 결론이다.

특히 마음의 활동이란 뇌의 활동을 수반하면서 일어나는 여러 의식 수준의 조합이다. 의사(意思)의 힘이나 컴퓨터와 비슷한 기능을 갖는 매우 고차원적 정신활동이 있는가 하면, 즐겁고 불쾌한 것처럼 본능의 수준에서 좌우되는 것도 있다.

사람의 뇌에서는 대뇌 피질을 중심으로 지식 정보 처리가 이루어지고 있다. 대뇌 표면을 덮은 두께 2.5mm의 층(회백질)은 약 140억 개의 신경

세포와 그것을 지탱하는 약 400억 개의 글리아 세포(Glia cell)로 구성되어 있는데, 이를 대뇌 피질이라고 한다.

뇌의 작용(기능)은 신경 세포가 돌기를 뻗고 거기에 이어진 신경 회로에 활동 전위(펄스)가 전해짐으로써 이루어진다. 신경세포는 시냅스라는 이음매를 통해 신경 전달 물질을 교환하여 전기적 신호를 화학적 신호로 바꿔서 전달하고 있다. 그러한 것이 많이 모여 마음이 되고 만일 뇌의 신경회로가 모두 해석된다고 보면 마음을 모두 알 수 있다는 학자들도 있다.

그러나 대뇌피질의 기능 등 인간의 뇌를 잘 알게 된다고 해서 마음의 이전(移轉)이 간단해지는 것은 아니다. 뇌와 마음의 문제에서 비록 뇌 구조의 모든 것이 물질적으로 해명되어도 마음은 결코 유물론적으로 환원되지 않는다는 것이다. 학자들 간에 의견일치를 보이지 않는 것은 기억과 마음이 같은 것이냐 아니냐이지만 기억과 마음을 이전하는 것이 불가능하다는 것은 결국 공간이동을 의미하는 인간복제가 불가능하다는 것을 뜻한다.

결국 태어나서 예전 자신의 기억을 갖고 있지 못하다면 껍데기뿐의 공간이동은 의미가 없다는 것이다.

지구상에서 벌어진 공간이동

과학적인 측면에서 공간이동이 어렵다는 견해이지만 SF 과학에서 공간이동이 다반사로 일어나고 있는 것은 그다지 놀랄만한 일이 아니다. 그만큼 공간이동이 매력적인데다 소위 SF 영화계를 비롯한 많은 사람들이 환영하기 때문이다.

'박진원' 이란 네티즌이 다음과 같은 글을 보내왔다.

제 친구랑 생각해 봤는데요, 공간이동은 눈에 빛이 비치는 속도보다 빠르게 움직인다면 가능한 것 아닐까 하는 결론을 내렸어요. 제가 여기에 있고 제 위치를 본 친구가 제게서 반사된 빛을 받기 전에 제가 더 빠른 속도로 움직인다면, 친구의 눈에는 제가 마치 순간이동 한 것처럼 보입니다. 이게 순간이동 아닐까여? 제 개인적인 생각이였습니다.

이에 대해 '사람' 이란 필명의 네티즌은 다음과 같이 적었다.

그건 그냥 움직인 겁니다. 그럼 이런 것도 순간이동입니까? 1이 2에게 눈을 감으라고 하고 1이 달려 다른 지점에 도착하고 2에게 눈을 뜨라고 하면 님의 공간이동 원리와 같아지는데요? 몸의 구성물질이 1지점에서 2지점까지의 거리에 있는 물질들을 정보화해서 통과한 후 다시 나타나는 게 공간이동 아닌가요?

원래 공간이동이라는 개념에는 네티즌 '박진원' 과 네티즌 '사람' 이 말한 개념이 혼재되어, 한 장소에서 다른 장소로 옮긴다는 뜻을 포함하고 있다. 필자도 두 개념을 혼용하여 설명했지만 원래 진 로든베리가 창안한 정의로 구분한다면 전자의 개념은 공간이동 중에서도 장소이동(위치이동)이라고 부르는 것이 더 적절하다고 볼 수 있다.

장소이동도 한 장소에서 다른 장소로 이동하는 것을 의미하는 것은 동일하지만 일반적으로 마법사가 갖고 있는 능력이라고 보면 무난하다. 그런데 이 장소이동은 과학과 결부하여 '미스터리' 를 다루는 세계에서는 빠지지 않고 다뤄지는 주제 중에 하나이다.

가장 유명한 예가 1943년 미국 필라델피아의 해군 기지에서 있었던 실험이다.

영화 「필라델피아 실험」의 한 장면
영화에서 강력한 자기장을 걸자 승무원들이 벽을 뚫고 자유자재로 이동하고 있다.

「필라델피아 실험」이라는 영화로도 만들어졌던 이 실험은 원래 전자기장을 이용해 레이더망을 피하는 실험으로 군함 주변에 특수한 전자기망을 형성시킴으로써 레이더 신호를 교란시킨다는 계획이었다. 레이더에서 발생하는 특수 전자파를 이용하여 군함이 적의 시야에서 보이지 않도록 하는 목적으로 두 개의 자장발생기가 사용되었다. 미스터리 문헌이나 자료에 나오는 내용을 인용하면 다음과 같다.

> 1943년 7월 22일 오전 9시, 필라델피아 조선창 앞바다에는 엘드리지호가 수 톤의 실험 전기 장비를 싣고 선창에 있는 발전기에 연결된 채 대기하고 있었다. 발전기가 돌아가기 시작하자 1,500억 볼트의 전류가 유입되면서 엄청난 자기장이 구축함을 감싸기 시작했다. 그리고 푸르스름한 안개가 배를 감쌌다. 안개가 사라지고 난 후 엘드리지호도 안개와 함께 사라졌다.
> 약 15분 정도 지나서 발전기를 중지시켰고 다시 안개가 스미면서 엘드리지호가 나타났다.

문제는 이때 발생했다. 배에 탑승했던 승무원들이 방향감각을 잃었거나 구토 증세를 보이는 등 하나같이 정상이 아니라는 사실을 발견하게 되었다. 이에 해군은 다시 한 번 투명상태가 아닌 레이더의 추적 방지만을 목표로 새로운 실험을 실시했다.

1943년 10월 28일 오후 5시 15분, 엘드리지호에서 재실험이 행해졌다. 실험이 진행되자 녹색의 빛이 나타났고 잠시 후에 배 전체가 이 빛에 휩싸였다. 그러자 배와 승무원이 서서히 사라지더니 배가 있었던 곳은 수면이 소용돌이치며 구멍만 남았다. 얼마 후 이 배는 수백 km 떨어진 버지니아 주 노르폴크 해변에서 발견되었다.

재실험의 결과를 보면 앞에서 설명한 공간이동이 어떤 방법으로든 성공했다는 것을 의미한다. 소위 진 로든베리에 의한 공간이동 방법이 아니더라도 물체를 다른 장소로 고스란히 옮길 수 있다는 것을 의미하므로 많은 사람들이 충격을 받았고 미스터리를 다루는 책에서는 거의 전부 이 사건을 다룬다.

특히 이 당시 해군에서 실험이 있었다는 것은 여러 자료에서 증빙된다. 미국은 이 사건을 집중적으로 조사하는 프로젝트(일명 레인보 프로젝트)에 착수했으며 프로젝트의 책임자 이름도 알려졌다. 프로젝트의 책임자는 추후에 원자폭탄 제조에 투입된 존 폰 노이만(John von Neumann) 박사로 그는 튜링과 함께 '컴퓨터의 아버지' 라는 별명을 얻으며 현대과학을 이끈 주역 중의 한 명이다.

레인보 프로젝트는 제2차 세계대전 때문에 잠시 중지되었으나 전쟁이 끝나자 1948년 미국 정부는 다시 전자기망에 대한 연구를 추진했다.

당시 과학자들은 물체가 전자기망 안에 갇히게 되면 그 물체는 현실과 다른 차원에 빠지게 되고 결국 사람들은 정신적인 혼란을 겪게 된다고 추

필리델피아 실험에 참가했던 구축함 USS엘드리 지호
미해군은 테슬라코일을 설치해 적군의 자기어뢰에 감지되지 않는 실험을 진행했다. 테슬라는 이 실험이 인체에 해가 될지 모른다고 반대했다.

정하고 있었다. 따라서 연구의 핵심은 정신적인 혼란을 극복하고 두 차원 간의 연결을 원만하게 이루기 위한 조건이 무엇인가 하는 것으로 옮겨졌으며 사람의 의식과 전자기장이 어떤 관계를 갖는가가 중요한 변수였다.

그런데 연구는 더 이상 진행되지 못하고 중지되고 말았다. 1969년에 미국 의회가 인간을 대상으로 실험할 때 어떤 위험이 발생할지 모른다며 연구를 중단시켰다는 것이다.

여하튼 이 실험은 비밀로 분류되어 더 이상 상세한 자료가 발표되지는 않았으나 이후에도 특수 전자기파를 이용한 장소이동 및 시간이동을 연구하는 비밀 프로젝트(일명 몬톡 프로젝트)가 진행되어 1983년에야 중단되었다는 것이 사실로 판명되었다. 비공식적으로 강력한 자장이 미치는 분야는 아직도 큰 수수께끼임을 보여주는 좋은 예로 자주 거명되며 미국에서 아직도 장소이동 프로젝트를 비밀리에 연구하고 있다는 주장도 있다.

그런데 다소 놀랍고 실망스러운 이야기지만 위와 같은 내용은 공간이동 또는 장소이동이라는 환상적인 생각을 교묘하게 이용한 거짓말에 지나지 않는다.

1943년에 미 해군이 선박을 보이지 않게 하는 실험을 한 것은 사실이다. 제2차 세계대전 중이던 1942년 미국의 수송선들이 독일의 '유보트(U-Boat)'에 의해 계속 격침당하자 미국은 대비책으로 아인슈타인이 발표한 물체의 투명성 원리를 이용해서 공간이동을 시도하자는 의견이 구체화되었고 해군은 테슬라 박사가 발명한 테슬라 코일을 설치해 프로젝트를 추진했다(테슬라 박사는 자신의 발명을 생명체에 적용하는 것을 반대한 후 몇 달 후에 자살했다고 알려졌다).

그러나 이 실험은 배를 사라지게 하는 것이 아니라 '배를 드가우싱(de Gaussing)하여 자기 어뢰에 안 보이게 하기 위한 것'이었다. 실험을 목격한 한 수병이 설명한 실험 방법은 다음과 같다.

> 배를 커다란 케이블로 감쌌다. 그 다음에 케이블을 통해서 고압의 전기를 흘려 보내서 배의 자기 신호를 혼란시키려고 했다. 이것은 자기 어뢰에서 감지되지 않게 하기 위한 것이다.

이 당시를 생생하게 전한 에드워드 더전은 실험이 끝난 후 파티를 열었으며 실험 당시의 이상한 현상에 관해서는 전혀 언급이 없었다고 말했다.

그런데 1955년 아마츄어 천문가인 모리스 K. 제섭이 『UFO의 현상들』이란 책을 발표했는데 이 안에 칼 알렌이라는 사람이 주장하는 '필라델피아 실험'을 삽입했다.

알렌은 상선 앤드류 후루셋호에 승선하고 있었는데 엘드리지호가 사라지는 것을 직접 목격했으며 승무원들끼리 싸우다가 공기 중으로 사라지는 것도 목격했다고 주장했다. 심지어는 배뿐만 아니라 몇몇의 승무원도 새로운 차원으로 사라졌기 때문에 다시 돌아오지 않았다는 이야기도 있었다.

앨런의 이런 주장이 점점 사람들의 호기심을 끌기 시작하자 엘런이 외계인이라는 주장까지 나왔고 1984년에는 스튜어트 라필 감독이 「필라델피아 실험」이라는 영화를 제작하자 이 실험은 더욱 더 세간의 이목을 끌었다.

소문은 꼬리에 꼬리를 물어 이 당시 실험을 은폐하기 위해 CIA를 비롯한 정부의 음모론이 있었고 외계인과의 비밀회의는 물론 화성인이 출현했다는 소문까지 나돌았다.

그러나 이 사건의 진상은 너무나 간단하게 규명되었다. 소문의 중심적인 인물인 에드워드 더전이 다음과 같이 말했기 때문이다.

> "나는 신비하게 사라졌다고 알려진 두 사람 중에 한 사람이다. 바에서 싸움이 시작된 것은 승무원 중의 몇 사람이 비밀 장비(레이더, 소나, 특수 임무 승무원, 신규 나침반 등)에 대해서 자랑하는 것을 제재당했기 때문이다. 우리 둘은 숫자가 적어 불리하자 웨이트레스가 우리를 인도해서 뒷문으로 빠져나오게 했으며 그 뒤의 일을 알지 못한다. 우리가 술을 마시던 바를 떠난 것은 새벽 2시였다.
> 그러나 엘드리지호는 이미 전날 저녁 11시에 항구를 떠났다. 누군가가 엘드리지호가 항구에 없고 곧바로 노르폴크항에 나타난 것을 보고 의아하게 생각할 수도 있다. 일반적인 상선으로는 엘드리지호가 항해한 거리라면 2~3일이 걸리기 때문이다.
> 그러나 해군은 내륙의 특수 수로(水路)인 체사피크-델라웨어 수로를 이용했다. 해군이라면 이 항해를 6시간에 마칠 수 있다."

'필라델피아 실험'은 과학을 매개로 하여 미스터리로 포장되는 사건들을 거론할 때 자주 나오는 예에 불과하다. 그런데 "세계는 넓고 할 일은 많다"고 전 대우그룹의 김우중 회장이 말했지만 세상은 그야말로 놀라운 일이 많이 생기는 공간이다. 바로 앞에서 설명한 개념의 자의적인 공간이동은 아니지만 장소이동 현상이라고 할 수밖에 없는 사건이 현실 속에서 일어나고 있다는 것이다.

1968년 6월 1일 한밤중, 아르헨티나의 수도 부에노스아이레스에 사는 변호사 비달 박사와 그의 부인은 마이프시를 향해 자동차를 몰고 있었고 바로 뒤의 차에는 친구인 로오캄 부부가 타고 따라오고 있었다. 두 대의 자동차가 샤스콤시를 막 통과하는 순간 갑자기 비달 박사의 차가 사라졌다. 고속도로는 마침 짙은 안개에 싸여 있었지만 아무리 달려도 비달 박사의 차가 보이지 않자 로오캄 부부가 경찰에 신고하여 대대적인 수색이 벌어졌다. 그러나 고속도로의 어디에서도 비달 부부는 찾을 수 없었다.

그런데 2일 후인 6월 3일 로오캄은 멕시코시티의 아르헨티나 영사관으로부터 비달 부부가 영사관에 있다는 국제전화를 받았다.

"내 자신도 어떻게 이곳에 오게 되었는지 영문을 모르겠지만 하여튼 지금 멕시코시티에 있는 건 사실이야."

행방불명되었던 비달 부부는 분명히 멕시코에서 전화를 걸어왔던 것이다.

비달 부부의 설명은 다음과 같다.

비달 부부가 샤스콤시를 통과한 직후 자동차가 돌연 흰 안개 같은 것에 휩싸이는 순간 갑자기 브레이크를 밟으면서 정신을 잃었다는 것이다.

그리고 다시 의식을 찾았을 때는 자동차와 함께 어떤 도로 위에 있었는데 주변의 환경이 전혀 낯선 곳이었고 지나가는 사람에게 어디냐고 물었더니 멕시코시티라 했단다. 비달 부부는 놀라서 곧바로 아르헨티나 영사관으로 달려가 도움을 청하고 로오캄 부부에게 전화를 걸었던 것이다.

아르헨티나의 샤스콤시에서 멕시코시티까지는 7,000km나 되며 가령 열차나 기선을 이용하더라도 이틀 동안에 주파하기는 도저히 불가능하다. 문제는 자동차를 탄 채 멕시코로 이동되었다는 것이다.

이 사건은 당국에서 철저하게 조사하였지만 비달 부부의 말 그대로였다. 비달 부부가 비행기나 열차와 같은 교통기관을 이용하지 않았는가도 조사하였지만 그런 흔적은 전혀 없었다. 이 불가사의한 사건은 비달 부부가 아르헨티나로 돌아온 다음 '샤스콤시에서 멕시코까지의 순간이동'이라는 제목으로 매스컴에 크게 보도되었다. 비달 박사의 직업이 변호사로 사건을 조작할 만한 사람이 아니라는 것은 물론 추후 조사에서도 그의 증언이 사실이라고 여러 곳에서 밝혀졌으므로 약 7,000km의 먼 거리를 순간 이동한 이 사건은 아직까지 의문으로 남아 있다.

또 다른 사건도 있다. 1970년 2월 15일 오후 세 시경, 뉴욕 맨해튼 할렘가에서 14세 소년 샘 시몬스와 레너드 라바론이 농구연습을 하고 있었다. 180cm터의 샘이 덩크슛을 하려고 링을 향해 도약했다. 그런데 그 순간, 농구공을 손에 잡은 채 샘은 갑자기 자취를 감추었다.

레너드는 곧 샘의 집으로 가서 그의 어머니에게 자기가 목격한 사건을 설명했다. 어머니는 믿지 않았지만 샘이 온데간데 없어졌기 때문에 그 이튿날 경찰에 신고했다. 경찰은 샘이 사라진 부근을 철저히 수색한 후 그곳이 우범지역이기 때문에 샘이 어떤 범죄에 말려들었을 가능성이 높다며 레너드의 말을 일축했다.

그런데 같은 날 오후 아홉 시경 남아프리카의 케이프타운에 있는 어떤 교회 앞에 한 소년이 농구공을 들고 멍한 표정으로 서 있었다. 경관이 그 소년을 경찰서로 데리고 가 사정을 물었더니 소년은 자신의 이름이 샘이며 방금 전까지 친구와 농구 연습을 하고 있었다고 말했다. 경찰은 곧 뉴욕 시경에 연락하여 지문을 대조해 보았다. 그 결과 그는 틀림없이 뉴욕에서 자취를 감춘 샘이라는 것이 판명되었다. 뉴욕과 케이프타운의 시차는 꼭 여섯 시간인데 뉴욕에서 사라진 순간 샘은 케이프타운에 모습을 나타낸 것이다.

이와 같은 실례가 많이 나타나는 것은 아니지만(사건 자체가 조작되었다고 주장하는 사람들도 있지만) 이와 유사한 사건으로 인간증발 현상(소멸이라고도 표현함)도 있다.

세계적으로 행방불명된 사람이 매우 많으며 대부분이 부모의 권위에 반항하는 가출한 미성년들이지만, 아주 특별한 예의 인간증발이 있다. 자살이라든가 납치라든가 상상할 수 있는 여러 가지 변수가 있기는 하지만 이런 예가 특별히 예외적인 취급을 받는 것은 상식적으로 이해되지 않는 점이 많기 때문이다.

1975년 잭슨 라이트 부부는 뉴욕을 향해 자동차를 몰고 있었는데 링컨터널 속에서 두 사람은 차를 멈추고 창에 쌓인 눈을 닦으려고 밖으로 나왔다. 이때 잭슨은 앞유리를 닦았는데 뒷유리를 닦으러 간 아내 마사는 그대로 어디론가 사라져 버렸다. 그것도 터널 속에서 말이다.

특이한 것은 1977년 4월 25일 칠레의 육군 대위 알몬도 발데스가 평행세계 속에 15분간 들어가 있었다고 이야기한 것이다. 그가 6명의 부하 앞에서 사라졌다가 15분 후에 다시 나타났는데 부하들은 그의 손목시계의 날짜가 5일이나 먼저 지나가 있었고 대위의 수염도 5일이나 깎지 않은 것처럼 덥수룩하게 길어져 있었다는 점이다. 불행하게도 그는 자신이 증발했던 15분을 전혀 기억하지 못했는데(사건 자체가 진실이라고 가정할 경우)

고향인 페트로비치에 세워진 기념비 앞의 아이작 아시모프
생화학자인 아시모프는 『나는 로봇』, 『마이크로결사대』, 『파운데이션』을 비롯하여 350여 권의 과학저서로 SF분야를 예술의 한 장르로 개척하는 데 기여했다.

그가 육군 대위인데다가 증인이 6명이나 되어 칠레에서 매우 유명한 사건이 되었으며 수많은 검사를 거쳤음에도 조작이라는 점은 발견하지 못했다고 콜린 윌슨은 적었다.

유명한 과학저술가인 아이작 아시모프는 "어떤 일이 일어났다면 그 원인을 설명할 수 없는 것은 없다"고 말했다.

즉 어떤 것이 의심스러울 때 그것을 정확히 설명하지 못하는 것은 우리들이 그 현상을 설명하는 데 필요한 모든 것을 알고 있지 못하기 때문이라는 것이다. 현재로서는 다소 비과학적으로 들릴지 모르지만 공간이동은 과학적으로 불가능하더라도 장소이동이란 개념은 존재할지도 모른다는 것이 일부 학자들의 조심스러운 예측이다.

이런 난처한 상황에 대한 대안은 셜록 홈즈가 준비하고 있다.

만약 어떤 사건을 해결하는 데 있어 불가능한 일을 제거한 후에도 남아 있는 것은 아무리 그것에 접근하기 어려운 것일지라도 사실일 수가 있다.

어떤 것이 불가능한 것인가를 알아낸 후 그것을 제거해야 한다는 뜻이다. 『노벨상이 만든세상』에서 불가사의 분야에서 주로 다루는 '장소이동'과 같은 주제를 설명하는 것은 장소이동이 지구상에서 가장 풀기 어려운 미스터리라기보다 아직 인간들이 모르는 것이 많다는 것을 알려주는 좋은 예일지도 모르기 때문이다. 이런 문제 해결에 노벨상이 준비되어 있다는 것은 우리의 마음을 즐겁게 한다.

여하튼 시나리오 작가 진 로든베리가 창안한 공간이동에 의해 수많은 SF 영화를 비롯한 창작물들이 만들어졌고, 사람들에게 꿈과 희망을 안겨주었다는 것은 잘 알려진 사실이다. 그러므로 진 로든베리가 과학계에 미친 영향을 고려하여 그가 1991년에 사망하자 NASA(미항공우주국)에서는 그의 유해를 지구 밖으로 가져가 우주로 발사했다.

초광속 여행

Pencil Travel

타임머신, 공간이동이 불가능하다는 것은 그런대로 이해하면서도
초광속 비행이 불가능하다는 말에 대해서는
다소 석연치 않은 시선을 보내는 사람들이 적지 않다.
인간의 지적 능력과 과학기술의 발전 속도를 보면 미래의 언젠가는 가능할 수도 있지 않을까
하고 미련을 버리지 않는 것이다.

– 본문 중 –

초광속 여행

인간이 태어나서 가장 많이 사용하는 단어 중에 하나는 빛이다. 일반적으로 빛은 매우 빠르다고 생각하며 사실상 매우 빠르다. 소년 · 소녀 시절 누구나 한 번쯤은 우주여행을 꿈꾸어 보았을 것이다. 사람들의 꿈을 반영이나 하듯 많은 영화들이 우주여행을 다룬다.

영화에서는 광대한 우주의 거리는 문제가 되지 않는다. 마츠모토 레인지 원작의 만화영화 「은하철도 999」는 영원한 생명을 얻기 위해 은하철도 999를 타고 안드로메다로 향하는 먼 미래의 이야기이다. 그곳에서는 돈 많은 사람들은 기계인간이 되어 영원한 생명을 얻고, 가난한 사람들만 평범한 인간으로 살아간다. 인간 사냥꾼들은 가난한 사람들의 목숨을 빼앗아 영원한 생명을 얻기 위한 재료로 사용한다. 인간 사냥꾼에 의해 주인공인 철이의 어머니가 살해되자 메텔이 철이에게 영원한 생명을 준다는 안드로메다로 갈 수 있는 '은하철도 999' 승차권을 준다.

그런데 안드로메다은하는 지구에서 무려 230만 광년의 거리에 있다. 광속으로 달리더라도 230만 년이 걸린다는 뜻으로 초속 10km 정도의 우주선 속력으로 달린다면 약 600,000,000,000년이 걸린다. 누구라도 안드로

| 만화영화 「은하철도999」 | ▶ 230만 광년 거리에 있는 안드로메다까지 초속 10km 정도의 속력으로 달린다면 약 600,000,000,000년이 걸린다. 누구라도 비현실적임을 알 수 있다.

| 1.5광년을 달리는 「스타워즈」의 솔로 우주선 | 1.5광년으로 달리는 우주선도 광대한 우주에 비하면 속도가 너무나 느리다. ▶▶

메다까지의 여행은 비현실적인 아이디어라고 생각할 것이다. 이러한 문제점을 해결하는 방법은 간단하다. 광속보다 빠른 우주선을 만들면 된다.

영화 「스타워즈」에서 주인공인 솔로는 자신이 갖고 있는 우주선에 대해서 이렇게 설명한다.

> "이 우주선이 고물이기는 하지만 성능은 그리 나쁘지 않아. 1.5광년 정도는 날을 수 있으니…"

문제는 1년에 광속의 1.5배 속력을 갖는 우주선도 광대한 우주를 생각하면 너무 느리다는 점이다. 230만 광년이나 되는 안드로메다까지 가려면 솔로가 갖고 있는 쾌속 우주선의 속력으로도 1,533,333년이나 걸린다. 현 우주의 나이를 학자들은 140~150억 광년(우리 은하의 나이를 120억 년 정도로 보므로 우주는 이보다 약 20~30억 년 정도 먼저 탄생했다고 추정)으로 추정하고 있으므로 몇 광년의 속력을 갖는 우주선으로는 다른 우주의 신비를 맛볼 수 있는 기회가 전혀 없다고 말해도 틀린 말이 아니다.

별의 나이를 추정하는 방법은 아인슈타인의 $E=mc^2$를 이용하여 별의 내부에서 일어나는 핵융합 과정을 연구하는 것이다.

그런데 유럽에 있는 지하 핵융합 연구소(LUNA)는 핵융합 과정의 진행 속도가 예전에 계산했던 것보다 느리게 진행되는 것 같다고 발표했다. 핵융합 과정에서는 원자와 양성자 등이 서로 반응하면서 다른 원자로 변환되는데, 이 확률이 종래의 모델에서 예측된 것보다 낮았던 것이다. 우주배경복사를 측정해서 밝혀낸 우주의 나이는 137억 년이다.⚘

「윙커맨더」는 컴퓨터 게임이 단순한 엔터테인먼트 소프트웨어뿐만 아니라 영화로도 제작될 수 있다는 시발점이 된 작품이다. 서기 2654년 지구의 연합국 기지 페가수스는 외계인 악당 칼라트로부터 공격을 받는다.

이 와중에 순식간에 지구로 진입할 수 있는 최첨단 컴퓨터 항해장치인 나브컴을 강탈당한다. 우주의 시간과 공간에 대한 타고난 감각을 가진 블레어는 지구를 구하기 위해 전투부대인 윙커맨더에 합류하여 외계인과 전쟁을 벌인다. 그는 나브콤을 강탈당했다는 정보를 우주전사들의 전투기지인 타이거크로의 함장에게 전하라는 명령을 받는다.

그는 6개월 걸려야 갈 수 있는 타이거크로를 나브콤도 없이 공간이동을 통해 3초 만에 도착한다. 윙커맨더에서는 우주선이 직접 초광속으로 날아간 것은 아니지만 결과적으로는 5,184,000광년의 속도로 난 것과 같다. 이 속도면 안드로메타까지 5개월 정도 걸리는데 적어도 이 정도는 되어야 인간이 광활한 우주 공간을 마음껏 활보할 수 있다고 볼 수 있다.

배보다 배꼽이 더 큰 우주선

영화에서의 우주공간은 감독의 아이디어에 따라 마음껏 축소되거나 확

⚘ 「별들의 나이가 더 늘어나다」, 실피드, www.scieng.net, 2004. 5. 5

대될 수 있지만 현재의 과학기술 수준을 확인하면 실망하지 않을 수 없다.

인류가 처음으로 지구 이외의 천체를 방문한 것은 1969년 7월 20일 미국의 우주인 닐 암스트롱이 달에 착륙했을 때였다. 이후 놀라운 발전을 이루어오다가 1997년에는 화성에 착륙, 화성에도 물이 있었다는 사실을 밝혀냈으며, 2014년까지 화성에 유인(有人) 우주선을 보내겠다는 야심찬 계획이 추진되고 있다.

그러나 우주여행 프로젝트의 가장 큰 문제점은 현재 개발되고 있는 우주선의 속도가 너무 느리다는 것이다. 화성까지만 해도 8개월이 걸리니, 태양계의 마지막 행성인 명왕성까지 가려면 최소한 50년이 걸린다(명왕성은 2006년 8월 24일 체코 프라하에서 열린 국제천문연맹(IAU)총회에서 왜소행성으로 재분류되어 행성의 지위를 잃어버렸다. 왜소행성이란 행성의 조건 가운데 자신의 궤도 주위를 쓸어버리지는 못한 위성이 아닌 천체를 뜻한다).[**]

G. 필립 잭슨 감독의 「폴링 파이어(Falling Fire)」는 매우 색다른 소재이다. 지름 10km가 되는 MT-27 소행성을 달로 가져오는 임무를 '49의 정신호'라는 우주선이 맡았는데 그 우주선엔 종말론자에 의해 조종되는 승무원이 타고 있다. 그 승무원의 역할은 MT-27을 달로 가져가는 것이 아니라 지구와 충돌하게 만들어 지구의 종말을 초래하는 것이다. 주인공 보든의 활약으로 소행성이 지구를 극적으로 피해가게 만들지만, 그의 부인은 남편의 우주여행이 예정보다 6개월이 더 소요되어 14개월에 이르자 더 이상 결혼생활을 유지할 수 없다고 이혼소송을 제기한다.

우주인의 아내가 현대 여성의 선망의 대상이 되는 것은 사실이지만, 우주여행이 보편화된다면 이런 일로 긴 이별을 해야 하는 부부가 많이 생길 것이다. 사실 한창 육체적으로나 정신적으로 활동력이 강한 젊은 남녀에게 14개월이라는 기간이 짧은 것은 아니다.

여하튼 우주선으로 태양계를 벗어나려면 이야기의 차원이 달라진다. 지

[**] 「명왕성 탈락 태양계 행성은 이제 8개뿐」, 최영준, 중앙일보, 2006. 9. 11

구와 가장 가까운 항성인 센타루스 알파별까지는 4.3광년(약 70조km)의 거리로 로켓의 지구 탈출속도(지구인력을 이기고 인력권 밖으로 탈출하는 데 필요한 최고 속도)인 초속 11.2km로 달린다 해도 약 10만 년이 걸린다. 인간의 수명을 고려할 때 현재의 기술로는 태양계를 벗어난 우주여행은 어렵다는 말이다.

스위스 특허청 재직 당시의 아인슈타인
스위스 특허청에 재직하고 있던 1905년에 아인슈타인은 노벨상 수상 연구인 '광전자론'을 비롯하여 상대성이론을 발표하였다.

그런데 '타임머신', '공간이동'의 장에서와 마찬가지로 초광속 문제도 아인슈타인의 상대성이론이 발목을 잡고 있다. 불행하게도 그의 이론에 의하면 어떠한 경우라도 초광속 여행은 불가능하기 때문이다.

그러나 타임머신, 공간이동이 불가능하다는 것은 그런대로 이해하면서도 초광속 비행이 불가능하다는 말에 대해서는 다소 석연치 않은 시선을 보내는 사람들이 적지 않다. 인간의 지적 능력과 과학기술의 발전 속도를 보면 미래의 언젠가는 가능할 수도 있지 않을까 하고 미련을 버리지 않는 것이다.

아무리 아인슈타인이 말했기로서니 초광속 비행이란 단지 빠르게 달리는 것 뿐이니 빛보다 빨리 달리는 것 정도야 가능하지 않겠느냐는 뜻이다. 적어도 초광속 여행만은 불가능한 것이 아니라는 것을 증명하는 것이 과학자의 의무라고 지적하는 사람조차 있을 정도이다.

아인슈타인이 사사건건 SF 분야에 발목을 잡지만 그가 SF를 싫어하기 때문에 상대성이론을 도출한 것은 아니다. 상대성이론이 SF 분야를 말 그대로 공상에 머물게 하는 것은 후대의 과학자들이 그의 이론을 엄밀하게 검증하는 과정에서 제시한 내용이라 볼 수 있기 때문이다.

아인슈타인의 이론에 의하면 물체의 속력을 증가시키기 위해 물체에 작용을 하면 물체의 질량도 증가하게 된다. 그래서 물체의 속력이 빨라질수록 물체가 점점 무거워져 가속을 시킬 수 없다는 뜻이다.

질량과 속력 사이의 관계는 $m = m_0/(1-v^2/c^2)^{1/2}$ 로 주어진다.

이 식은 '타임머신' 장에서 설명한 공식과 유사한데 여기에서 다른 점은 m_0는 물체의 정지질량이고 m은 물체가 관찰자의 기준계에 대하여 속력 V로 움직이고 있을 때 관찰자가 측정하는 질량이라는 점이다. 속력이 광속의 절반이면 $m=1.15m_0$이다. 그러나 $v=c$, 즉 광속으로 달린다면 $m_0 = 0 =$ 무한대가 된다. 이것은 빛만이 광속으로 움직일 수 있으며, 정지질량이 아닌 물체는 결코 광속으로 달릴 수 없다는 것을 뜻한다.

천재 과학자에 의해 제작된 우주선의 무게가 100t이라면 광속의 99.99%로 달릴 때 우주선의 질량은 2,237t이 된다. 이 초과 질량은 우주선의 운동에너지이다. 우주선이 가속되어 운동에너지를 많이 얻으면 얻을수록 질량이 커진다는 뜻으로 광속에 접근하면 소요되는 에너지는 무한대가 된다.

리카오 야나기타의 만화영화 「우주전함 야마토」를 예로 들어 설명한다.

우주전함 야마토호는 65,000t이나 되는데 위의 식으로 대입하여 비교적 빠르다고 할 수 있는 마하25로 달린다면 25억 분의 1만큼 무거워져 26g이 증가한다. 이 정도라면 우주전함의 운행에 크게 영향을 주지 않는다.

그런데 속도가 더 올라가면 상황은 달라진다. 야마토호의 보통 주행속도인 광속의 99%로 달린다면 이때 야마토호는 66,000t이 된다. 이때부터 야마토호를 가속시킨 모든 에너지의 100배를 쏟아 붓더라도 속도는 겨우 0.1% 늘지만 질량은 무려 10배인 650,000t으로 늘어난다. 광속에 가까워질수록 아무리 에너지를 쏟아 부어도 무거워지기만 할 뿐 속도가 늘어나지 않는다.

| 아놀드 좀머펠트 |
좀머펠트가 빛보다 빠른 타키온 이론을 발표하고 근래 일부 학자들이 타키온의 발견을 주장하고 있으나 정설로 인정받지는 못하고 있다.

영화에서는 광속 돌파 정도야 우습지만 위대한 아인슈타인의 공식이 건재하는 한 광속으로 달리는 것은 불가능하다.

학자들은 광속 이상으로 어떤 물체도 달릴 수 없다면 이론적으로 광속의 어느 수준까지 도달할 수 있는가를 추적했는데 결론은 매우 실망스러웠다. 광속의 99%를 뜻하는 준광속도 불가능하다는 것이다. 물리학자들의 추정에 의하면 우주선을 광속의 절반 속도로 가속한 다음, 그것을 멈추게 하려면 우주선 고유 질량의 7천 배나 되는 연료가 필요할 것이라고 한다. 다시 말해서 아인슈타인의 상대성이론은 은하 간 또는 항성 간 우주여행이 불가능하다는 것을 명백히 밝혀준 것이라고 볼 수 있다.⚜

우주선의 에너지와 수송작전

질량과 에너지 사이의 관계에 대한 아인슈타인의 공식은 E=mc2이다. 여기서 E는 에너지이고 m은 질량이다. 물질 1kg을 에너지로 바꾸면 에너지는 9×10^{16}의 주울(J)이 생기며 이 이론이 옳다는 것은 원자폭탄으로 증

⚜ 「사이언스 오딧세이」, 찰스 플라워스, 가람기획, 1998

명된 바 있다.

미국의 원자폭탄을 만들기 위한 '맨하튼 계획'에는 일일이 거론하기 어려울 정도로 많은 노벨상 수상자들이 참여했고 또 수많은 과학자들이 노벨상을 수상했다. 그러나 미국이 원자폭탄 개발을 촉구하였던 아인슈타인은 참여하지 않았다.

영화에서는 종종 우주선의 동력으로 여러 가지 동력이 제시되지만 가장 간단하게 생각되는 것은 원자력을 사용한다는 내용이다. 핵항공모함, 핵잠수함, 원자력발전소 등이 원자력을 사용하므로 우주선에서도 간단하게 사용할 수 있을 것 같았기 때문이다.

우선 현실적인 문제를 검토하자. 과학기술이 발달하여 에너지만 공급되면 광속에 가까운 속력을 낼 수 있는 우주선을 만들었다고 가정하고 에너지원을 어떤 방법으로 공급할 수 있는가를 연구한 것이다.

우주선에서 소비할 에너지를 확보하는 방법은 처음부터 모든 에너지를 가지고 가는 방법과 비행 중에 에너지를 공급받는 방법이 있다.

1950~1960년대에 미국은 유명한 오리온(Orion) 계획을 수립했다. 화성유인탐사선의 추진장치를 원자력으로 해결하자는 것이다. 원자폭탄을 터뜨려(핵분열 에너지를 사용) 그 반발력으로 우주선을 발사하는 것인데 방법론은 둘째치고 1960년대에 국제적으로 체결된 원자폭탄 실험금지 조약 때문에 계획이 취소되었다.

그럼에도 불구하고 학자들의 꿈은 태양계를 벗어나는 우주선을 만들어 보자는 것이다. 당연히 그런 여건이 가능하다면 어떤 추진력을 갖고 있어야 태양계를 벗어날 수 있는가 연구하기 시작했다.

그러나 우주선을 만들기 위해 기초적인 사업계획서를 작성하자마자 부정적인 결론이 쌓이기 시작했다. 센타루스별(4.3광년으로 태양에서 가장 가까운 별)까지 왕복하는 데도 현재 사용되고 있는 화학에너지의 1억 배의 에너지가 필요하다는 계산이었다. 이는 질량당 에너지 양(에너지 밀도)이 화학에너지의 1억 배가 되어야 한다는 것을 뜻한다. 문제는 핵분열시의 에너지 밀도라야 100만 배 정도에 불과하므로 원자력을 사용하는 핵분열 기관으로는 어림없다는 말이다.

원자력으로 우주선 동력원을 해결할 수 없자 과학자들은 다른 묘수가 없는지 연구하기 시작했다. 1970년대 말 영국행성학회는 다이달로스(Dadalus)라고 불리는 계획을 수립하여 지구로부터 6광년 떨어진 버나드 별(지구에서 두 번째로 가까운 태양계 밖의 별)로 우주선을 보내는 것을 목표로 했다. 이 계획이 오리온 계획과 다른 점은 로켓추진력을 핵분열이 아닌 핵융합에서 얻는데 원료인 '헬륨3'도 지구에서 구하는 것이 아니라 목성에서 구한다는 것이다.⚘

학자들은 이외에도 기상천외한 아이디어들을 제시했다.

우주선의 에너지원으로 반물질을 갖고 가면 된다는 것이다. 통상의 물질인 양성자, 전자, 중성자에는 각각에 대응하여 전하나 바리온수(중입자수)가 반대인 반양성자, 양전자, 반중성자가 존재한다. 이들 반물질이 보통의 물질과 반응하면 '쌍소멸'을 일으켜 모든 질량이 에너지로 변환된다. 이때의 에너지 밀도는 화학에너지의 100억 배나 된다. 반물질을 이용한 항성 간 유인우주선은 광속의 50%로 비행하더라도 8~9년이면 센타루스별까지 갈 수 있다는 결론이다.

여기까지는 매우 낙관적으로 볼 수 있는데 1,000t의 우주선으로 센타루스별까지 비행하려면 300t의 반물질이 필요하다. 문제는 300t의 반물질을 만들기 위해서는, 반물질 생성효율을 현재의 1만 배로 해도 일반적인 원자력발전소를 사용한다면 30억 년 이상이 걸린다.

이 양을 10년 안에 얻으려면 지구와 같은 크기의 태양발전 위성이 열 개나 필요하다. 아무리 에너지 밀도가 높은 물질이라도 처음부터 우주선

⚘ 『시간여행에 도전하는 과학자들』, 홍대길, 과학동아, 1988. 2

에 싣고 가는 것이 불가능하다.

두 번째 대안은 우주공간에서 연료를 모아 이용하는 방법이다. 정확히 말하면 우주에는 성간물질(星間物質)이 존재하는데 이것을 이용하는 것이다. 그러나 이 역시 만만치 않은 문제점이 도사리고 있다. 성간물질의 밀도가 지구 대기의 1억 분의 1보다 작다는 점이다. 만약 1,000t 규모의 우주선이 추진력을 얻기 위해서는 수천 km의 성간물질 흡입구를 갖고 있어야 한다. 몇 천 km가 되는 우주선을 만들겠다고 하는 생각이 현실적으로 가능한 일인가는 지구의 지름이 대략 12,700km 정도임을 감안하여 생각해보기 바란다. 세계 최초로 건설된 미국 원자력항공모함 엔터프라이즈호는 기준 배수량 75,700t인데 길이는 336m에 지나지 않는다.

참고로 성간물질의 대부분이 수소분자로 이루어져 있으나 이외에도 일산화탄소, 암모니아, 수증기 등과 다양한 탄소복합 유기물질 등을 다량 포함하고 있다.

우리가 흔히 마시는 술은 에틸알코올(C_2H_5OH) 주성분이다. 그런데 전파천문학 관측에 의하면 우리 은하의 중심부에는 인류가 매일 1l씩 순수 에틸알코올을 1억 년 동안 마실 수 있는 양의 1억 배가 존재하는 것으로 확인됐다. 그렇다고 이들 알코올을 지구로 가져오는 것은 당분간 문제가 있다. 이 에틸알코올에는 이보다 훨씬 많은 양의 암모니아와 독극물인 시안화합물이 포함되어 있기 때문이다.[‡‡]

준광속을 넘는 속도, 즉 광속의 99%를 넘을 때는 또 한 가지의 결정적인 걸림돌이 생긴다. 우주공간에는 극히 소량이지만 1cm² 당 한 개 정도의 수소가 있다. 수소의 양이 너무나 적다고 무시하고 지나칠 일이 아니다. 극히 미량이지만 수소원자가 준광속으로 우주공간을 날아가는 우주선의 벽에 충돌한다면 우주선이 박살나기 십상이다. 이때 날아오는 수소원자는 일종의 방사선인데 우주선의 속도가 광속도의 99% 이상이라면 두

[‡‡] 「우리 은하 중심부는 거대한 알코올 공장」, 민영철, 과학동아, 1993. 6

께 1m의 납으로 만든 벽이라도 쉽게 관통할 정도로 강력하기 때문이다. 이런 방사선에도 인간이 살 수 있는 방법은 광속의 10분의 1 이하로 속도를 줄이는 것뿐이다.

학자들은 우주 입자들과의 충돌을 미리 방지할 수 있는 아이디어를 제시했다. 우주선 앞쪽에 거대한 쟁기 같은 것을 달아서 포획되는 입자들을 외부로 빼내면서 달리면 된다는 것이다. 이때 걸리는 입자를 모아서 우주선의 추진연료로 쓰자는 프로젝트가 바로 '항성 간 램제트 엔진'이다. 그런데 이것도 역시 당분간은 실현 가능성이 없다. 이런 쟁기가 적정 효율을 내기 위해서는 그 크기가 무려 수천 km²가 되어야 하기 때문이다.

이런 쟁기를 매다는 것보다는 입자들의 충돌에도 버틸 만큼 우주선의 외피를 튼튼하게 만드는 것이 더 쉽다. 그렇지만 외피의 두께를 1m 이상으로 만들면 그 무게가 어느 정도가 될지 상상할 수 있을 것이다.

1980년대에는 기존 로켓의 개념을 뛰어 넘는 새로운 안이 도출되었다. 로버트 포워드 박사가 제시한 것으로 빛을 이용하자는 것이다. 빛(photon)이 물체를 때리면 물체는 그 힘 때문에 약간 움직인다. 만약 엄청난 빛을 쏘인다면 그 힘은 주목할 만큼 커진다. 포워드는 이러한 생각을 기초로 1천만 기가와트 레이저를 고안했다. 물론 그 정도의 에너지를 내려면 수천 km의 프레넬 렌즈가 필요하다. 이것이 실현된다면 인류가 사용하고 있는 로켓 추진력의 1만 배에 가까운 추진력을 얻을 수 있다고는 하지만 현실적으로 이런 비행체를 만든다는 것은 불가능하다는 결론이다.

과학자들의 연구결과는 결국 어떠한 경우라도 기계적인 시스템을 사용할 때 광속의 99% 이상을 달리는 것은 불가능하다는 것이다.

영화 「로스트 인 스페이스(Lost in Space)」에서 주인공들이 탄 우주선이 쇄도하는 운석이나 파편들을 절묘하게 피하면서 달리는 것을 볼 수 있다.

| 영화 「로스트 인 스페이스」 |

하지만 실제로 그런 상황은 기대하기 어렵다.

학자들은 광속의 20% 이상의 속도를 내는 것은 원천적으로 불가능하다고 추정한다. 사실상 초광속으로 날아갈 수 있는 가능성이 전혀 없다면 은하계 대부분의 별은 우리와 영원히 접촉할 수 없는 존재로 남게 된다. 우주로의 여행에 대해 연구하면 연구할수록 언젠가 가능할지도 모른다는 꿈을 키우기는커녕 생각조차 해서도 안 되는 불가능한 일이라는 불쾌한 결론으로 귀결된다.

시공간을 구부러뜨려라

앞에서도 설명했지만 타임머신, 공간이동, 초광속 비행이 불가능하다는 설명은 사실 공상과학 분야의 큰 장르가 원천적으로 상상의 공간에서만 움직인다는 것을 의미한다. 많은 사람들이 초광속 비행의 가능성에 대해 미련을 버리지 않자 과학자들은 놀랍게도 또 다른 절묘한 대안을 내놓았다. 그것은 시공간의 성질을 이용하는 것, 즉 시공간을 구부러뜨리면 초광속 여행 효과를 나타낼 수 있다는 것이다. '빛보다 빠른 것은 아무것도 없다'가 아니라 '국부적인 영역에서 빛보다 빠른 것은 없다'는 뜻이다.

학자들은 시공간이 휘어져 있다면 국부적인 기준계는 모든 시공간에 적용될 수 없다는 다소 난해한 아이디어를 제시했다. 이를 다른 말로 설명하면, 시공간이 휘어져 있다고 가정할 경우 특수상대론적 논리에 모순되지 않고 광속보다 빠른 효과를 볼 수 있는 가능성이 생긴다는 이야기이다. 휘어진 시공간 내에 멀리 떨어져 있는 두 지점을 웜홀이 아니더라도 빛보다 빠른 속도로 이동할 수 있다는 것이다.

바로 이 아이디어에서 SF 영화에서 가장 잘 알려진 '워프 항법'이 태어났다.

영화에서는 우주선들이 간단하게 워프 항법을 이용하는데 애니메이션에서는 「우주전함 야마토」가 처음으로 파동 엔진을 사용하여 워프 항법으로 달린다. 영화 속에서 설명된 워프 항법의 원리는 구부러진 우주의 공간을 찾아 곡선이 아닌 직선으로 달리면 초광속 효과를 얻을 수 있다는 것이다. 지구에서 이스칸달 별까지 148,000광년을 간단하게 0.6광년으로 달린다.

웨일스의 물리학자 앨큐비에르는 일반상대성이론에서 초광속 운동이 가능하다는 것을 원리적으로 증명하는 데 성공했다. 그는 아주 짧은 시간 동안 우주선이 두 지점 사이를 여행할 때 시공간을 임의로 구부리는 것이 가능하다고 했다. 방법은 간단하다. 만일 시공간을 우주선의 뒤쪽으로 잡아 늘였다가 다시 앞쪽으로 구부릴 수 있다면 우주선은 마치 파도타기 선수처럼 공간을 따라 밀려나가게 된다. 이 경우 우주선은 빛보다 빨리 가는 것이 아니다. 왜냐하면 빛 역시 공간의 파도를 따라 밀려나가고 있기 때문이다.

만일 당신이 타고 있는 우주선의 뒤쪽으로 공간이 엄청나게 팽창했다면, 몇 분 전에 출발한 우주기지는 수 광년이나 멀어져 갈 것이다. 마찬가지로 앞쪽의 공간이 수축된다면 수십 광년이나 떨어져 있던 우주선의 목적지도 수분 내에 도착할 수 있는 것이다. 평범한 분사 추진식 로켓이라도 가능하다.

이것은 만일 우주선 근방의 시공간을 구부릴 수 있다면 어떤 우주선이라도 먼 거리를 단시간에 이동할 수 있다는 것을 의미한다. 행성처럼 무거운 물체를 끌어당기는 견인 광선을 사용하려면 행성 뒤쪽의 공간을 확장시키고 앞쪽의 공간을 수축시키면 된다. 초광속으로 달린다는 것은 결국 우주선의 앞쪽 또는 뒤쪽 공간을 확장하거나 수축할 수만 있다면 가능한 이야기가 된다.

물론 여기에도 결정적인 문제점이 대두된다. 초광속 비행을 가능하게 (적어도 원리적으로) 만들기 위해서는 시공간을 구부러뜨리는 데 필요한 물질과 에너지의 분포를 임의로 조작해야 하는 걸림돌이 나타나기 때문이다. 이 이론이 현실에서 실현되기 위해서는 서로 밀어내는 중력, 즉 음에너지가 필요하다. 양자역학이 특수상대성이론과 결합되었을 때, 미시적인 영역에서 에너지의 분포는 국부적으로 음의 값을 가질 수도 있다는 것은 잘 알려진 사실이므로 이것 자체가 문제가 되는 것은 아니다.

그러나 물질이나 진공 상태를 교묘히 조작하여 음의 에너지를 갖는 물질을 만들어냈다 해도 시공간을 마음대로 구부리기 위해서는 우주선을 광속으로 가속시킬 때 필요했던 에너지와는 비교가 안 될 정도로 엄청난 양의 에너지가 필요하다. 또다시 에너지 문제가 등장하는 것이다.

태양의 중력장은 빛의 궤적을 1,000분의 1 정도 구부러뜨릴 수 있다. 그러나 눈에 보일 정도로 크게 빛의 궤도를 구부리려면 500만 t 크기의 블랙홀이 주위에 있어야 한다. 이 블랙홀의 질량은 태양의 10분의 1 정도이지만 이를 에너지 단위로 환산하면 태양이 처음 생성된 후부터 앞으로 소멸될 때까지의 핵융합반응으로 만들어낸 모든 에너지를 합한 것보다 크다. 한마디로 시공간을 구부러뜨리는 게 그리 간단한 일이 아니다.

「우주전함 야마토」에서 야마토는 지구에서 화성까지 7,800만 km를 단 1분 만에 주파했다. 속도는 초속 130만 km, 광속의 4.4배나 되는 엄청난 속도였다. 그러나 이 정도의 속도로도 어림없다. 지구에서 가장 가까운 센타루스별은 4.3광년에 있는데 이곳을 가는데도 1년이 걸리니 필자가 쓴 스페이스 오페라 소설 『피라미드』(전12권)의 주무대로 삼은 11.8광년에 있는 고래자리 토우별까지는 4.4광속으로도 무려 2.7년이나 걸린다. 게다가 안드로메다은하까지는 4.4광속으로 계속 달린다 해도 무려 60만 년이나 걸린다.

SF 영화의 묘미는 감독들의 상상력에는 광속의 제한이라는 한계가 없다는 점이다. 영화에서 광속 100만 년 정도로 나는 것은 아무것도 아니다. 감독들은 우주선의 속도를 검증하는 것보다 상상력을 동원한 아이디어로 관객을 즐겁게 만드는 것이 보다 큰 의무라고 생각하기 때문이다.

사족 한마디. 워프 항법도 놀랍게도 「스타트랙」의 시나리오 작가인 진 로든베리의 제안에 의해 연구된 것이다. 진 로든베리는 「스타트랙」에 나오는 우주선인 엔터프라이즈호가 아인슈타인의 이론에 의할 경우 광속을 넘을 수 없다는 문제점에 봉착하자 과학자들에게 광속을 넘나들 수 있는 방안 강구를 요청했다.

진 로든베리의 요청에 따라 미구엘 박사팀은 우주선 자체만으로 광속을 돌파하는 것은 어렵지만 공간의 수축을 이용하면 광속 효과를 얻을 수 있는 '워프 항법'의 아이디어를 제공했다.

그의 워프 항법 아이디어는 추후에 많은 학자로부터 탄성을 받았는데 그것은 당시까지 일반적으로 상상하던 방식과는 전혀 달랐기 때문이다.

워프항법으로 광속을 초과하는 야마토호
SF 영화에서 자주 사용되는 '워프 항법'의 아이디어는 진 로든베리의 요청에 따라 과학자들이 아이디어를 제공했다. 이 아이디어를 이용하여 많은 SF 작품들이 수백만 광년의 거리를 간단하게 주행한다.

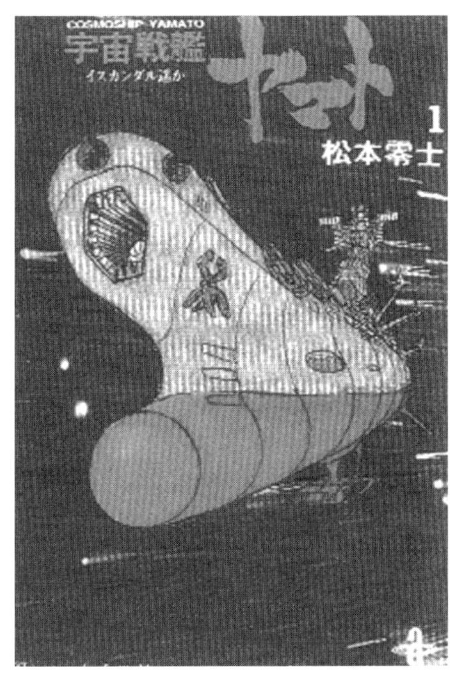

화면에서 엔터프라이즈호가 달리는 것으로 보이지만 실제로는 워프 항법을 이용할 때 우주선은 달리지 않고 정지해 있다. 우주선이 달리는 것이 아니라 주위 환경이 움직이는 것이다.

미구엘 박사 팀은 주위 환경을 수축과 확장이 가능한 '우주 버블'로 만들어 엔터프라이즈호가 정지한 상태임에도 광속보다 훨씬 빠른 속도로 공간이동이 가능토록 했다. 간단하게 말해 수백만 년의 공간도 간단하게 주파한다.

물론 이와 같이 우주 공간을 조절하기 위해서는 태양 수십 개의 에너지를 단번에 동원해야 한다. 그런 에너지를 어떻게 제공할 수 있느냐의 문제는 있지만 SF 영화의 묘미는 그런 정도는 관객들이 눈감아준다는 데 있다.

「스타트랙」을 다시 보면 현대 물리학의 발전을 음미할 수 있으며 이 영화의 시나리오 작가인 진 로든베리가 SF 영화에 얼마나 큰 영향을 미쳤는지도 알게 될 것이다.

초속 300,000km

300,000km/sec

그의 유언을 집행하려는 데 어려움이 많았다.
우선 가족들이 거의 모든 재산을 노벨 재단에 기부한다는 것에 반발하여
유언의 집행을 중지시키려고 법원에 소송을 제기했다.
더구나 세기말의 국수주의에 편승하여 스웨덴의 국왕조차
스웨덴 국가와 국민들에게 기여가 없는 노벨의 유언은 애국심이 결여된 것이라고 비난했다.

– 본문 중 –

초속 300,000km

노벨상이 생긴 이래 노벨상 수상 대상으로 선정된 연구는 그 시대의 최첨단 연구를 대변한 것이 대부분이다. 같은 시대에 살고 있는 대부분의 전문가들이 관심을 갖고 있다는 것은 그만큼 그 당시에 꼭 필요한 주제일 가능성이 많다는 뜻이며 그렇기 때문에 우수한 과학자들의 선두 경쟁이 치열해진다. 근소한 시차로 경쟁 상대에게 뒤떨어졌다는 것은 곧바로 선취권을 놓친 것이 되고 그 때문에 노벨상 수상 대열에서 탈락하는 것은 다반사다. 그 이유 중에 하나가 노벨상은 한 분야에서 3명 이상 수여하지 않는다는 것이 관례이기 때문이다. 그러므로 대부분의 사람들은 노벨상을 수상하려면 첨단 과학에 종사해야 한다고 믿는다.

그러나 예외 없는 법률과 규정은 없다는 말과 같이 노벨상에서도 몇 가지 예외적인 수상 기록이 있다. 바로 이 장에서 이야기하려고 하는 마이클슨(Albert Abraham Michelson)의 경우이다. 그는 빛의 속도를 측정해서 노벨 물리학상을 수상했다.

빛의 속도를 측정하자

타임머신이나 공간이동, 초광속 여행 등에서 필연적으로 등장하는 것은 바로 빛의 속도이다. 빛의 속도는 매우 빨라 초속 300,000km나 된다.그렇다면 빛의 속도가 초속 3300,000km라는 것은 어떻게 알았을까?

사실 광속도의 측정이라는 과제는 별로 새로운 것은 아니다. 7세기에 덴마크의 천문학자 뢰메르(Roemer)는 목성 둘레의 위성인 이오의 운동을 이용해서 빛의 빠르기를 계산했다. 그는 월식 사이의 시간 간격이 지구가 목성에서 멀어질 때는 길어지고, 지구가 목성에 가까워질 때는 짧아진다는 것을 발견했다. 이 시간 간격의 차이는 지구와 목성 사이의 거리가 달라짐에 따라 생기는 것으로 그는 대략적인 지구 공전궤도의 지름과 제일 큰 시간 간격의 차이를 이용해서 빛의 속도를 계산했다. 그의 측정에 의하면 빛이 지구궤도를 가로지르는 데 11분이 걸린다. 이에 따라 뢰메르는 빛의 속도가 음속의 60만 배, 초속 212,427km라고 계산했다. 이것은 빛의 실제보다 3분의 2밖에 되지 않는 속도지만 그 당시 사람들이 믿기에는 너무 빠른 속도였다.

피조(Armand Hippolyte Fizeau)는 천체의 현상이 아닌 기계적인 장치를 사용하여 빛의 속도를 측정했다. 피조는 8,047m 떨어진 곳에 거울을 설치하고 광원으로부터 나온 빛이 거울에서 반사되어 다시 광원으로 되돌아올 때까지의 시간을 빠른 속도로 회전하는 톱니바퀴를 이용해서 측정했다. 그의 측정에 의하면 빛의 속도가 음속의 90만 배이며 1초에 315,423km를 달린다고 발표했다. 실제 수치보다 5.2%가 많은 것이다.

프랑스의 물리학자 푸코(Jean Bernard Leon Foucaut)는 회전하는 톱니 대신 회전 거울을 이용해서 빛의 속도를 측정했는데 그가 측정한 값은 297,721km로 실제 빛의 속도와는 0.7% 정도 차이밖에 나지 않았다.

1873년 맥스웰이 전자기장의 이론을 완성하여 전자기파의 존재를 예언하고, 전자기파와 빛이 같은 성질의 것임을 지적했다. 마이클슨은 곧 전자기파(빛)의 속도가 자연계의 기본상수 중에서도 가장 중요한 것이라고 생각하게 되었다.

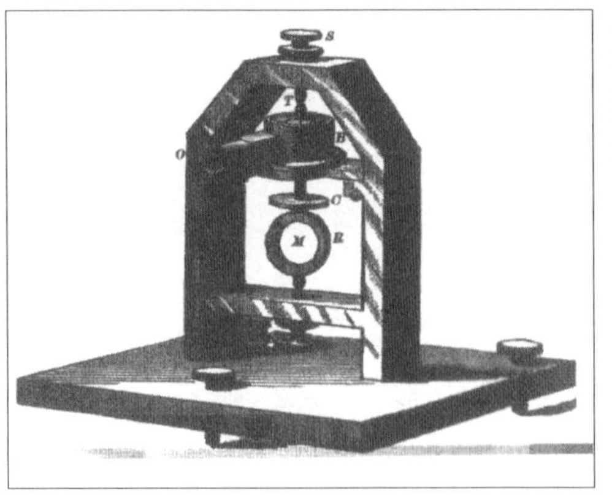

| 회전 거울 |
프랑스의 물리학자 푸코는 회전 거울을 이용하여 빛의 속도를 측정하였다. 그가 측정한 값은 초속 297,721km 실제 빛의 속도와 0.7% 정도의 차이가 났다.

이 당시 과학계의 화두는 에테르의 존재였다. 맥스웰의 이론은 빛이 물질을 통과하면서 진동 운동이 일어나고 그것이 전파해 나간다는 것이었다. 즉 빛이 파동이라는 종래의 학설을 강조한 것이다. 그러므로 학자들은 빛의 매질이 틀림없이 있다고 믿었다. 다시 말해서 먼 별로부터 빛이 우주공간을 가로질러 지구까지 오려면, 이 광대한 우주공간은 모조리 에테르로 충만해 있어야 한다는 것이다. 지구는 말하자면 광대한 에테르의 바다 속에 잠겨진 잠수함처럼 에테르를 가로질러서 태양 주위의 공전운동을 하고 있어야 한다는 뜻이다.

아무도 에테르가 무엇인지를 정확히 알지 못했다. 단지 빛이 파동으로 되어 있다는 관점을 받아들이기 위해 에테르가 필요했던 것이다. 빛의 성질이 어느 정도 규명되자 에테르의 성격도 규정되었는데 에테르가 가져야 할 성질은 학자들을 깜짝 놀라게 했다. 우선 에테르는 빛이 통과할 때 진동하는 고체여야 하며 매우 단단할 뿐만 아니라 미세하고 모든 곳, 즉 진공에도 존재해야 했다. 왜냐하면 빛은 진공 중에서도 이동할 수 있기 때문이다. 한마디로 에테르가 존재한다면 그것은 이제까지 알려진 적이 없는 새로운 종류의 물질이어야 했다.

만일 에테르가 존재한다면 그 존재를 알아낼 실험 장치를 고안해야 하는 것이 급선무였다. 이러한 측정이 단순한 일이 아님은 누구나 직감할 수 있을 것이다. 그러나 인간사를 보면 이렇게 어렵고 고난에 찬 업무를 자청하는 사람이 꼭 나타나기 마련이다. 빛의 속도를 측정한 마이클슨과 몰리(E. W. Morley)가 그런 사람들이다.

마이클슨은 전화를 발명해서 떼부자가 된 알렉산더 그레이엄 벨을 설득하여 빛의 속도를 매우 정확하게 측정할 필요가 있음을 설명하고, 푸코가 실험에 사용한 기자재를 여러 가지 개량한 '마이클슨 간섭계'를 개발할 수 있는 비용을 지원받았다.[⚜]

1907년 노벨상을 수상한 마이클슨이 빛의 속도를 측정하겠다고 도전했을 때 그의 도전은 이전에 비해 좀 더 정확한 측정을 하는 정도여서 그다지 독창적이지 않은 연구라고 볼 수 있다. 1852년에 태어난 마이클슨은 폴란드계 미국인으로 1873년에 아나폴리스 해군사관학교를 졸업하고 1876년에는 해군사관학교 물리학과 화학강사의 자리에 있었다.

그 후 그는 빛의 속도를 측정하는 일에 전념했다. 그는 제일 먼저 피조와 푸코의 장치를 개선하기 시작했다. 마침내 그는 1,609m 길이의 쇠파이프 속을 진공 상태로 만든 다음 빛을 통과시켜 진공 속에서의 광속을 측정할 수 있는 장치를 개발하였다.

마이클슨은 푸코가 실험에 사용한 기자재를 개량하여 '마이클슨 간섭계'를 고안했다. 이 기구는 하나의 단색광으로부터 분열된 두 개의 광속도를 비교할 수 있는 것으로 미세한 거리의 차이를 잴 수 있는 예민한 장치였다. 이 간섭계를 사용하면 식물이 자라는 길이를 초 단위로 잴 수도 있으며 커다란 망원경으로도 점으로 밖에 보이지 않는 별의 지름을 측정할 수 있었다. 그 장치가 얼마나 예민했는지 100m 앞을 사람이 지나가도 그 진동으로 실험이 실패할 정도였다고 한다.

⚜ 『거의 모든 것의 역사』, 빌 브라이슨, 까치, 2005

| 알버트 마이클슨 |
마이클슨의 빛의 속도를 정확히 측정하여 20세기 초의 물리학에 결정적인 영향을 주었다.

그들이 에테르를 측정할 수 있다는 아이디어는 간단했다. 지구는 운동하고 있으므로 지구가 움직이는데 따라 지구 뒤로 흘러가는 에테르의 바람이 존재해야 한다는 것이다. 이 바람과 같은 방향으로 전파되는 빛의 속도는 그만큼 빨라야 되며 바람에 거슬러서 전파되는 빛의 속도는 그만큼 느려지지 않으면 안 된다.

지구 위에서 모든 방향에 대해 빛의 속도를 측정한다면 이 에테르의 바람에 의한 속도 차이를 계산할 수 있다는 것이 그들의 생각이었다. 한 가지 우려되는 것은 빛의 속도가 너무나 빠르기 때문에 이 속도 차이를 확인하려면 실험의 정밀도를 높이는 것이 관건이지만 이미 빛의 속도를 정밀하게 측정한 그들로서는 어려운 일이 아니었다.

그가 측정한 광속은 299,776.25km로 실제보다 0.006%가 적은 값이다. 그는 모든 색깔의 빛이 진공에서 같은 속도를 갖는다는 것을 발견했다.

하지만 그들은 에테르가 존재한다는 어떠한 증거도 찾을 수 없었다. 간섭계를 어느 방향으로 돌려놓아도, 아무리 다시 실험을 해도 결론은 항상 똑같았다. 에테르라는 매질이 있다면 꼭 있어야 할 중요한 간섭 줄무늬의 변환은 발견되지 않았다. 이것은 에테르가 존재하지 않는다는 것을 의미했다. 그는 1886년 에테르의 존재를 부정하는, 즉 빛의 매질이 존재하지 않는다는 결과를 발표했다.

그러나 마이클슨-몰리의 실험이라고 불리는 이 유명한 측정 결과는 많은 물리학자들로부터 비난을 받았고 심지어는 결과를 부정당하기도 했다.

그들의 에테르 검출 실패를 설명하기 위해 아일랜드의 물리학자 피츠제럴드(George Francis Fitzgerald)는 운동하는 물체는 그것의 절대 운동의 방향으로 길이가 줄어든다고 제안했다. 그는 지구 운동과 같은 방향으로 광속을 측정하면, 측정치는 측정 기구의 수축으로 상쇄되어 지구 운동의 수직 방향으로 측정된 광속의 측정치와 같아진다는 것이다.

그에 따르면 초속 11.265km로 달리는 물체는 그 운동 방향으로 10억분의 2만큼 수축한다. 초속 11.265km면 오늘날 가장 빠른 로케트가 낼 수 있는 속도이다. 다시 말하자면 에테르가 존재해도 마이클슨-몰리의 측정 방법으로는 에테르를 검출할 수 없다는 것이다.

로렌츠-피츠제랄드 방정식

마이클슨-몰리의 측정은 물리학계에 큰 충격을 주었는데, 네덜란드의 헨드릭 안톤 로렌츠(Hendrik Antoon Lorentz)가 피츠제랄드의 원리를 토대로 하여 더욱 놀라운 이론을 발표했다.

물체가 절대 운동의 방향으로 수축할 뿐만 아니라 그 질량도 증가해야 함을 수학적으로 밝힌 것이다. 즉 1kg의 물체가 광속의 반으로 움직이면 질량이 1.15kg으로 늘어나고, 광속의 3/4 속력으로 운동하면 1.5kg, 광속으로 달린다면 질량은 무한대가 된다는 것이다. 그는 무한대의 질량은 존재할 수 없으므로 물체의 속도는 광속보다 더 빨라질 수 없다고 생각했

알버트 마이클슨이 빛의 속도를 측정하는 모습

다. 피츠제랄드의 길이 수축과 로렌츠의 질량 증가 효과는 서로 밀접하게 관련되어 있으므로 '로렌츠-피츠제럴드 방정식'이라고 한다.

1900년경 독일의 물리학자 카우프만은 로렌츠-피츠제럴드 방정식이 예측한대로 전자의 속도가 증가함에 따라 전자의 질량도 증가한다는 실험 결과를 얻었다. 그 이후에도 로렌츠-피츠제럴드의 예측이 거의 완벽하다는 실험 결과가 계속 이어졌다.

이들의 설명이 잘 알려져 있는 무언가와 비슷한 것 같다고 여겨지지 않는가?

로렌츠-피츠제럴드가 유도한 방정식은 바로 아인슈타인이 상대성이론에서 사용한 식과 유사하다. 왜냐하면 아인슈타인의 상대성이론은 바로 로렌츠와 피츠제랄드가 제안한 기본 이론에서 유도된 것이기 때문이다. 아인슈타인과 두 사람의 차이점은 무엇일까?

두 사람의 공식은 에테르가 존재한다는 것을 전제로 정지한 관측자의 입장에서 보는, 운동하는 대전 입자에 한해서 기술한 것이다. 이에 반해 아인슈타인은 에테르가 존재하지 않는다는 것을 전제로 두 사람의 식을 보다 확대 해석해서 운동하는 관측자가 보는 모든 물체에 대해 설명했다는 점이다.

로렌츠-피츠제럴드 방정식은 일반인들에게 커다란 충격을 주지 않았는 마이클슨이 빛의 속도측정을 위한 실험 건물 마이클슨은 산에 설치한 건물에 거울을 설치한 후 정밀한 기계로 빛의 속도를 측정했다.

데도 불구하고 아인슈타인의 이론이 충격적이었던 것은 아인슈타인은 운동하는 모든 물체의 속력이 증가하면 길이가 수축하고 질량이 늘어날 뿐만 아니라 시간의 흐름도 느려진다고 주장했기 때문이다. 아인슈타인의 우주 개념은 시간과 공간을 뒤섞은 것으로 시간과 공간이 그 자체만으로는 무의미하며, 시간은 한 차원을 차지하는 4차원이라는 것이다.

결국 아인슈타인은 로렌츠-피츠제럴드의 식을 자신이 구상하는 우주의 기본 틀에 적용하는 데 성공했고, 로렌츠-피츠제럴드는 자신들이 유도한 공식의 중요성조차 전혀 이해하지 못했다.

로렌츠는 자신이 세계를 놀라게 할 이론을 만들었음에도 그것을 보다 한 차원 높은 경지로 발전시키는 데 실패한 반면에 아인슈타인은 로렌츠의 방정식이 갖고 있는 핵심을 알아차리고 정확하게 지적한 것이다.

이것이 아인슈타인이 일반 과학자들에 비해 돋보이는 점이다. 물론 아인슈타인 스스로 로렌츠가 없었다면 자신의 상대성이론은 탄생하지 않았을 것이라고 말한 적도 있고, 로렌츠도 아인슈타인보다 먼저 노벨상을 받았으므로(로렌츠는 제자인 제만(Pieter Zeeman)과 함께 1902년 노벨 물리학상을 수상) 크게 섭섭하지는 않았겠지만 과학자들은 자신이 발견한 것의 의미와 중요성을 꿰뚫고 있어야 한다는 것을 다시금 확인시켜 주고 있다.

일부 학자들에게는 의외이고 불만족스러운 결과이기는 하지만 물리학에서 마이클슨-몰리의 실험만큼이나 큰 영향을 준 부정적 실험은 없다고 할 수 있다. 아인슈타인의 상대성이론은 마이클슨-몰리의 에테르가 존재하지 않는다는 측정 결과를 지지하는 강력한 이론이 되었다. 아인슈타인의 상대성이론에 의하면 마이클슨-몰리의 에테르 실험은 '제로 결과'가 나올 수밖에 없다. 빛은 소리와 달리 전달하는 매체가 필요하지 않았고 빛의 속도가 모든 기준계에서 같은 이유는 그 속도가 어떤 물체가 도달할 수 있는 최대 속도이기 때문이다.

| 헨드릭 안톤 로렌츠 |
〈사이언스〉지에서 세계적인 지식인으로 명명된 로렌츠도 아인슈타인과 같은 운동방정식을 발표했으나 그는 자신이 유도한 방정식의 중요성을 인지하지 못했다.

이후 마이클슨은 프랑스에 보관되어 있는 표준 미터원기(原器)에 관심을 돌렸다. 당시에는 1875년 「미터 조약」에 따라 '자오선 길이의 4,000만분의 1을 1m로 한다'라는 표준을 정해 백금과 이리듐의 합금제로 0℃도에서 1m의 길이를 측정한 후 30개를 만들어 1개를 프랑스에 표준 미터원기(原器)로 보관하고 나머지는 각국에 분배되었다. 그러나 이러한 길이의 표준으로서 제작되어 사용해 온 미터원기는 마멸, 파손의 가능성이 있는 데다가 미소한 거리의 측정에는 오류가 생기기 쉬웠다. 마이클슨은 가열된 카드뮴에서 방출되는 643.8nm선을 사용해, 그것이 표준 미터의 155만 3,165.5분의 1에 해당한다는 것을 밝혀냈다. 그는 카드뮴 파장에 기초해 나트륨 광선의 파장을 마이클슨 간섭계로 정확히 측정하여 길이의 표준으로 삼자는 획기적인 제안을 한다.

1960년에 그의 제안이 국제적으로 채용되었지만 실제로 사용된 것은 크립톤(Kr)이 내는 오렌지색 파장으로 이 빛의 진공 속에서의 파장의 165만 763.73배를 1m로 삼았다. 그 후 1983년에는 빛이 2억 9,979만 2,458

분의 1초 사이에 진공 속을 가는 거리로 1m가 정의되었다.

마이클슨은 그 후에도 계단분광기, 조화분석기, 회절격자 등 실험장치의 측정 정밀도를 향상시켰다. 또한 그는 자신이 고안한 '마이클슨 간섭계'를 사용하여 지구의 일그러짐을 측정하고, 그것에 의해서 지구 내부가 액체 모양이 아니라 강철과 같은 성질을 지녔다는 것을 제시하기도 했으며 행성의 크기를 정확하게 측정하기도 했다.

시간과 공간에 대한 우리의 상식이 아인슈타인에 의해 뒤집혀진 것은 모두 '광속도 불변의 원리'에 뿌리박고 있다. 빛에 대해 어떤 상대운동을 하더라도 빛의 속도가 바뀌지 않는다면 필연적으로 속도를 규정하는 시간과 공간에 대한 종래의 태도를 변경해야 하는 것이다. 그러나 그것도 마이클슨의 엄밀한 빛의 속도 측정이 없었다면 검증이 되기 어려운 일이었다.

아인슈타인의 이론의 중요성은 광속에 가까울 때 극적으로 나타난다는 것을 가장 쉽게 설명하는 것은 우주선의 속도이다. 초속 20km로 달려드는 우주선을 반대방향으로 초속 20km 속력으로 달리는 우주선에서 관찰할 경우 초속 40km로 달리는 것으로 관찰된다. 간단하게 각각의 속도를 더하기만 하면 된다. 광속의 90% 속도로 달릴 경우 종래의 관점에 따르면 1.8c 즉 광속의 180%로 달려야 한다. 그러나 상대론적 관점에 따르면 광속의 99.45%로 여전히 광속보다 작은 값이 된다는 것이다.⚘

마이클슨은 1907년 미국인으로는 처음으로 '간섭계의 고안과 그에 의한 분광학 및 미터원기에 관한 연구'로 노벨 물리학상을 수상했다. 마이클슨은 당시 아나폴리스 해군사관학교가 학사학위를 수여하지 않았기 때문에 박사학위는 물론 학사학위조차 없었다. 그러나 노벨상을 수상한 후 케임브리지대학에서 명예 박사학위를 받았다.

⚘ 「절대시간은 없고 거꾸로 흐르지 않는다」, 장회익, 과학동아, 1998. 2

속속 증명되는 아인슈타인의 이론

마이클슨의 측정에 의해 아인슈타인의 이론이 공고해진 것도 있지만 더욱 중요한 것은 광속으로 움직이는 물체의 속력은 더해지거나 줄어드는 것이 아니라 항상 같다는 점이다. 이것은 어떤 물체든 빨리 움직일수록 그 물체를 발사한 물체의 속력에 영향을 받지 않으며, 광속에 이르면 그 물체가 발사하는 물체의 속력에 전혀 영향을 받지 않는다는 것이다.

이 이론은 지구에서 16만 광년 떨어진 마젤란 대성운에서 폭발한 초신성의 빛이 1987년 2월 마침내 지구에 도착하면서 다시 한 번 검증된다. 이 초신성에서 나온 광속으로 움직이면서 질량을 갖지 않는 소립자인 중성미자(뉴트리노)가 지구에 도착했기 때문이다.

아인슈타인의 이론에 의하면 중성미자 또한 자신을 방출한 물체의 속력에 관계없이 똑같은 속력으로 움직여야 한다. 이것은 중성미자의 속도가 중성미자를 방출하는 물체의 속력에 영향을 받지 않는다면 폭발하는 별의 어느 부분에서 나왔건 상관없이 중성미자는 모두 같은 시간에 지구에 도착해야 한다는 것을 뜻한다.

천문학자들은 이 초신성으로부터 방출된 중성미자를 19개 검출했는데 모두 12초의 시간 간격 안에 도착했다. 이 중성미자는 광속으로 16만 년, 시간으로는 무려 5조 초 동안이나 날아왔다. 그렇게 오랜 세월을 날아왔는데도 단지 12초밖에 차이가 나지 않는다는 것은 아인슈타인의 가정이 천억 분의 1 범위 내에서 정확하다는 뜻이다. 이는 빛의 속도 299,784.25km에 비해 변하는 폭이 0.25cm 미만임을 나타낸다. 아인슈타인의 이론이 처음 발표된 이래 실시된 여러 가지 실험 중에서 가장 엄격한 실험을 또다시 통과함으로써 상대성이론은 부동의 이론이 되었다. 물체는 어떠한 일이 있더라도 광속 이상으로는 달릴 수 없다는 것이다.

이와 같은 내용이 인정된 것은 물론 중성미자 검출방법이 제시되었기 때문이다. 원래 화학자였던 미국인 레이몬드 데이비스 박사는 1964년부터 중성미자를 실험적으로 검증하는 대장정에 들어갔다. 그는 염화탄소 액체(세탁비눗물) 속 염소에 중성미자가 충돌하면 방사선을 방출하는 아르곤으로 변한다는 점에 착안했다. 데이비스 박사는 미국 사우스 다코다의 홈스테이크 금광 속에 615t의 염화탄소가 들어가는 통을 장치해 아르곤을 검출하기 시작했다. 이론적 계산에 의하면 하루에 2개의 아르곤이 검출되어야 하는데 데이비스는 1990년대까지 30년 동안 평균 이틀에 한 개 정도를 검출할 수 있었다.

비록 이론과 실험의 차이가 있었지만 데이비스의 실험을 통해 지구외부 특히 별인 태양의 내부에서 발생된 중성미자를 처음으로 관측했다. 이것이 바로 중성미자 망원경의 시초이며 인류가 천체 내부를 들여다볼 수 있는 새로운 길을 열었다고 평가되었다.

한편 1970년대 후반에 핵력, 약력, 전자기력을 통일적으로 기술할 수 있는 대통일장 이론이 나왔을 때 이 대통일장 이론의 주된 예측 중 하나가 바로 양성자 붕괴였다. 이를 실험적으로 검증하기 위해 일본의 고시바 마사토시 박사는 일본 가미오까에 있는 산 속 1km 아래의 광산에 검출기를 건설했다.

규모도 어마어마하여 3,000t의 증류수 탱크(높이 16m, 지름 16.5m)를 설치하고 그 내부둘레를 1천여 개의 광전증폭기로 둘러쌌다. 중성미자와의 충돌로 인해 전자가 가속하게 되면 빛이 나오는데 광전증폭기란 이를 관측하기 위한 것으로 '가미오간데(Kamiokande)'라고 불렸다. 최초의 '가미오간데'는 다소 문제점이 있었지만 곧바로 실험장치가 개선되어 우연히 마젤란 대성운에서 폭발한 중성미자를 관측했다. 이 일은 태양계 밖 천체에서 발생된 중성미자의 첫 관측으로 고시바 박사는 데이비스 박사

| 가미오칸데를 설명하는 고시바 |

와 함께 새로운 방법의 우주 망원경을 개발한 셈이다. 한편 중성미자의 실험과 이론의 차이에 대한 연구도 계속되어 현재 중성미자 진동론이 제시되고 있다. 즉 일부 중성미자가 그 종류를 바꿔 지구에 도착하므로, 전자-중성미자만 측정할 수 있는 중성미자 검출기는 이론보다 항상 적은 양만 관측된다는 것이다. 현재는 50,000t의 증류수를 이용하는 슈퍼가미오칸데가 제작되어 중성미자가 질량을 갖고 있다는 것도 실험적으로 입증하였다.

한편 고시바 박사는 일본에서 학생 때 성적이 좋지 않기로 이름난 사람이지만 미국 로체스타대학에서 박사학위를 받은 후 오랫동안 입자물리실험의 경험을 토대로 가미오칸데 아이디어를 창출한 입지전적인 사람이다. 그는 우주 X선 망원경을 개발한 미국인 리칼도 자코니 박사와 함께 2002년 노벨 물리학상을 받았다. 이들 수상자들이 다른 노벨상 수상자들과 차이가 있다면 창의력뿐만 아니라 긴 세월에 걸친 불굴의 노력이 노벨상으로 열매를 맺었다는 점이다.

광속보다 빠른 타키온

과학자들의 고집은 그야말로 대단하다. 우주선이 초광속으로 달리는 것

| 슈퍼카미오칸데 |
중성미자를 만들어 낸 뒤, 빔을 쏘아 이 검출기로 날아가게 하여 충돌하는 중성미자의 수를 측정한다. 그 결과 중성미자가 질량을 가지고 있다는 것이 밝혀졌다.

은 어렵다고 하지만 아인슈타인의 절대적인 이론이라고 볼 수 있는 상대성이론에 어긋나는, 즉 초광속으로 달리는 물질을 찾아보자는 것이다. 이것이 그 유명한 제럴드 페인버그(Gerald Feinberg)를 비롯한 몇몇 학자들이 주장하는 '타키온' 입자이다.

그들은 초광속이 불가능하다는 절대적인 명제를 인정하지 않고 빛의 장벽 저쪽에 특수한 입자가 존재할지 모른다고 생각한다. 타키온은 생성된 순간부터 빛보다 더 빨리 간다는 개념이다.

빛보다 빠른 물질에 대한 아이디어는 독일의 아놀드 좀머펠트(Arnold Sommerfeld, 1868~1951)가 처음 생각해냈고 '빠르다' 라는 뜻의 그리스어 '타키스(tachys)' 에서 타키온이란 이름을 붙였다. 타키온이 존재하려면 일반 과학상식이 통하지 않아야 한다. 즉 타키온의 질량은 허수가 되어야 하며 에너지를 얻을수록 속도가 느려져야 한다. 이론상 에너지가 가장 클 때 빛의 속도가 되며 에너지를 모두 잃게 되면 그 속도는 무한대가 된다. 즉 실수의 질량을 갖는 입자는 에너지를 얻을수록 속도가 커지지만 타키온은 그 반대로 행동하는 것이다.

1968년 스웨덴의 알버거는 감마선으로부터 타키온 한 쌍(타키온과 반타키온)을 만들려고 시도했다. 1970년 미국의 발티는 타키온의 질량이 허수라는 점에 주목하여 가속기를 이용해 입자실험을 할 때 질량의 제곱이 음

(-)인 입자들을 찾았으나 실험은 실패로 돌아갔다.

특수한 조건하에서 광속을 넘어선 입자가 존재할 수 있다는 의견도 있다. 우주선이 대기권에 돌입하면 대기의 분자와 충돌하여 2차 우주선을 만들면서 광속에 가까운 속력으로 지상을 향하게 된다는 것이다. 1973년 클레이는 수백만 분의 1초만큼 앞서서 약한 여분의 신호를 받자 이것이 타키온일지도 모른다고 발표했다.

타키온이 발견된다면 발견 그 자체가 커다란 물리적 파문이 될 것이다. 초광속 입자를 측정했다는 그 자체가 이미 아인슈타인의 상대성이론을 거부하는 것이 되기 때문이다. 현재는 아인슈타인의 '광속도 불변의 원리'에 의해서 거리나 시간 개념을 사용하고 있는데 만약 클레이의 발견이 사실이라면 현재 물리학의 많은 이론은 수정이 불가피하다. 그러나 과학자들은 클레이의 발견도 타키온을 의미하는 것은 아니라고 믿고 있다.

한편 포르투갈의 마게이주 박사는 1996년 현재 학계의 대세로 정설로 인정되고 있는 빅뱅 직후의 '인플레이션' 이론을 보완하여 '초고속 광이론'을 제창했다. 1990년 미국의 매사추세츠공대(MIT)의 앨런 구스가 제기한 인플레이션 이론은 초기 우주가 언제 어디서나 균일한 온도와 균일한 분포를 나타내는 이유로 빅뱅 직후의 우주는 현재의 안정 상태에 이르기 전까지 급속도로 팽창했으며 그 때문에 초기 우주가 균질성을 유지할 수 있었다고 주장했다.

더욱이 마케이주는 우주 초기에서 빛이 지금보다 빠른 속도로 이동하면 인플레이션 이론을 대체할 수 있다고 주장했다. 대단히 빠른 속도로 이동하는 빛이 순식간에 찬 부분은 데우고 더운 부분을 식혔다면 우주는 온도와 밀도의 균질성을 유지할 수 있다는 것이다. 그러나 물리학계를 발칵 뒤집어 놓을 수도 있는 초고속 광이론은 아직 학계의 인정을 받지도 못한데다가 더욱이 검증 받으려면 많은 시간이 필요할 것으로 예측된다.

그런데 2001년 8월, 우주가 나이를 먹으면서 빛의 속도가 변한다는 연구결과가 발표되었다. 〈뉴욕타임스〉지는 미국, 영국, 호주의 과학자 연구팀이 절대적인 진리인 빛의 속도가 변화하고 있는 것을 발견했다고 주장했다. 그들은 지구로부터 120억 광년 떨어진 퀘이사(quasar)에서 오는 빛의 흐름을 추적하여 빛이 가스층을 통과하면서 어떻게 달라지는가를 관찰했다. 퀘이사는 블랙홀의 에너지에 의해 생성된 거대한 발광체로 알려져 있는데 그들의 관찰 결과 빛이 금속원자들로 이뤄진 가스층에 흡수되는 양상이 시간이 흐르면서 계속 달라졌다는 것이다.

이 같은 연구 결과는 지금까지 물리학계가 견지하고 있는 광속불변의 법칙에 정면으로 위배되는 것으로, 물리학 교과서를 다시 써야 할지도 모르지만 이 연구결과에 대한 반론도 만만치 않아 아직 (설)로만 남아 있다.

광속을 초월할 수 있느냐 없느냐는 앞으로 과학자들이 계속 연구할 과제로 보이므로 이곳에서는 더 이상 거론하지 않는다.

그러나 SF 영화에서 우주여행을 어떻게 실현시킬 수 있는지를 과학으로만 생각할 필요는 없다. 초광속 비행이 불가능하다는 것을 알고 있는 상태에서 SF 영화를 만들었기 때문이다.

물론 감독들은 가능한 한 과학성을 감안한 장면을 도입하는 데 주저하지 않는다. 한 예로 「스타트렉」의 작가인 진 로든베리가 시나리오를 작성한 장편 TV 시리즈물 「파이널 컨플릭트(Final Conflict)」에서 주인공은 범인이 탄 우주선을 추적하면서 도망가는 우주선이 초광속으로 진입하기 전에 잡거나 격추시켜야 한다고 말한다. 이것은 우주선이 초광속 여행으로 들어가면 이미 따라잡기가 어려우며 빛의 속도를 감안할 경우 광속 돌파가 관건이라는 것을 의미한다. 일반적으로 상대 물체를 파악하는 방법(과학이 발달한 외계인의 우주선이라면 다른 방법도 있을지 모르지만)으로 레이더를 작동시키는데 레이더는 전파로 움직이므로 빛의 속도로 감지할 수 있다. 그런데 우주선이 초광속으로 달린다면 빛보다 더 빠른 속도이므로 그것이 어디 있는지 추적할 수 없는 건 당연한 일이다.

감독들이 나름대로의 과학적인 방법으로 접근한 것으로는 「로스트 인 스페이스」를 예로 들 수 있다. 이 영화에서는 우주선이 광속으로 돌입하는 순간 승무원들이 얼어붙은 듯 그 자리에서 정지해 버린다. 이 장면은 SF 영화가 과학적으로 매우 치밀하게 검증하여 제작했다는 것을 보여주는 것으로 지금까지 설명한 아인슈타인의 상대성이론과 관련이 있다.

> 물체가 움직이면 정지해 있을 때보다 시간이 느리게 가며, 운동 속도가 빠르면 빠를수록 시간은 점점 더 느려진다. 물체가 마침내 빛의 속도에 도달하면 시간은 정지한다.

엄밀히 말하자면 이 장면은 광속을 돌파할 때 무한대의 에너지가 소요됨으로 이런 순간은 일어날 수 없다는 것을 우회적으로 보여주는 것이다. 시간이 정지할 정도라면 로켓이 존재한다는 것이 가능한가?

그러므로 감독은 과학과 SF 영화를 조합하는 방법을 사용했다. 로켓이 광속으로 달릴 수 있다고 가정하고 시간도 정지한다고 가정한 것이다. 우리가 감독의 상상력까지 막을 필요는 없을 것 같다. 상상력은 인간의 고유 영역이기 때문이다.

마지막으로 인간이 만든 가장 빠른 속도는 1996년 스위스 제네바에 있는 LEP(Large Electron-Positron)가속기에서 얻은 0.999999999987c였다. 이 가속기는 둘레가 17마일의 원형으로 총 예산은 10억 달러가 소비되었다. 학자들은 보다 강하게 가속해서 광속보다 더 빠른 속도를 얻을 수 있다는 가능성만 있었다면 이 속력의 한계는 이미 오래 전에 무너졌을 것으로 생각한다.

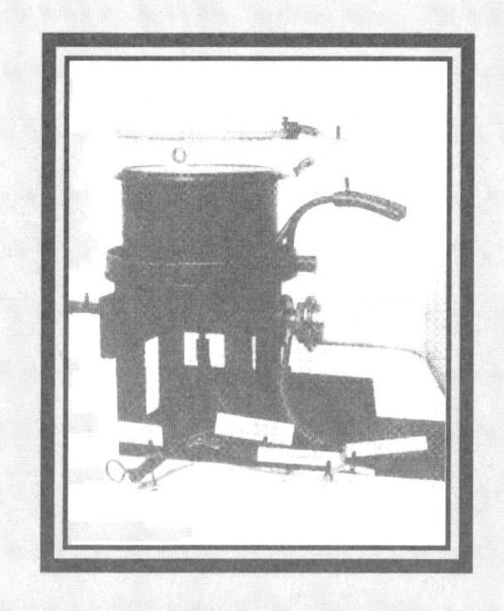

안개상자

Cloud Chamber

20세기 초에 폭발적으로 진행되었던 물리학 연구의 1등 공신은
안개상자(cloud chamber)이다. 안개상자는 1911년 영국의 캐번디시연구소에 있던
윌슨(Charles Thomson Rees Wilson)이 개발한 하전입자의 검출기로서
이 발명으로 인해 원자핵 실험은 물론
우주선 연구 등 헤아릴 수 없을 만큼 많은 연구가 진전될 수 있었다.
안개상자는 안개가 발생하는 원리를 이용한 실험 장치이다.

– 본문 중 –

안개상자

고등학교 2학년 지리 시간 때였다. 당시 학교에 부임한 지 3년도 채 안 된 지리 선생님은 학생들에게 자신의 지식을 전달하는 데 열의가 넘쳐 있었다. 선생님은 수업 시간이 끝나기 약 10분 전에 항상 두세 나라에 대한 역사, 전통과 특이한 풍습에 대해 열강을 했다. 그날도 예외 없이 아프리카에 대한 이야기를 했는데 한 급우가 질문했다.

"선생님, 그 나라들 다 가보셨어요?"

그는 별다른 의미 없이 농담으로 선생님에게 질문한 것 같았으나 그 질문을 받은 선생님은 갑자기 얼굴이 새빨개지더니 큰 소리를 지르며 그를 나오라고 했다.

"그래. 못 가봤다. 이 XXX. 너 나와."

선생님은 그날 그 급우를 수없이 두들겼고 그것도 분이 안 풀렸는지 선생님을 모욕한 죄로 퇴학시키겠다고 징계위원회를 소집하기까지 했다. 필자의 급우는 다행하게도 퇴학을 당하지 않고 무사히 졸업했지만 그 당시의 일이 도저히 이해가 되지 않았다.

20년이 지나 선생님이 병원에 입원했다는 것을 알고 병문안을 갔을 때, 왜 그 급우를 그렇게 모질게 때렸느냐고 질문을 했다. 선생님도 그 당시의 사건을 잘 알고 있었다.

"그 녀석이 나의 약점을 건드렸거든."

"약점이라니요?"

"내가 미국으로 유학 가려고 무던히 고생을 했지만 여러 가지 여건이 맞지 않아 결국 유학의 꿈을 접고 학교 선생이 되었지. 그런데 그 녀석이 외국에 나가지 못했는데도 각국에 대해 잘 아는 척 한다고 빈정거리잖아. 외국에 나가보지도 못한 선생이 외국에 대해 설명한다는 것이 고깝다는 이야기지."

그제서야 선생님의 이야기가 이해가 되었다. 지금은 해외 여행이나 유학이 별다른 일이 아니었지만 당시에는 해외에 유학을 간다는 것이 매우 어려웠다. 까다로운 해외 유학 자격 시험에 합격해야 하는 것은 물론 수많은 제한 조건이 있어 거의 모든 학생들이 유학의 꿈을 접어야 했다. 그럴 만도 한 것이 1960년대 초 당시 우리 나라의 외환 사정은 매우 나빠 말단 공무원의 해외 출장에도 장관의 허락을 얻어야 했다.

이승만 대통령은 외무부장관의 출장에 경비로 쓰라고 100달러를 주었다는 말도 있을 정도였다.

그 선생님이 유학의 꿈을 접고 학생들을 가르치고 있는데 바로 그 약점을 지적 받자 자신도 모르게 분개했다는 뜻이다.

이 사건은 그 학생이 그런 사실을 알고 질문한 것은 아니기 때문에 선생님과 학생 사이에 오해로 인해 생긴 일이지 커다란 문제점이 있는 것은 아니었다. 이런 경우 선생님이 모든 지식을 꼭 자신이 경험해야 하는 것은 아니라는 말로 간단히 설명했으면 되었을 일을 크게 만들었던 것 아니냐고 말하자 선생님도 그 당시를 후회한다고 했다. 선생님은 필자의 급우를 만나서 그 당시의 이야기를 해 주고 싶다고 했지만 그것은 이루어지지 못했다. 그는 선생님보다도 먼저 사망했기 때문이다.

여기에서 이런 이야기를 하는 것은 어느 학생이 필자에게 유사한 이야기를 질문한 적이 있기 때문이다. 필자가 원자나 분자, DNA, 그리고 우주선 등 일상 생활에 접촉할 수 없는 것을 강의하자 한 학생이 직접 본 적이 있느냐고 물었다. 그 질문을 듣고 고등학교 당시의 급우가 생각이 나서 필자의 전공 외의 지식은 모두 자료에 의했다고 말했다.

필자는 그 학생의 질문을 복잡한 연구에 직접 참여하여 실험하거나 논문을 작성했느냐는 뜻이 아니라 도대체 그런 연구가 어떻게 이루어지는가를 파악하고 있느냐는 뜻으로 생각한다.

측정장비가 있어야 연구가 가능

학자들이 연구하는 것은 대부분 미지의 분야이다. 그럴 경우에 가장 중요한 것은 과거의 지식을 토대로 적절한 가정을 세우는 것이다. 예를 들어 과거의 사람들은 지구가 평평하다고 생각했다. 그러나 자연과 우주에 대한 지식이 쌓이자 학자들은 지구가 둥글지도 모른다는 생각을 하게 되었다.

여기에서 학자가 대담한 아이디어를 생각했다. 지구가 정말 둥글다면 누구든 같은 방향으로 계속 걸어가면 결국 자신이 처음 출발했던 위치로 돌아오게 된다는 것이다. 그들의 예측대로 용감한 항해가들이 먼 항해를 했고 결국 지구가 둥글다는 것이 증명되었다.

홍역에 걸린 환자를 보고 홍역에 걸렸다고 말할 때, 의사는 환자의 얼굴을 한 번 쳐다보고 곧바로 말하지는 않는다. 우선 홍역이라는 결론을 내리기 전에 환자가 홍역에 걸렸을지도 모른다는 가설을 세운다.

그런 후 홍역에 걸렸을 때 나타나는 증상들과 일치하는지 살펴보기 위해 반점이 나타났는가, 이마가 뜨거운가, 청진기를 들고 가슴에서 홍역에 걸렸을 때 들리는 쌔근거리는 소리가 나는가를 확인한다. 이런 진찰을 끝낸 다음에야 의사는 '홍역에 걸렸다' 고 결론을 내린다. 때로는 혈액 검사나 X선과 같은 다른 조사 방법들을 병행하기도 한다.

과학자들이 자신의 분야에 대해 연구하고 배워 나갈 때 풀어야 할 문제들은 한두 가지가 아니다. 이때 가장 중요한 것은 처음부터 완벽한 가설을 세우는 것이다. 그러나 신중하게 설정한 그 가설이라도 그것이 항상 옳은 것은 아니다. 평생 동안 자신이 옳다고 믿은 가설을 검증하기 위해 연구했지만 결국 그 가설이 틀렸기 때문에 좌절하는 사람이 수없이 많다. 학자들이라고 모두 올바른 가설을 세울 수 있는 것은 아니기 때문이다.

물리학에서 보이지 않는 것을 연구할 경우에도 자신의 가설이 수많은 검증을 거쳐야만 비로소 이론으로 인정을 받는다. 양자론이나 광전이론도 결국 철저한 실험에 의해 검증되었기 때문에 인정을 받았으며 빅뱅이나 통일장 이론도 엄밀한 검증이 이루어지고 있다. 복잡하고도 완벽한 검증에 통과할 경우에 한하여 가설에서 이론으로 옮겨가는 것이다.

그러므로 어떤 이론의 엄밀한 검증을 위한 정교한 장치는 이론을 처음으로 세우는 것만큼 중요한 일이다. 이론을 제기한 학자와 마찬가지로 검증 장치를 발명한 학자들이 노벨상이라는 영예를 획득하는 것은 이 때문이다.

1930년대의 물리학자들은 원자가 세 가지 입자로 이루어져 있다고 생각했다. 그것은 전자, 양성자, 중성자로서 각각의 질량과 전하로 특징지어져 있다. 물리학자들은 이 각각의 입자를 원자로부터 떼어내어 자유입자로서의 성질을 조사하려고 했다. 그러나 아무리 강력한 현미경이라도 원자 속의 입자를 보여줄 수는 없다. 그래서 학자들이 착안한 것은 입자의 존재와 비적(飛跡)을 찾아내는 것이다.

20세기 초에 방사능이나 X선의 연구에 이용되었던 중요한 검출기는 검전기(檢電器)였다. 이것은 유리 또는 금속용기 속에 두 장의 금박을 서로 마주 보게 하여 매달아 놓은 것이다. 금박을 대전시키면 두 장의 금박 사이에 반발력이 생겨서 금박은 서로 떨어진다. 방사선이나 X선이 검전기를 통과하면 용기 속의 공기 분자가 이온화한다. 따라서 공기는 한 개의 도체가 되며 금박 표면의 전하는 접지된 용기 쪽으로 흘러 금박이 닫히게 된다. 이 닫혀지는 속도를 측정하여 방사선의 세기를 알아낼 수 있다.

다음으로 유명한 것이 섬광체 혹은 섬광계수기이다. 이것은 섬광 물질을 스크린에 바른 것으로 이온화 입자가 섬광체에 닿으면 빛이 나오는 것을 이용하는 것이다. TV 브라운관의 뒷면에도 같은 물질이 발라져 있고 섬광 램프의 벽면도 그렇다.

또 다른 입자검출기는 이온화 입자가 직접 전류를 발생하는 것이다. 밀폐된 용기에 기체를 넣고 용기 안에 전압을 가할 두 개의 전극을 설치한 것이다. 용기를 통과한 입자가 기체 내에 이온을 만들면 양이온은 음극으로, 전자는 양극으로 끌려간다. 전극에 접속된 회로가 전류를 기록하는데 이 전류는 방사선의 선속에 비례한다. 정교한 검출기는 단 한 개의 입자도 기록할 수 있다.

그러나 20세기 초에 폭발적으로 진행되었던 물리학 연구의 1등 공신은 안개상자(cloud chamber)이다. 안개상자는 1911년 영국의 캐번디시연구소에 있던 윌슨(Charles Thomson Rees Wilson)이 개발한 하전입자의 검출기로서 이 발명으로 인해 원자핵 실험은 물론 우주선 연구 등 헤아릴 수 없을 만큼 많은 연구가 진전될 수 있었다.

안개상자는 안개가 발생하는 원리를 이용한 실험 장치이다. 안개가 생

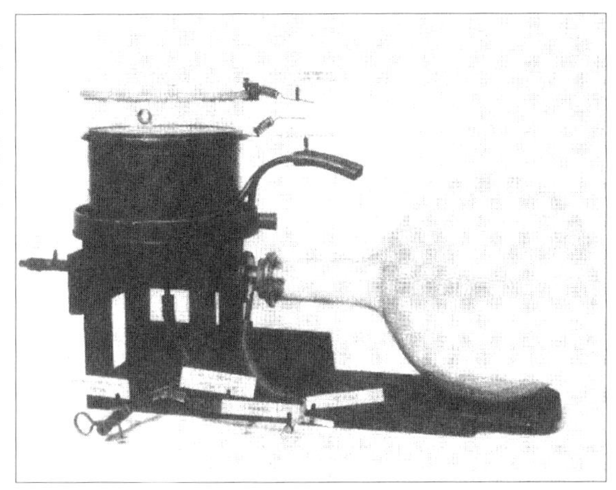

| 윌슨의 안개상자 |
영국의 캐번디시연구소에서 근무하던 윌슨은 안개가 발생하는 원리를 이용한 안개상자를 발명하였다. 그는 안개상자의 개발과 기체 전리 연구로 1927년에 노벨상을 수상하였으며, 안개상자는 1960년대까지 입자물리학과 핵물리학에서 가장 중요한 도구였다.

기는 것은 공기 중에 먼지가 있기 때문이다. 만일 먼지가 전혀 없다면 수증기는 작은 물방울이 되기 어렵다. 그 까닭은 일반적으로 물방울은 표면장력의 작용으로 그 부피를 될 수 있는 대로 작게 만들려고 하기 때문이다. 그 경향은 물방울이 작을수록 더 강한데 먼지가 있으면 그것을 핵으로 해서 더 큰 물방울이 생기므로 안개가 발생하기 쉽다.

그런데 윌슨은 먼지가 없는 공기 중이라도 음이온 또는 양이온이 존재하면 과포화상태의 수증기가 이온들을 핵으로 해서 안개를 만드는 것을 발견했다. 이것을 이용하면 하전입자를 통과하게 하여 그 비적을 관측할 수 있는 것이다. 즉 안개상자를 자기장 속에다 두면 입자가 그린 비적의 굴곡 상태로부터 어떤 전하로 대전되었는지 혹은 질량이 얼마인지를 결정할 수 있다는 뜻이다. 안개상자는 눈에 보이지 않는 입자의 신원을 판정하는 유력한 도구인 것이다. 윌슨은 안개상자의 개발과 기체 전리 연구로 콤프턴과 함께 1927년에 노벨 물리학상을 받았다. 안개상자는 1960년대에 거품상자가 개발될 때까지 입자물리학과 핵물리학의 가장 중요한 도구였다.

그러나 안개상자의 문제는 우주선의 비적을 포착하려고 대기하고 있더라도 상대가 언제 뛰어들 것인지를 알 수가 없다는 것이다. 또 뛰어들었다고 해도 순식간에 안개상자를 통과해버리기 때문에 안개상자를 작동시

| 양전자 |
안개상자를 이용하여 우주선을 연구하던 앤더슨은 납판자를 꿰뚫고 크게 꺾이는 입자의 비적을 촬영하였다. 이 입자가 바로 디랙이 예언한 양전자였고, 이발견으로 앤더슨은 1936년에 노벨물리학상을 수상했다.

킨다고 해도 우주선의 비적이 원하는 대로 나타나는 것이 아니다. 이러한 이유로 학자들은 안개상자를 대신할 수 있는 새로운 추적 장치에 관심을 기울이게 되었다.

이런 측정을 더욱더 효과적으로 만든 것은 비적 촬영의 효율을 향상시키는 일에 뛰어든 영국의 물리학자 블래킷(Patrick Maynard Stuart Blackett)이다. 그는 가이거 계수관과 안개상자를 연동시킨 자동 촬영장치를 개발했다. 안개상자는 두 방사능 측정기 사이에 설치되었다. 어떤 우주 광선 입자가 안개상자를 통해 지나가면, 2대의 측정기로부터 나오는 신호의 일치에 의해 사진을 찍는다. 즉 물리학자가 아니라 우주선이 스스로 자신의 비적을 촬영하는 것이다.

블래킷은 자신이 개발한 측정 장치로 디랙(Paul Adrien Maurice Dirac)이 예언한 양의 전하를 가진, 전자의 대응 짝의 존재를 입증할 수 있는 입자의 비적을 23개나 발견했지만 학회에 발표하지 않았다.

디랙은 1927년에 '장(場) 이론'을 제안하여 물질과 상호작용하는 빛의 특성을 기술했고, 1928년에는 상대성원리를 이용하여 전자의 움직임을 예측하는 방정식을 발표했다. 이 방정식은 원자가 '가상의' 질량 없는 입자들의 바다에 덮여 있다는 미심쩍은 의견을 구체화한 것이다. 디랙의 이론은 물질 가장 밑바닥에 있는 혼돈을 폭로했다. 그 전까지는 원자를 둘러싸고 있는 공간들이 비어 있다고 생각했으나 그는 유령 같은 입자들이 부글부글 끓고 있는 수프로 가득 차 있다고 생각한 것이다.

디랙의 이론은 현대 양자 전기 역학(QED)이 발전하는 데 초석이 되었다. 계속하여 디랙은 1930년에 음전하를 띤 전자와 쌍을 이루는 양전하를 띤 양전자의 존재를 예측하였다. 그것은 디랙의 방정식에 의하면 무슨 이유에선가 전자가 취할 수 있는 에너지로서 플러스(+)의 값뿐만 아니라 마이너스(-)의 값도 나왔다. 에너지의 마이너스 값이란 물리적 의미가 없는 것이므로 잘라 버리는 것이 당시 물리학자들의 일반적인 관행이었다.

그러나 디랙은 에너지 값의 정, 부의 대칭성에 주의를 했다. 즉 진공이란 공허한 공간이 아니라 마이너스의 에너지를 가진 전자가 충만해 있는 상태라고 가정했다. 외부로부터 에너지가 주어지면 전자가 튀어나오고 전자가 튀어 나간 진공의 빈자리가 양의 전기를 갖는 전자, 즉 양전자가 된다는 것이다. 그러나 양전하를 띤 전자는 발견된 적이 없었으므로 당시 그의 주장을 진지하게 받아들이는 사람은 없었다.

한편 1922년 미국의 앤더슨(Carl David Anderson)도 역시 자기장을 걸어놓은 안개상자를 사용하여 우주선을 연구하다가 납판자를 꿰뚫고 크게 꺾여지는 입자의 비적을 촬영했다. 비적의 곡률과 길이로부터 입자의 질량은 전자와 같은 정도라는 사실이 판명되었고 꺾여지는 방향이 전자와는 반대의 전하를 갖는 것을 보여주었다. 앤더슨은 이것이 바로 디랙이 예언한 '플러스의 전자', 즉 '양전자'라고 단정했다. 앤더슨의 실험 결과는 곧바로 인정되었고 디랙은 양전자의 예언자로서 슈뢰딩거와 함께 1933년에 노벨 물리학상을 수상했다. 앤더슨도 양전자 발견의 영예와 함께 1936년에 노벨 물리학상을 수상했다.

블래킷은 앤더슨의 발표가 있자 자신이 찍은 사진이 양성자를 가리키는 증거임을 알고 땅을 쳤다. 그러나 그 역시 그 후 원자핵과 우주선의 연구에 대한 폭넓은 공헌과 안개상자의 개량으로 1948년 노벨 물리학상을 받는다. 노벨상의 역사에 있어 자신이 먼저 발견했음에도 논문을 먼저 발표하지 않아 노벨상을 놓쳤지만 결국 해피엔딩으로 끝난 이례적인 예이다.

거품상자

미국의 글레이저(Donald Arthur Glaser)는 과포화 액체수소를 사용하여 안개상자를 개량한 수소거품상자를 개발했다. 글레이저는 기포상자 아이디어를 맥주를 마시면서 얻었다고 했다. 맥주의 거품이 올라오는 것과 사람들이 맥주 속에 소금을 넣는 것을 보고, 물이 끓는 상태와 연관시켜 거품상자를 착안했다는 것이다. 전 세계의 수많은 주당들은 자신들이 애용하는 맥주의 거품이 노벨상을 받았다는 것을 알면 노벨상에 함께 동참하고 있다는 것을 뿌듯하게 생각할 것이다.

거품상자 안에는 고압의 과열된 액체가 있어 과포화된 기체의 역할을 한다. 대전된 입자가 거품상자 안을 통과하면 액체의 그 부분만이 자극되어 작은 기포가 생기는데 그 기포의 경로를 추적해 감으로써 우주선 속의 입자의 종류를 알 수 있다. 특히 액체수소를 사용한 경우에는 입자의 비적의 정밀도가 안개상자에 비해 월등하게 좋아 물리학에서 경이적인 발전을 촉진하는 데 큰 기여를 하였다. 글레이저는 거품상자의 발명으로 1960년 노벨 물리학상을 받았다.

글레이저의 수소거품상자는 고밀도이고 부피가 큰 입자를 검출하는 데 적합했는데 가장 중요한 것은 대형 거품상자를 제작할 수 있다는 점이다. 초기에 개발된 거품상자는 3cm3 플라스크 규모였지만 나중에는 길이가 5m나 되는 거대한 것도 제작이 가능했다.

앨바레즈(Luis W. Alvarez)는 글레이저의 거품상자를 더욱 개량하여 액화수소를 사용한 액화수소상자를 개발했다. 또한 그는 반자동추적 측정장치와 방대한 용량의 궤적출력 자료를 출력할 수 있는 컴퓨터 프로그램을 만들었다. 앨바레즈에 의해 고안된 궤적감지장치에는 투시 현미경과 자기장에서 각 궤적이 굴곡 정도에 따라 운동량을 결정하는 방식이 사용

| 수소거품상자 |
과포와 액체 수소를 사용하는 수소거품상자는 입자의 비적의 정밀도가 안개상자에 비해 월등히 좋아 물리학의 경이적인 발전을 촉진하였다.

되었다. 그의 컴퓨터 프로그램으로 1년에 100만 개 이상의 주요 실험을 할 수 있었는데 그것은 그 당시 전 세계의 다른 모든 실험실에서 실험된 것과 거의 같은 숫자였다. 앨바레즈도 수소기포상자를 이용한 소립자 물리학에서의 공헌으로 1968년에 노벨 물리학상을 받았다. 앨바레즈는 추후에 공룡의 멸종이 혜성 충돌 때문일지도 모른다는 가설을 발표하여 큰 반향을 일으킨 장본인이다.

그러나 거품상자가 생존 기간이 짧은 입자들을 검출하는 데는 안개상자보다 유리했지만 역시 단점이 있었다. 안개상자와는 달리 원하는 사건만을 일으킬 수 없으므로 수많은 궤적들을 추적해서 판별해내야 하는 것이다.

당연히 안개상자의 선별 능력과 거품상자의 예민한 감도를 동시에 가질 수 있는 추적 장치를 개발하기 위한 학자들의 노력이 시작되었고 마침내 샤르팍(Georges Charpak)에 의해 멀티와이어 프로포셔널 상자(multiwire proportional chamber)와 드리프트 상자(drift chamber)가 발명된다.

샤르팍의 멀티와이어 프로포셔널 상자는 두 장의 금속판 사이에 가스를 채우고 한가운데 가는 금속선들을 2mm 간격으로 배열한 상자이다. 금속선들에는 고전압을 걸어준다. 입자가 입사되면 가스 분자들은 이온화하는데 이들 중 양이온의 금속판 쪽으로 음이온, 즉 전자가 움직여 금속선에 전기신호를 만들어 낸다. 특히 금속선에 가까워지면 에너지가 증가하여 많은 이온쌍을 만들어 내므로 큰 전기신호를 얻을 수 있다.

이렇게 얻어진 전기신호는 증폭기를 통과하며 모든 자료가 컴퓨터에 입력된다. 전자들이 금속선까지 도달하는 시간은 1백만 분의 1초보다 작은 매우 빠른 반응속도를 갖는다. 샤르팍의 검출기는 신호를 컴퓨터에 직접 입력하기 때문에 눈으로 일일이 보지 않고 수치적으로 데이터를 분석할 수 있다.

또한 샤르팍은 전자들이 금속선까지 도달하는 시간을 측정하여 입자의 위치를 알 수 있는 드리프트 상자도 개발했다. 이들 검출기는 이후 거의 모든 입자물리 실험에 사용되었으며, 특히 J/Ψ 입자와 무거운 매개입자 W, Z를 발견하는 데 공헌했다.

샤르팍은 이 공로로 1992년에 노벨 물리학상을 수상했다. 그의 수상 제목은 「고에너지 입자 측정 계측기 발명」이다.

샤르팍의 검출기 개발의 중요성은 거품상자의 문제점을 보완하여 입자물리실험뿐 아니라 많은 다른 분야 기술의 발전을 촉진했다는 점이다. 그가 개발한 검출기만 갖고 있으면 소위 후술하는 입자가속기가 없더라도 방사성 원소나 우주선 등을 사용하여 어느 정도의 입자물리 실험을 할 수 있다.

「입자물리학의 기본도구인 검출기 개량」, 김선기, 과학동아, 1992. 11

학자들은 자신이 수행하는 연구의 결과를 얻기 위해 어느 경우에는 군인보다도 더 용감한 행동을 한다. 그 단적인 예가 오스트리아의 헤스(Victor Franz Hess)이다.

1910년 불프는 감마 광선의 근원으로부터 300m 이상 높은 곳의 공기 속의 이온화는 300m 이상 수평으로 떨어진 곳의 이온화보다도 더 크다는 것을 발견했다. 이것은 그 원인이 우주에서 기원할지도 모른다는 것을 암시했다.

헤스는 불프의 의견을 기초로 1911년부터 1923년까지 이온화 검출기를 실은 채로 연구를 할 수 있는 기구를 제작했다. 이 검출기는 에너지를 가진 입자들이 보통은 중성인 원자들을 자유 전자와 양전하를 가진 나머지로 분리할 때 생기는 이온화의 세기를 측정하는 것이다. 그는 지구 표면에서도 일정한 비율로 이온화가 일어나는 것을 발견했다. 그것은 투과력이 강한 방사선의 존재를 나타냈다. 그러나 그것은 지구의 방사능 붕괴로부터 나오는 것이 아니었다. 헤스는 높은 곳으로 올라갈수록 이 새 방사선의 힘이 강해지므로 그것이 외부 우주로부터 온다고 확신했다. 그것이 우주선(宇宙線)이다.

헤스는 기구로 500m 상공까지 올라가 우주선을 관찰했다. 당시 비행기의 상승한도가 고작 3,000~4,000m임을 감안하면 대단한 모험이었다. 그는 결국 방사능 물질로 인해 1934년에 엄지손가락을 절단해야 했지만 위험한 연구를 게을리 하지 않았다.

헤스의 우주선에 관한 연구는 천체 물리학의 발전과 우주 역사를 규명하는 데 중요한 기여를 했고, 그 공적으로 그는 1936년에 노벨 물리학상을 받았다. 위험을 무릅쓴 헤스의 연구가 모든 학자들로부터 칭찬을 받은 것은 아니지만 과학자들의 희생정신이 작은 것이 아니라는 것을 보여 주었다.

가속기를 만들자

학자들의 욕심, 즉 연구의욕은 한정이 없다. 안개상자나 거품상자나 문제점은 목적하는 입자의 존재 여부를 우주선이라고 하는 '자연'에게만 의존하기 때문에 필요한 때에 포착할 수 없다는 점이다. 안개상자나 기포상자로 수만, 수십만 장의 사진을 찍는다고 해도 반드시 필요한 입자가 찍혀 있으리라는 보장은 없는 것이다. 그럴 바에야 차라리 자신이 입자를 만들어 내자고 하는 야심이 학자들에게 생기는 것은 당연한 일이다. 이것은 '수렵에서 농경으로의 변환'과 마찬가지이다. 이제 실험 장치는 전혀 다른 차원으로 발전한다.

디랙은 반전자, 즉 양전자뿐만 아니라 반양성자의 존재도 예측했다. 학자들은 반양성자를 찾기 위해서 직접 그 존재를 확인할 수 있는 장치를 만들어보자는 생각을 하기 시작했다.

그러나 어떤 입자를 만들 때 에너지양은 그 입자의 질량에 비례한다. 양성자는 전자보다 1,836배 무거우므로 반양성자를 만들 때 필요한 에너지는 양전자를 만들 때 필요한 에너지보다 1,836배나 더 필요하다.

1928년 러더퍼드의 실험실에서 일하던 영국인 물리학자 코크로프트(Sir John Douglas Cockcroft)와 월턴(Ernest Thomas Sinton Walton)은 전압 증폭기를 개발하였다. 이 장치는 전위를 충분히 올릴 수 있어서 대전된 양성자가 40만eV(1eV는 1V의 전위를 가진 전기장에서 전자가 가속될 때 얻을 수 있는 에너지이다)에너지를 가질 수 있을 만큼 가속시킬 수 있다. 코크로프트와 월턴은 이 장치로 양성자를 가속시켜 헬륨의 핵을 깰 수 있었다.

이것은 그들이 인류 과학사에 있어 다음 4가지의 획기적인 실험을 했다는 것을 뜻한다. 첫째는 인류 사상 처음으로 핵을 인간의 통제하에 둘 수 있다는 것을 확인했으며, 둘째는 매 반응에 있어 많은 양의 핵에너지를

유카와 히데키(좌)와 코크로프(우) |

방출할 수 있게 했다는 점이다. 셋째는 아인슈타인이 이론화시킨 질량과 에너지는 상호교환적이라는 이론을 증명했고 마지막으로 가모프(George Anthony Gamow)의 이론대로 전하들의 반발력에도 불구하고 핵 내부에 들어갈 수 있다는 것을 확인했다. 코크로프트와 월턴은 이 공로로 1951년 노벨 물리학상을 받았으며 그들이 개발한 장치는 현재 런던 남부 켄싱턴의 과학 박물관에 전시되어 있다.

어떻게 전자를 가속할 수 있느냐는 우리 일상생활에 가장 밀접한 TV에도 부착되어 있는 전자총(electron gun)으로도 설명할 수 있다. TV 브라운관에 있는 전자총이 바로 전자 가속 장치이다. 전자총은 필라멘트와 금속원통 두 부분으로 구성되어 있다. 이 둘은 1cm 정도 떨어져 고정되어 있다. 직류 전원이 필라멘트의 음극과 금속원통의 양극에 연결되어 있고, 이 둘 사이에는 15,000V 정도의 전압이 걸린다. 전류가 통하면 가열된 필라멘트로부터 많은 열전자가 튀어 나가는데 이 열전자가 음전기를 갖고 있으므로 양극에 쉽게 흡인되면서 양극을 향해 가속도 운동을 한다.

열전자가 양극에 도달할 때의 속도는 광속의 20%에 달하며 대부분의 열전자는 원통 안을 통과하여 반대쪽으로 튀어 나간다. 전자를 고속으로 가속하는 방법도 이 전자총과 원리가 같다. 전자총으로 가속하는 방법을 같은 전자에 여러 번 되풀이하면 되는 것이다.

코크로프트와 월턴만 이러한 가속기를 개발하고 있었던 것은 아니다. 미국인 물리학자 그래프(R. van de Graff)는 양성자에서 전자를 분리시킨 뒤 움직이는 벨트를 이용하여 8백만V까지 전위를 높일 수 있었다. 이 정전기 발생기는 양성자가 24MeV(MeV는 1백만eV)의 에너지를 가질 수 있도록 가속시킬 수 있다.

이와 같은 가속기들이 선형 가속기인데 원래 이 가속기의 아이디어는 1928년 노르웨이 출신 공학자인 위데로에가 독일에서 개발한 것이다. 선형 가속기는 일직선상에 가속 전극을 배열한 것으로 높은 가속 에너지를 얻기 위해서는 가속 전극을 늘리기만 하면 된다. 전극에는 입자가 통과할 때 가속 방향으로 전압이 걸리도록 고주파 전원이 사용된다. 문제는 가속기의 길이가 에너지에 비례하여 무한정으로 길어야 한다는 점이다. 우리나라 포항가속기가 선형가속기로 전자를 20억eV까지 가속시킬 수 있다.

그러므로 선형 가속기의 단점을 보완할 수 있는 원형 가속기의 아이디어가 태어났다. 원형 가속기는 전자석으로 하전 입자를 원운동시켜 일정한 장소에 놓인 가속 전극으로 반복하여 가속하는 것이다. 고에너지 입자는 거의 광속도이어서 1초에 약 10만 번 정도 회전하므로 효율적으로 가속 전극을 사용할 수 있다.

원형 가속기는 캘리포니아대학의 로렌스(Ernest Orlando Lawrence)가 개발했다. 입자는 원주의 반을 돌 때마다 교류 전기장에 의해 가속되며, 교류의 주파수를 조절하는 것은 어려운 일이 아니다. 이 획기적인 장치를 '사이클로트론' 또는 '입자가속기'라고도 부른다. 입자가속기란 아원자 입자를 가속시킨 다음에 여러 가지 표적에 충돌시키는 장치이다. 이런 방법으로 물리학자들은 원자와 원자핵 내부를 연구할 수 있다. 로렌스는 원자핵을 다른 원자핵과 충돌시키면 어떻게 될까 하는 의문을 가졌다.

로렌스는 어느 날 저녁 대학 도서관에서 논문을 뒤적이다가 우연히 독일어로 쓰여진 위데로에의 논문에 실려 있는 그림을 보고 아이디어를 얻었다고 술회했다. 선형가속기의 문제점은 높은 에너지를 얻기 위해서 길게 설치해야 하는데 연구실 안에 설치하기에는 너무나 길었다. 좀 더 소형으로 만들 궁리 끝에 긴 직선을 나선 형태로 돌돌 말면 충분히 작게 만들 수 있을 것이라는 데 착안해 속이 빈 D 모양의 2개의 반원통을 마주보게 하고 원통 사이에 전압을 걸어줘 입자를 가속시키고 2개의 전자석을 원통 위와 아래에 설치해 입자가 통 안에서 회전하도록 고안했다.⚜

로렌스가 처음 만든 것은 지름이 30cm도 안 되었지만 양성자를 1.25MeV에 가까울 정도로 가속시킬 수 있었다(제작비는 350달러였다). 1939년에는 지름 5m의 자석을 이용하여 30MeV를 만들었다. 20MeV 정도면 보통의 방사성 물질에서 방출되는 알파입자가 가질 수 있는 최대 속도보다 2배 큰 것이다.

1939년에 로렌스는 사이클로트론으로 노벨 물리학상을 받았다. 그는 1941년에는 인간이 만든 최초의 우주선(96MeV의 탄소 이온 광선)을 공개적으로 발표했으며 제2차 세계대전 중에는 원자폭탄의 제조에 깊숙이 관계했는데 심지어는 '살인광선'을 만들었다는 소문까지 날 정도였다.⚜⚜

거대해지는 가속기 경쟁

사이클로트론 자체만으로는 입자를 20MeV 이상 가속시킬 수 없다는 단점이 있다. 아인슈타인의 상대성이론에 의해 예측된 대로 입자의 속력

⚜ 「달러덩어리 가속기 왜 필요했나」, 최영일, 과학동아, 2000. 8

⚜⚜ 「사이언스 오딧세이」, 찰스 플라워스, 가람기획, 1998

이 빨라지면 그에 따라 입자의 질량도 커지는 효과가 나타나기 때문이다.

| 유럽 CERN의 싱크로트론 | 싱크로트론은 사이클로트론을 개선한 것으로 입자가 전기장에 의해 가속될수록 자기장의 크기도 함께 증가시킨다.

소련의 물리학자 벡슬러와 미국의 화학자 맥밀런(Edwin Mattison Mcmillan)은 이러한 결점을 보완하기 위한 방법으로 입자의 질량이 증가함에 따라 속력이 늦추어지는 만큼 전기장의 극을 천천히 바꾸는 것을 제안했다. 이것을 '위상 안정 가속 방식'이라고 하며 이렇게 사이클로트론의 단점을 보완한 것을 '싱크로트론(synchrotron)'이라고 한다.

싱크로트론은 입자가 전기장에 의해 가속될수록 자기장의 크기도 함께 증가시킨다. 이때 입자는 주어진 궤도의 진공관 안에서만 회전한다. 싱크로트론은 링 주위에 많은 자석을 설치해 입자를 가속시키는데, 입자가 가속돼 에너지가 커지더라도 일정한 회전 반경을 유지할 수 있도록 자기장을 변화시켜 준다. 그러면 링 주위의 몇 군데에서 전기장이 발생돼 입자가 계속 가속된다.

가속을 위해 링으로 들어오는 입자들은 각각 서로 다른 경로를 갖고 있다. 시간이 지나면서 이 입자들은 링 중앙의 궤도로부터 점점 더 벗어나 결국 빔을 집속시키는 장치로 자석을 이용한다. 이때 빔 파이프는 운동 중의 입자가 다른 기체 입자와 충돌할 가능성을 최소화하기 위해 초진공 상태로 유지한다.

그들은 이런 원리를 이용하여 1946년에 양성자를 200~400MeV의 에너지까지 가속시킬 수 있었다. 맥밀런은 넵투늄과 플루토늄의 발견으로 1951년 노벨 화학상을 수상했다.

현재 1.8조eV의 총 에너지를 내는 페르미연구소의 가속기는 싱크로트론의 일종이다. 이 가속기는 양성자와 반양성자를 9천억eV까지 가속시킨다. 링의 반지름은 약 1km이다.♰

이렇게 가속기가 발전되자 학자들은 전자를 가속시키는 일에 주목했다. 전자는 질량이 작기 때문에 원자의 구조를 깨트리는 데 사용하려면 훨씬 빠른 속도로 가속시켜야 한다. 결국 수많은 검토 끝에 사이클로트론으로는 전자를 가속시키는 데 부적합하다는 결론이 내려졌다.

1940년 미국의 물리학자 커스트는 전자의 질량이 증가함에 따라 전기장의 세기를 증가시키는 장치를 고안했으며 이를 '베타트론' 이라고 한다. 베타트론은 전자를 340MeV까지 가속시킬 수 있다. 곧바로 '전자 싱크로트론' 이 개발되어 전자의 에너지를 1,000MeV(BeV)까지 끌어올릴 수 있었다.

1952년 미국의 브룩헤이븐 국립 연구소에서는 2~3BeV까지 가속시킬 수 있었는데 이 숫치는 우주선과 같은 정도의 에너지이므로 '코스모트론' 이라고도 부른다. 곧바로 5~6BeV의 에너지까지 입자를 가속시킬 수 있는 '베바트론' 이 개발되었으며 소련에서는 1957년에 10BeV까지 가속할 수 있는 '페소트론' 을 만들었다.

그러나 이런 경쟁에 쐐기를 박을 수 있는 새로운 유형의 가속기, 즉 '강력 집중식 싱크로트론' 이 개발된다. 베타트론 같은 가속기의 한계는 한 줄기가 되어 날아가던 입자가 통로를 통과함에 따라 통로의 벽으로 흩어져 버리는 것인데 새로운 유형의 가속기는 입자들을 아주 가는 한 줄기로 모을 수 있도록 자기장의 형상을 바꾸어 주는 것이다. 이 방식을 사용하면 입자의 에너지는 15배나 증가하지만 필요한 자석의 크기는 절반으로

♰ 「달러덩어리 가속기 왜 필요했나」, 최영일, 과학동아, 2000. 8

| 베바트론 |
1954년에 가동되기 시작한 로렌스 버크리연구소의 베바트론. 이 장치를 1955년에 이용하여 반양성자를 발견했다.

줄일 수 있다.

이것이 유럽 12개국 협의체인 유럽 원자핵위원회(CERN)에서 23BeV까지 에너지를 끌어올릴 수 있었던 초양성자싱크로트론(SPS)이다. SPA는 3초마다 100억 개의 양성자가 포함된 펄스를 내보낼 수 있다. SPS를 이용하여 루비아(Carlo Rubbia)와 메르(Simon Van Der Meer)는 1983년에 약력을 매개하는 W보존과 Z보존을 발견했으며 1984년에 노벨 물리학상을 받았다.

한편 가속기에서는 가속 에너지와 마찬가지로 빔의 세기가 중요하다. 입사한 입자를 될 수 있는 대로 높은 효율로 높은 에너지까지 가속할 수 있는가가 중요한 과제인 것이다. 중심 궤도에서 조금 벗어난 입자를 원래의 궤도에 되돌리는 데는 복원력이 필요하며 자기장 렌즈가 사용된다. 초기의 싱크로트론에서는 강한 렌즈 작용을 가진 것은 사용되지 않았고, 수평면과 수직면에서 동시에 수속(收束) 작용을 갖는 자기장 분포가 이용되었다. 미묘한 자기장을 조정하는 방법이 개발되었는데, 이 경우 수속 작용이 약하므로 약수렴법이라고 한다.

1952년에 브룩헤이븐에서 E. 쿠란 등에 의해 획기적인 강수렴법이 개발된다. 이 방법을 사용하면 초점 거리가 짧은 강한 렌즈를 사용할 수 있으므로 빔의 단면적을 작게 유지할 수 있어 가속기의 전자석 단면적을 작게 만들 수 있다. 사실상 이 발명이 20세기 후반의 비약적인 가속기 기술을 가능케 하고 소립자 물리학 분야에서의 진전을 갖고 온 원동력이다.

그러나 이 원리는 학자들의 예상과는 달리 노벨상을 받지 못했다. 학자들은 그 이유로 1950년에 그리스의 전기 기술자인 크리스토피로스가 특허 신청했기 때문으로 추측하지만 확인될 성질은 아니다.

여기에서도 경쟁이 붙었다. 제2차 세계대전이 끝나자 유럽의 유능한 많은 인력들이 신대륙인 미국으로 이주했다. 이로 인해 유럽에서는 고급두뇌 고갈 현상이 심하게 나타났고, 이 문제를 해결하기 위해 CERN이 발족했다. 한편 미국에서도 CERN보다 더 좋은 여건에서 연구가 가능하도록 지원을 아끼지 않았다. 이것이 바로 시카고 근처의 페르미연구소에 있는 테바트론이다.

양자빔은 전류이므로 이것을 원궤도로 달리게 하려면 자기장이 필요하다. 필요한 자기장의 강도가 4만 5천 가우스로 초전도자석을 사용하지 않으면 안 된다. 또한 궁극의 고에너지 입자는 거대 사이클로트론으로밖에는 출현되지 않으므로 원통의 길이가 매우 길어지게 된다. 테바트론은 4°K까지 냉각된 니오브의 합금으로 만들어진 초전도 자석을 이용한 초충돌장치이다.

테바트론이라는 이름은 1,000BeV의 에너지까지 얻을 수 있으므로 1조를 뜻하는 트릴리온에서 T를 따와 명명한 것이다. 테바트론의 지름은 약 2km에 달하며, 양성자 또는 반양성자를 0.9TeV까지 가속시킬 수 있으므로 양성자와 반양성자를 서로 다른 방향에서 가속해 충돌시키면 그 중심에서는 1.8TeV에 이른다.

20억 달러 투자로 끝내자

가속기 경쟁에 불이 붙자 미국은 20TeV를 얻을 수 있는 SSC가속기(Superconducting Super Collider)를 계획한다. 이 계획은 1987년 레이건 대통령에 의해 승인되고 1989년 SSC 연구소가 발족되었다. 이것은 페르미 연구소의 테바트론에 비해 충돌 에너지가 20배나 크다. 장소는 텍사스주 달라스 근교의 왁새하치지이며 주링의 둘레가 87km이다. SSC가 탐구하는 극미의 세계는 원자의 반지름이 약 1억 분의 1cm 크기의 다시 10억 분의 1 이하이다. 그 거리를 아메바의 크기에 비유하면 1cm의 구슬이 태양계의 크기에 해당한다. 그러나 1993년 10월 미국 의회는 이미 20억 달러가 투입된 이 프로젝트를 경제적인 이유로 백지화해 버렸다.

무려 20억 달러를 이미 투입한 상태에서 프로젝트 자체를 중단한다는 것은 그야말로 대단한 결단이 아니면 결정할 수 없는 일이다. 이와 같은 결정이 내려진 이유는 총 예산이 100억 달러를 상회하기 때문이다.

대형 가속기의 건설이 수포로 돌아갔다고 학자들이 연구를 중단할 수는 없는 일이다. 그러므로 갑자기 예전에 폐기되었던 선형가속기가 재등장한다. 아주 높은 에너지에서는 선형가속기가 원형가속기보다 유리한 점이 있기 때문이다. 즉 전자가 직선 위에서 가속되는 경우에는 에너지의 손실이 없기 때문에 선형가속기는 강력하게 전자를 가속시킬 수 있는 것이다. 스탠포드대학에서는 3.2km에 달하는 선형가속기를 제작하여 45BeV까지 에너지를 끌어 올렸다.

이와 같이 선형가속기가 각광을 다시 받는 것은 테바트론과 같은 거대한 입자가속기가 아닌 베바트론 규모만으로도 반양성자를 만들 수 있었기 때문이다. 1955년에 체임벌린(Owen Chamberlain)과 세그레(Emilio Gino Segre)는 6.2BeV의 양성자로 구리에 연속해서 충격을 가함으로써

60개의 반양성자를 얻을 수 있었다. 반양성자 존재에 대해 확인할 수 있었던 것은 반양성자가 원자핵을 형성함으로써 생기는 폭발성 붕괴를 발견했기 때문이다. 체임벌린과 세그레는 자기적으로 분리된 광선에서 3만 개 입자들 중 하나는 반양성자임을 밝힌 것이다. 이 업적으로 그들은 1959년에 노벨 물리학상을 받았다.

스탠포드대학의 프리드먼(Jerome I. Friedman), 캔들(Henry W. Kendall), 테일러(Richard E. Taylor)는 양성자의 내부구조를 밝히기 위해 선형가속기를 가동시켰다. 이들은 양성자를 뚫고 들어갈 만큼 강력한 에너지를 가진 전자로 액체 수소를 때려 보았다. 양성자가 한 가지 물질로만 되어 있다면 충돌한 전자의 방향은 크게 바뀌지 않을 것으로 예측했으나 양성자 안에 다른 입자가 들어 있는 듯한 모습을 보이는 전자를 포착했다. 이 입자가 바로 소립자로 1969년에 노벨 물리학상을 받은 머레이 겔만(Murray Gell-Mann)이 예언한 쿼크(quark)였다.

겔만은 26세 때 8개 국어를 유창하게 구사했으며 칼텍의 물리학 정교수가 된 천재 중에 천재였다. 겔만은 대부분의 물질 입자들이 쿼크라고 그가 이름 붙인 기본 입자들로 이루어져 있어야 한다고 주장했다. 그는 쿼크에게 여섯 가지 색을 부여했는데, 그 색의 이름은 각각 업, 다운, 참, 스트레인지, 바텀, 톱이다. 예를 들면 양성자는 다운 쿼크 한 개와 업 쿼크 두 개로 이루어진다.

이 입자는 아주 이상한 성질을 갖고 있는데 전자나 양성자가 전하의 기본 단위인 -1과 +1을 가진다면 이들이 3개의 쿼크로 이루어진다면 1/3, 2/3 등 분수로 표시되는 전하를 갖고 있어야 한다. 전통과학자들은 분수 단위의 전하가 존재한다는 사실을 믿지 않았다. 그러나 가속기에서 얻은 새로운 데이터들은 양성자와 중성자 내부에 산란 효과를 일으키는 강한 중심부들이 존재한다는 사실을 발견했고 이 결과를 보고 대부분의 아원

자 입자들의 중심에는 정말로 쿼크들이 존재한다고 확신하게 되었다.[✤]

그들 세 명은 모두 1990년에 노벨 물리학상을 받았다.

세 명 중에서 스탠퍼드대학의 리처드 테일러는 고등학교 졸업장이 없다. 라틴어 등 어학 부문에서 낙제점을 받았기 때문이다. 캐나다 출신인 그는 1940년대 캐나다의 교육 시스템으로 따지면 '지진아' 였던 셈이다.

그가 고등학교 졸업장도 없이 앨버타대학에 들어갈 수 있었던 것은 라틴어와 독일어 등 어학에는 재능이 없었지만 과학에 재능을 보이자 조건부 입학을 허가했다. 그가 좋아하는 화학 대신 물리학을 택한 것은 14세 때 실험실에서 약품을 섞어 실험하다 폭발 사고를 당해 왼쪽손가락 세 개를 잃었기 때문이다.

"손가락 세 개가 없어지고 오른손 팔뚝엔 유리 파편이 박히고 얼굴은 온통 피투성이였죠. 어머니는 마음 아파하셨지만, 이후 저는 화학자 대신 물리학자의 길을 걷게 됐습니다."

손가락을 잃어 화학 대신 물리학을 전공하여 노벨상을 탄 그에게 기자가 쿼크를 평생 연구한 이유를 묻자 그는 간단하게 "원자핵이 어떻게 생겼는지 너무 알고 싶은 궁금증 때문이었지요"라고 대답했다. "쿼크가 왜 중요한가?"라는 질문에는 다음과 같이 대답했다.

"쿼크가 향후 인류 과학에 어느 정도 영향을 미칠 것인지는 나의 살아생전에 볼 수 없을지도 모릅니다. 그러나 쿼크가 30년 또는 50년 뒤에 인류 과학에 지대한 영향을 미칠 수 있기를 기대할 뿐입니다."

그는 1930년대에 펠릭스 블로흐 박사가 MRI(핵자기 공명 영상법)의 기본이 되는 자기공명(NMR?Nuclear Magnetic Resonance)을 발견한 점을 상기시켰다. 당시 스탠퍼드대학에서 기초 과학을 연구하던 블로흐는 자기

✤ 『사이언스 오딧세이』, 찰스 플라워스, 가람기획, 1998

공명이 무엇에 쓰일지 전혀 알지 못했다는 것이다. 나중에 자기공명이 MRI로 발전했고, 1950년대에는 볼 수 없었던 뇌종양을 오늘날 MRI로 쉽게 발견할 수 있게 되었는데 "쿼크도 언젠가는 인류 발전에 유용하게 쓰일 것"이라고 말했다.

특히 그가 쿼크를 연구한 이론학자로 성공할 수 있었던 것은 거액을 들여 실험기기를 완성시켜 놓고 변변한 실험 결과를 얻지 못했지만 학교와 정부가 인내를 갖고 지켜봐 주었기 때문이라고 말했다. 또한 후배 과학자들에게 "자신과 같은 궁금증을 갖고 계속 연구하는 것이야말로 학문에서 성공할 수 있는 길이다"라고 주장했다.⚘⚘

또한 레더만(Leon M. Lederman)은 페르미연구소의 가속기를 사용하여 프사이 입자보다 세 배 무겁고 새로운 쿼크쌍으로 만들어진 것으로 보이는 복합 입자 엡실론(현재는 바텀 쿼크라고 불림)을 발견했다. 그는 뉴트리노도 여러 개 있다는 것을 밝혀 동료인 슈바르츠(Melvin Schwartz), 스타인버거(Jack Steinberger)와 함께 1988년에 노벨 물리학상을 수상했다.

무슨 도움이 되나

독자들 중에는 실생활에 전혀 도움이 안 되는 새로운 입자를 찾아내는데 왜 노벨상이라는 명예를 안겨 주느냐고 반문하는 사람도 있을 것이다.

과학자들이 이와 같은 가속기 개발에 총력을 쏟으며 궁극적인 입자 확인에 열을 올리는 것은 태초의 우주와 물리학의 기본 현상을 규명할 수 있다고 생각하기 때문이다. 인간이 더 큰 에너지를 만들어 낼수록 태초에 어떠한 일이 있었던가를 추리해 내기가 쉬워지며 이에 따라 우주에 대해 좀 더 많은 것을 알 수 있다. 이 단원은 김제완 교수의 글에서 많은 부분

⚘⚘ 「어학 못해 고교 못 나온 노벨상 수상자」, 최우석, 조선일보, 2004. 10. 17

을 참조했다.

지구를 포함하는 이 우주는 우리가 살고 있는 곳이다. 그러므로 우주를 잘 알게 된다는 것은 결국 인간을 잘 알게 되는 것과도 같다. 그리고 그런 연구를 위해서는 연구를 가능하게 하는 장비가 있어야 함을 잊어서는 안 된다.

물론 가속기를 통해 얻을 지식은 기초 과학에 대한 것들이고 이것은 직접적으로 우리의 일상생활을 편리하거나 윤택하게 만들어주는 것은 아니다. 그러나 역사를 보면 자연에 대한 근본적 이해가 인류 발전에 큰 공헌을 했음을 알 수 있다.

물리학을 포함한 기초 과학의 발달이 200년 전에 산업혁명을 가져왔다. 전 세계를 작은 지구촌으로 만든 정보혁명도 19세기 말과 20세기 초에 이루어진 상대성이론, 양자역학 등 기초과학의 응용에서 비롯된 것이다.

'TV' 장에서 설명한 TV도 지난날 원자와 원자핵 구조를 연구하기 위해 개발되었던 원리들을 이용한 일종의 입자가속기라 할 수 있다.

최근에 비약적으로 발전하고 있는 의학 연구와 치료법도 입자가속기에서 나온 방법들이 응용되고 있다. 기초과학의 발전이 중요함을 이해할 수 있을 것이다.

입자가속기는 다음과 같은 연구로 원천적인 미지세계에 대해 알려줄 수 있다는 데 큰 의의가 있다. 첫째는 전자, 양전자, 양성자, 반양성자들을 가속시킬 수 있다는 점이다. 둘째는 입자를 가속시켜 얻을 수 있는 최대의 에너지가 얼마인지를 확인할 수 있다는 점이다. 셋째는 전자건 양성자건 충돌시키는 입자들의 충돌이 얼마나 빈번히 일어나는가를 알아내는 루미노시티(luninocity)를 확인할 수 있다는 점이다. 발생확률이 아주 작은 현상들을 연구하기 위해서 높은 루미노시티의 가속기가 필요함은 물론이다.

입자가속기가 만들어지기 전에는 우주선(cosmic ray)에 의한 실험을 통해서 많은 입자들을 발견했다. 핵 내에 여러 개의 양성자와 중성자가 있을 경우 전자기적 상호작용으로 생각하면 같은 전하끼리 서로 밀치므로 핵의 자연 붕괴를 생각할 수밖에 없으나 실제로는 전자기적 붕괴현상을 발견할 수 없다. 이유는 강한 상호작용에 의해 핵자들이 서로 강하게 결합되어 있기 때문이다.

그런데 1950년대 베바트론 가속기가 가동되자 무수히 많은 강입자들을 발견할 수 있었다. 이런 결과로 모든 강입자들이 쿼크로 이루어졌다는 이론이 나오게 되었다. 이후 전자기적 상호작용과 약한 상호작용을 통합한 전자기, 약력 상호작용의 매개체인 W와 Zo 입자들을 발견했다. 이러한 발견의 결과로 '빅뱅' 장에서 설명하는 우주모형을 기술할 수 있게 된 것이다.⚜

과학이 발전하면 가속기 제조에 대한 응용기술도 발전하기 마련이다.

근래 가속기를 이용하여 핵발전소를 건설하는 연구도 추진되고 있다.

가속기를 이용한 핵발전은 핵폐기물이 생기지 않기 때문이다.

가속기를 이용한 원자력발전의 개념은 단순하다. 모든 핵발전은 핵분열에 의해 에너지가 발생하는데 이를 통제하면 원자로가 되고 통제하지 않고 순간적으로 폭발하도록 설계하면 핵폭탄이 된다. 기존 원자로에서는 중성자가 원자로 내부에 일어나는 핵반응 과정에서 생기며 이의 생성을 통제하는 것이 관건이었다.

새로운 개념의 원자로는 이 중성자를 원자로 밖에서 가속기를 이용하여 만든다. 그러므로 원자로에 이상이 생길 경우 가속기를 중단하기만 하면 사고의 위험성이 사라진다. 또한 중성자 발생률도 가속기의 경우 원자로에 비해 10배 이상이므로 기존의 원자로에서 나온 사용후핵연료도 새로운 원자로에서 다시 태워 소멸시킬 수 있다. 미국과 일본 등 선진국에서

⚜ 「입자물리학의 기본도구인 검출기 개량」, 김선기, 과학동아, 1992. 11

1954년에 포항공대에 존공된 방사광 가속기
방사광 가속기로는 세계 5위 안에 드는 이 가속기를 이용한 연구로 조만간 우리나라 과학도 중에서도 노벨상 수상자가 나올 것으로 기대된다.

가속기를 이용한 원전 건설에 주목하는 것은 이러한 이유 때문이다.

한편 한국도 가속기로는 세계 5위 안에 드는 방사광 가속기를 1994년에 준공했다. 포항대학교에 준공된 제3세대형 방사광 가속기는 전체 20만 평 부지에 1,500여 억 원을 들여 완공된 것이다. 이것은 선형가속기로서 길이 150m로 42개의 가속관과 11대의 고주파 출력관으로 구성되어 있는데 전자 에너지는 20억eV에 달하며 광속의 99.999997%까지 가속할 수 있다. 이는 빛의 속도에 비해 매초 약 10m 늦게 달리는 속도이다.

선형기속기에서 가속된 전자빔이 96m의 빔전송관을 지나 저장링에 입사되며, 저장링 주위 280m를 원형궤도를 따라 돌게 된다. 이때 궤도가 휘어지는 곳에서 방사광이 방출되는데, 저장링에서 나오는 방사광은 언듈레이터에 의해 전자가 여러 번 휘게 되어 더욱 세고 밝은 방사광으로 방출된다. 이 저장링에서 나오는 방사광은 빔라인을 통하여 콘크리트 차폐벽 밖의 실험공간으로 인출된다. 이곳에는 원하는 파장을 선택할 수 있는 단색 분광기를 비롯하여 실험에 필요한 여러 장비들이 구비되어 있다.

방사광 가속기는 종전의 광원에 비해 백만 배 이상 밝은 빛으로 자외선,

X선을 망라하는 넓은 파장 영역에서 원하는 파장의 빛을 마음대로 선택해서 각종 실험에 이용할 수 있다. 또한 단백질들의 분자 배열들과 같은 미세구조를 규명하여 그 기능과의 상관 관계를 파악할 수 있으며 세포핵 내의 중요 부분인 세포분열 증식, DNA와 RNA의 구조, 바이러스 등의 구조도 파악할 수 있다. 특히 방사광을 이용하여 효소의 구조 결정 및 활성 중심의 역할을 규명함으로써 신약품, 세제, 식품 등과 같은 제품들을 개발할 수 있다. 그뿐만이 아니다. 가속기 제작을 위해서는 초진공 기술, 초정밀 가공기술, 초정밀 전자석 및 전원 공급 기술, 고주파 관련 기술 등이 개발되어야 하는데 이 기술은 반도체 제조나 통신 장비, 자기부상열차 개발 등에 적용할 수 있다.

물론 포항 방사광 가속기는 지금까지 설명된 양성자 가속기는 아니다. 그러나 그 적용 분야가 광범위하기 때문에, 조만간 이 가속기를 이용하여 연구한 우리나라 과학도 중에 노벨상 수상자가 나올 것으로 기대된다.

원자현미경

Scanning Probe Microscope

나노과학을 연 제3세대 현미경 중 하나인
주사터널링현미경(Scanning Tunneling Microscope, STM)이며
개개의 원자를 볼 수 있으므로 '원자현미경'이라고도 부른다.
STM의 해상도는 0.001nm이다. 과거의 전자현미경으로는
희미했던 원자 하나하나를 선명하게 볼 수 있는 정도였다.
1986년 비니히와 로러는 STM 개발의 공로로 노벨 물리학상을 수상한다.
그러나 최초의 원자현미경인 STM은 탐침과 시료 사이에 전류가 흘러야 하기 때문에
부도체인 시료는 영상을 얻을 수 없는 단점이 있었다.

– 본문 중 –

원자현미경

필자가 프랑스에서 유학중일 때였다. 하루는 한 프랑스인이 찾아와 다짜고짜 자기 집으로 가자며 다급하게 잡아끌었다. 영문을 몰라 무슨 일로 그러느냐고 물었더니 동양사람 특히 한국사람들은 모두 침을 잘 놓는다는 소문을 들었다며 아들이 운동하다가 다쳤으니 침을 놓아달라는 것이었다. 어이가 없어 침을 놓을 줄 모른다고 하자 그는 아주 낙담한 표정으로 돌아갔다.

요즘 서양인들은 조그만 바늘이 보여주는 침술의 신비한 능력에 크게 매료되어 있다. 운동을 하다가 다리나 손을 삐었을 때 서양 의사들은 깁스를 해주고 2~3달 치료하는 것이 보통인데 조그마한 침을 며칠만 맞으면 감쪽같이 낳는 경우가 적지 않으니 놀라지 않을 수 없었던 것이다. 이는 서양 의학과 동양 의학의 차이점을 단적으로 보여준 예라 할 수 있다.

지난 1994년 한약 조제권 문제로 약사와 한의사 간에 일었던 '한약분쟁' 은 서양 의학과 동양 의학이 근본적으로 다른 원리에서 출발하고 있기 때문에 일어난 분쟁이라고 해도 과언이 아니다. 두 분야 중 어느 분야가 낫다고 단정하기 어려울 정도로 각자의 주장이 설득력을 갖고 있었음은 물론이다.

서양 의학과 우리 의학

서양에서는 기원전 3세기 헬레니즘시대의 알렉산드리아에서부터 인체 해부가 시작되었다고 알려져 있다. 당시에 이미 몇몇 의학자들은 내장기관을 포함하여 뇌와 신경계통에 이르기까지 상당한 해부학적 지식을 가지고 있었고, 고대의학을 집대성한 갈레노스도 이러한 해부학적 지식에 바탕을 둔 인체에 관한 종합적인 이론체계를 수립할 수 있었다.

현대 과학을 실질적으로 이끈 서양사의 맥락에서 볼 때 의학의 혁명은 보통 윌리엄 하비(1576~1657)가 혈액의 순환을 처음으로 발견한 사건을 시발점으로 삼는다. 그는 심장을 자세히 관찰한 후 다음과 같은 결과를 얻었다.

> ① 심장이 이완할 때 크기가 가장 크고 이때 가슴을 쳐서 박동을 느낄 수 있다.
> ② 심장을 손에 놓고 만져보면 심장이 수축할 때 더 딱딱한데 이는 근육이 긴장해서다. 그리고 심장이 움직이면 창백한 빛깔을 띠고 정지하면 선홍색으로 바뀐다.

하비는 자신의 관찰을 근거로 심장이 수축할 때 벽이 두꺼워지고 심신은 작아져 피가 방출된다는 결론을 내렸다. 즉 심장이 주로 하는 일은 피를 끌어들이는 것이 아니라 수축하면서 피를 밖으로 내보내는 일이었다. 이어서 동맥을 관찰한 하비는 동맥의 팽창과 심장의 수축이 동시에 일어나는 것을 발견했다. 하비는 심장이 수축하면서 동맥에 피가 공급된다는 결론을 내렸다.[†]

† 「하비의 피의 순환 실험」, 주일우, 과학동아, 2005. 6

「심장과 피의 운동에 대하여」라는 논문을 발표하여 그 전까지 많은 사

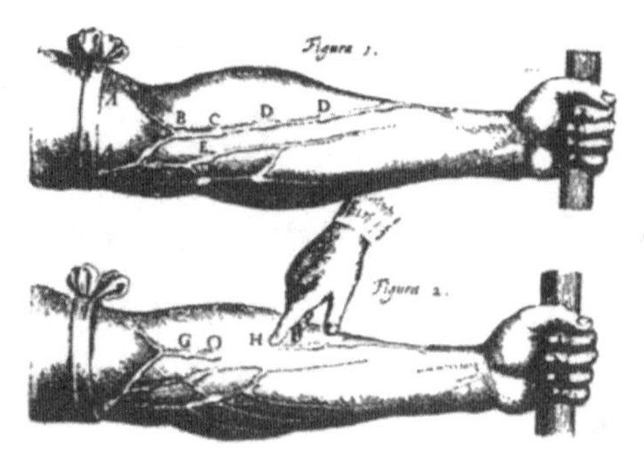

현대 의학의 선구자 윌리엄 하비
윌리엄 하비는 혈관을 통해 혈액을 외부에서 공급하는 것이 가능하다고 생각했다. 오른쪽 그림은 하비의 「심장과 혈액의 운동」에 실린 삽화이다.

람들이 생각했던 것과는 달리 피가 심장에서 온몸으로 뿜어져 나갔다가 다시 심장으로 돌아온다는 사실을 처음으로 주장했다.

윌리엄 하비 이전까지는 피가 간에서 새어 나와 알려지지 않은 힘에 의해 몸속으로 이동한다고 믿었다. 그러나 하비는 양의 목 동맥을 잘라서 피가 솟아나오는 모습을 보고 피가 간에서 '새어나오는' 것이 아니라는 것을 알았다. 하비는 동물과 인간의 한시도 쉬지 않는 근육 덩어리, 즉 심장이 이 역할을 담당하는 것도 발견했다.

하비는 죽은 사람의 심장을 해부해서 심장에 약 3/4*dl*(작은 컵 한잔 분량)의 피가 담길 수 있다는 것을 확인했다. 심장은 수축할 때마다 70cm³의 피를 몸으로 밀어 보내며 1분에 보통 70번에서 80번 박동한다. 이를 단순 계산법으로 적용하면 1분에 5 *l* 의 피, 1시간에 300l가 넘는 피를 내보낸다는 놀라운 결과를 얻을 수 있다. 이 수치는 성인 남자 몸무게의 2배에 해당하는 양으로 인간의 몸이 이렇게 많은 피를 매일 생산한다는 것은 상상할 수 없는 일이었다. 이 사실을 근거로 하비는 피가 연속적으로 순환한다는 결론을 내렸다.

하비는 자신의 생각을 사람들에게 인식시킬 수 있는 실험을 고안했다. 이 실험이 유명한 끈으로 팔뚝을 묶는 실험이다. 우선 하비는 마르고 정맥이 굵은 사람을 골랐다. 그중에서도 운동한 뒤 몸의 말단으로 가는 피가 많고 맥박이 강한 사람을 다시 추렸다. 그런 다음에 이렇게 선택된 사람의 팔뚝을 끈으로 묶었는데, 이때 가능한 한 세게 묶으면 묶은 부위 아래에는 어느 곳에서도 맥박이 느껴지지 않았다. 시간이 조금 흐르자 피의 공급이 중단된 손은 차갑게 식었다.

묶은 끈을 약간 느슨하게 조절하면 정맥이 부풀어 오르고 묶은 부위 아래의 동맥은 위축됐다. 묶은 부위 위쪽으로 정맥을 따라 피가 흐르지 않는 것이다. 이런 현상이 관찰되는 이유는 정맥은 피부에 가깝게 있고 동맥은 피부에서 멀리, 깊숙이 자리 잡고 있기 때문이라고 주일우 박사는 적었다.⚘

1600년대 영국과 이탈리아에서 가장 흥미롭고 빠르게 발전한 기술은 펌프였다. 따라서 혈액의 순환에 대해 연구하던 하비가 동물의 심장을 당시 광산에서 사용하던 펌프와 같다고 생각한 것은 자연스러운 일이다.⚘⚘

인체란 다름 아닌 펌프로 생명을 이어가야 하는 일종의 기계 장치와 비슷하다는 것이었다. 기계가 고장이 나면 고장 난 부분만 고치면 된다. 보다 철저한 치료 지식을 얻기 위해서는 죽은 사람을 절개하고 장기 관찰을 통하여 어느 부분이 고장 났는지를 파악하는 것이 차후에 같은 병을 앓는 병자를 치료하는 최선의 방법이라고 보았다.

서양의 현대 의학은 바로 이런 전제 아래 크게 발달했다. 간단하게 말해서 각종 질병은 인체를 보다 정확히 파악한 후 과학이 만들어내는 인공적인 약품을 사용하면 치료가 된다고 생각했다. 질병의 원인을 국소적인 것으로 생각하였으므로 치료제도 질병이 있는 부분에만 적합한 것을 찾는데 주력했다. 그 결과 한 가지 질병을 치료하는 과정에서 엉뚱하게 다른 질병에 걸릴 위험성이 항상 존재했다.

반면에 전통 한의학은 인간을 기계로 보지 않고 인간이 본래 갖고 있는 기(氣)를 중요시하여 기가 빠진 사람은 비록 살아 있다 해도 죽은 사람으

⚘ 「하비의 피의 순환 실험」, 주일우, 과학동아, 2005. 6

⚘⚘ 『일렉트릭 유니버스』, 데이비드 보더니스, 생각의 나무, 2005

로 취급했다. 특히 죽은 사람은 기가 빠진 사람이므로 기가 빠진 사람의 육체는 기가 충만한 사람들과는 기본적으로 다르다고 생각했다. 한마디로 장기도 죽은 사람의 것과 살아 있는 사람의 것이 다르다고 본다. 동양 의학으로 볼 때 죽은 사람을 절개하고 해부하여 장기를 들여다본들 그곳에서 얻는 지식은 아무런 소용이 없었다.

동양 의학은 서양처럼 자연을 극복하고 이겨내는 것에 가치를 두기보다 자연에 동화되고 순응하는 것을 중요시했다. 냇물이 흘러 강물이 되고 강물이 흘러서 바다로 가듯이 우리 인체도 입으로 들어온 음식물이 소화기를 거치고 다시 장을 거쳐 항문으로 배출되는 순차적인 과정이 잘 이루어지면 아무 문제도 생기지 않는다고 여겼다. 더구나 경험을 중요시하여 시행착오를 거치면서 발전한 것이 한의학으로, 조화를 제일로 중시했다. 우주를 음양오행의 원리로 파악하였던 것처럼, 우리의 몸을 작은 우주로 보아 음양의 편차가 없이 균등할 때 건강하다고 보았다. 부족하지도 넘치지도 않는 조화를 이룰 때 인체가 건강할 수 있다고 믿었던 것이다.

여기에서 동양 의학이 좋으냐 서양 의학이 더 좋으냐를 비교하는 것은 의미가 없다. 양약은 무조건 나쁘며 한약이 무조건 좋다는 것도 아니다. 양약이 탁월한 효과를 보는 분야는 양약을 사용하고 한약이 효과를 얻을 수 있는 분야는 한약을 사용하는 것이 바람직하다. 그런 면에서 한국 사람은 외국 사람들보다 행복한 편이다. 외국인들이 접근하기 어려운 한의학을 가까이 두고 있기 때문이다.

눈에 보이지 않는 생물이 있다

서양 의학은 일반적으로 특정 질병에 걸릴 경우 그 병을 치료할 수 있는 약이나 수술 등 치료 방법을 찾는 것이라고 볼 수 있다. 그런데 양약의 장점이라고 볼 수 있는 특정 질병에 맞는 특정 약을 사용하는 것이 좋다는 결론에 도달하기 위해서는 그 질병에 대한 지식이 쌓여 있어야 한다. 전 세계에 있는 많은 학자들이 신종 질병이 태어날 때마다 신약 개발에 총력전을 벌이는 것도 그 때문이다.

사실상 예로부터 사람들은 질병에 걸리지 않고 장수하면서, 자식을 많이 낳는 것을 행복한 삶이라고 생각했다. 여기에 '남부럽지 않게 쓸 수 있는 재산이 있으면 더 좋다'는 것은 두 말할 필요도 없다. 그러나 가장 중요한 것을 한 가지만을 꼽으라면 아마도 거의 모두 건강을 선택할 것이다. 재산은 모두 잃어도 다시 찾을 수 있지만 한 번 망친 건강은 다시 되돌릴 수 없다는 것을 모르는 사람은 없기 때문이다. 이 말은 병에 걸리지 않는 것이 상책이라는 뜻이다.

그러나 불행하게도 사는 동안 한 번도 병에 걸리지 않는 사람은 거의 없다. 한의학에 따르면 기가 원활치 않아 생긴 것이지만 환자의 입장에서는 기를 충만하게 회복하기 위해 오랜 시간을 소비하는 것보다는 자신이 걸린 병을 곧바로 치료하는 약이야말로 고맙지 않을 수 없다.

그러나 수없는 병을 곧바로 낳게 만드는 특효약이 마법사의 주문처럼 간단하게 만들어지는 것은 아니다. 여기서 인간의 장점이 나타난다.

원하는 특효약을 개발하는 과정이 단순하지 않고 수많은 실패와 좌절을 겪어야 하지만 이를 자신의 직분이자 천직이라고 생각하는 사람들이 나타나는 것이다.

특정 질병에 대한 약의 효용이 검증되면서 인간은 보다 원대한 꿈을 꾼다. 어떤 질병이 발생했을 때 단 한 번의 복용으로 질병을 완치시키는 약을 개발하는 것이다. 물론 단 하나의 약으로 여러 가지 질병을 치료할 수 있다면 금상첨화가 아닐 수 없다. 인간이 이런 꿈을 포기할 리 만무다.

근래 인간에게 질병을 안기는 요인은 고대인들이 상상할 수 없을 정도로 다양하다. 그러나 인간이 이런 결론에 이르기까지의 과정을 거슬러 올라가면 300여 년 전의 조그마한 사건으로부터 시작한다. 그것은 현미경의 발명이었다. 3백 년 전만해도 인간은 눈에 보이지도 않는 미생물이 존재한다고 생각하지 않았으며 그들이 질병을 일으킨다고는 더더욱 생각하지 않았다.

현미경이라는 기상천외한 물건이 개발된 후 눈으로는 볼 수 없는 미생물에 대한 정보가 쌓이기 시작했다. 그것은 질병을 일으키는 미생물에 대한 연구가 되기도 하고 미생물에 대한 퇴치방안 연구의 시작이기도 하다. 사실상 현대 의학은 미생물의 사냥으로부터 시작했다고 해도 과언이 아니며 이들을 토대로 '마법의 탄환'이라는 개념이 인간의 머릿속에 자리잡기 시작했다.

미생물이 보인다

17세기만 해도 작은 곤충이 가장 작은 생명체로 알려져 있었다. 그 당시에는 너무 작아서 보이지 않는 생명체는 있을 수 없다고 생각했다.

네덜란드의 안톤 반 레벤후크(Antonie van Leeuwenhoek)는 확대경이라고 볼 수 있는 현미경을 발명하고 웅덩이에 고인 물방울 속에서 맨눈으로는 볼 수 없는 작은 생명체를 최초로 관찰하여 인간들이 모르는 새롭고 신비로운 세계가 있음을 확인했다.

그의 작은 현미경이 인간에게 얼마나 큰 혜택을 주었는지는 말하지 않아도 짐작할 수 있을 것이다. 레벤후크가 현미경을 발명할 당시의 유럽인들은 미신에서 벗어나려는 움직임도 거의 없었고 자신의 무지함을 부끄

| 뢰벤후크 |

러워하지도 않았다. 미카엘 세르베투스는 죽은 사람의 시신을 해부했다가 화형에 처해졌고, 갈릴레오 갈릴레이는 천동설이 아닌 지동설을 주장하다가 종교재판에 처해져 영원히 입을 다물겠다고 선서했을 정도였다.

이 글을 위해 수많은 사람들의 자료를 참조하였으며 그중에서도 폴 드 크루이프의 글을 많이 인용했다.

레벤후크는 네덜란드의 델포트의 매우 유복한 가정의 아들로 태어났다. 아버지는 네덜란드에서 매우 존경을 받는 양조업을 했지만 레벤후크는 열여섯 살 때 암스테르담에 있는 포목상의 견습생이 되었고 스물한 살 때 결혼하고 자기 소유의 포목점을 열었다.

그로부터 20년 동안의 생애는 잘 알려져 있지 않지만 두 명의 부인이 있었고 몇 명의 자녀가 있었으나 대부분 사망했다고 한다. 그동안 그는 델포트 시청의 관리가 되었고 어떤 계기가 있었는지 모르지만 안경 제조업자로부터 렌즈 연마에 대한 기본 원리를 배웠다.

그는 렌즈 연마에 대한 기본 원리를 파악하고 난 뒤 당대에 최고의 기술로 만들어진 선배들의 렌즈에 만족하지 않았다. 자신이 최고의 렌즈 기술자가 되지 않으면 한시도 가만히 있지 못하는 성질을 갖고 있었다. 사람들은 그러한 레벤후크를 약간은 미친 사람으로 여겼을 정도이다.

그는 주변 사람들이 자신을 비웃는 것에 구애받지 않고 렌즈 연마기술

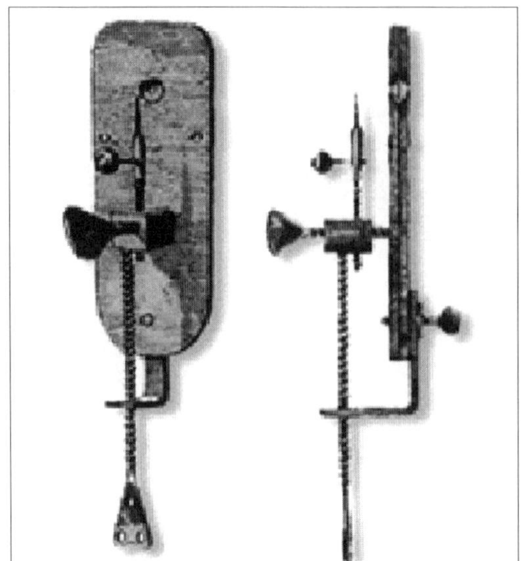

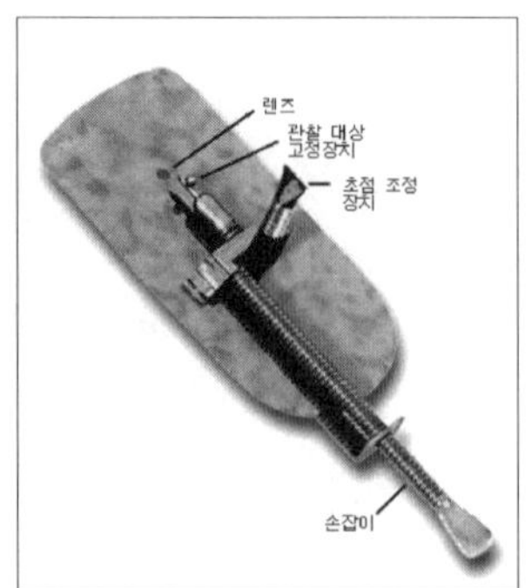

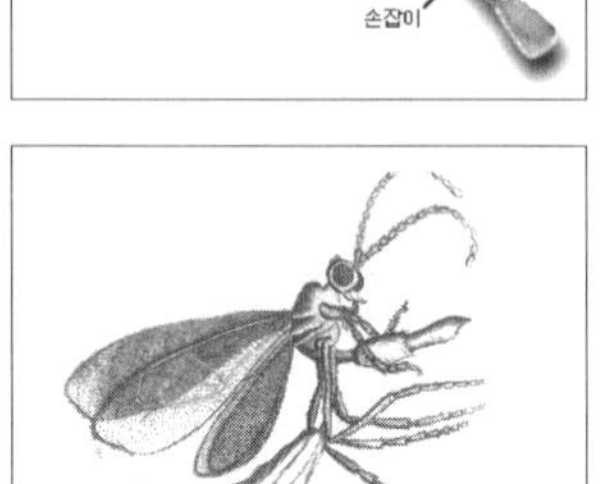

| 뢰벤후크 현미경 |
레벤후크가 현미경을 통해 보고 그린 모기

을 익혀 드디어 두께가 30mm가 되는 렌즈를 만드는 데 성공했다. 그는 렌즈를 만들고 난 후 이웃 사람들의 조롱에 대해 이렇게 말했다.

"그 사람들은 잘 모르니까 제가 그들을 용서해야죠."

그는 자신이 만든 현미경으로 그때까지 어느 누구도 보지 못하던 세계를 혼자서 보았다. 현미경을 조작하면서 그는 가느다란 곤충의 털이 거대하고 거친 통나무로 변신하는 것을 보았다. 조그마한 파리의 머리가 어떻게 생겼는지 그 뚜렷한 세부구조를 보고 불가사의한 세계가 있다고 인식했다.

더욱이 레벤후크는 어떤 사람보다도 의심이 많은 사람이었다. 자신이 직접 확인한 것도 한두 번 관찰한 것으로는 확신하지 않았다. 당연히 자신이 발견한 것들을 비교 검토하기 위해 더 많은 현미경을 만들어 일일이 확인해야 했다. 그는 수많은 현미경을 만들었는데 놀랍게도 그 숫자는 무려 400여 개가 된다. 현미경의 확대율은 40~270배 정도로 그다지 나쁜 성능은 아니었다.

그가 얼마나 신중한 사람인지는 그의 말로도 알 수 있다.

> "현미경으로 처음 관찰하는 사람들은 지금은 이것을, 다음에는 저것을 보았다고 말합니다. 노련한 관찰자라도 바보짓을 하기 쉽지요. 저는 하나를 관찰하기 위해 다른 사람들이 생각하는 것보다 훨씬 더 많은 시간을 썼습니다. 그렇게 고생해서 무슨 좋은 일이 있느냐고 말하는 사람들도 있지만 저는 그들의 말에 전혀 개의치 않고 이성적인 사람들을 위해서 기록합니다."

그는 중세시대에 머물러 있던 보통 사람들보다는 연구에 관한 한 커다란 이점을 가지고 있었다. 당대 사람의 평균 연령보다 무려 두 배에 가까울 정도로 오랜 나이, 무려 91살까지 살았기 때문이다.

레벤후크는 꿋꿋하게 자신이 발명한 현미경을 통해 모든 사물들의 새로운 세상을 관찰하는 데만 무려 20년을 투입했다. 그런데 놀라운 것은 그동안 단 한 편의 논문도 발표하지 않았고 어느 누구에게도 자신의 업적에 대해 이야기하지 않았다는 점이다.

레벤후크는 20여 년이 지나서야 라이너 드 그라프에게 자신의 연구 결과를 이야기했다. 그는 사람의 난소에서 발견한 것을 〈영국왕립협회〉에 보고함으로써 객원회원이 된 사람이다.

드 그라프는 레벤후크가 보여준 현미경과 그가 연구한 자료들을 보고 충격을 받았다. 그는 서둘러 영국왕립협회에 편지를 보내 레벤후크의 발견에 대해 발표하게 해 달라고 주선했다. 레벤후크는 왕립협회의 발표 요청을 받고 「레벤후크 씨가 만든 현미경으로 관찰한 것 : 곰팡이, 피부, 살,

벌의 침 따위」라는 다소 우스꽝스러운 제목으로 발표하겠다고 대답했다.

| 정자 사진 |
정자를 발견한 레벤후크는 정자 속에 태아의 축소형이 있어 자궁 속에서 껍질을 벗고 그대로 큰다고 믿었다.

네덜란드의 시골 촌뜨기가 영국왕립협회에서 말하는 한마디 한마디는 권위와 도도함으로 악명 높은 영국왕립협회회원들을 부끄럽게 만들었다. 협회는 레벤후크에게 지속적인 연구결과를 발표해 달라고 부탁했고 레벤후크는 그들의 제안을 흔쾌히 받아들여 무려 50여 년간 자신의 연구 결과를 수백 통의 편지로 제출했다.

확인에 철저한 레벤후크

레벤후크는 현미경을 통해서 세상 어디에나 수많은 괴상한 괴물들이 살고 있다는 것을 발견했다. 가장 놀라운 것은 빗물 속에도 괴상한 괴물들이 우글거린다는 것이었다.

그들을 동물이라고 부르기에는 너무나 크기가 작았다. 게다가 빗물 속에서 보이는 동물이 한 종류가 아니라는 점이다. 믿을 수 없을 만큼 작은 다리를 가진 것이 민첩하게 움직이기도 했고 멈추어 서기도 했고 회전하기도 했다.

그는 매우 집념이 강한 사람으로 우선 그 동물들이 얼마나 작은지를 말하기 위해서는 작은 동물들의 크기를 잴 수 있는 자가 있어야 한다고 생각했다. 물론 당시에 그런 자를 만들 수는 없었다. 그는 끊임없는 관찰을 통해 제일 작은 동물은 큰 이의 눈보다 천 배가량 작다고 말했다. 오늘날 과학자들은 그의 관찰이 옳았다고 설명한다. 적어도 천 배 차이가 나는 것을 레벤후크가 정확히 알았다는 것은 레벤후크가 수많은 실험과 검증을 거쳐 확인했다는 것을 증명한다.

레벤후크는 빗물 속에 사는 이상스럽게 생긴 작은 동물들은 도대체 어디에서 온 것일까 하는 의문을 품었다. 하늘에서 떨어진 것인지 땅 속에서 나와 보이지 않게 토기 속으로 들어간 것인지도 모를 일이었다. 아니면 하느님이 갑자기 만든 것일까. 17세기 네덜란드인답게 그는 경건한 신앙심을 갖고 있었다. 그럼에도 불구하고 하느님이 빗물 통에서 살게 하려고 작은 동물들을 만들지는 않았을 것이라고 생각했다. 그는 현미경으로 얻은 지식을 통해 생명체는 생명체에서 온다는 것을 알았다. 그러나 추측은 그에게 금물이었다.

당연히 그 사실을 밝히기 위해 그는 실험을 계속했다. 레벤후크가 얼마나 놀라운 실험을 했는지는 다음 사실로도 알 수 있다.

> 나는 포도주잔을 깨끗하게 씻어서 말린 다음 지붕 아래 홈통 밑에 대고 물을 받았다. 이 물을 현미경으로 보았더니 그곳에 작은 동물들 몇 마리가 헤엄치고 있었다.

레벤후크는 금방 내린 빗물 속에도 작은 동물들이 있다고 생각하면서도 그 동물들이 홈통 속에서 살고 있다가 빗물에 씻겨 내려온 것일 수도 있다고 생각했다. 그래서 안쪽에 파란 유약이 칠해진 커다란 도자기 접시를 깨끗하게 씻은 다음, 비가 내리는 밖으로 나가 접시를 큰 상자 위에 올려

놓았다. 더 깨끗한 물을 받기 위해 첫 번째 빗물은 버린 후 신중하게 관찰했다.

| 훅의 현미경 |
훅은 레벤후크가 제조법을 알려주지 않았지만 현미경을 만들어 결국 레벤후크의 주장이 옳다는 것을 증명했다.

놀랍게도 방금 내린 빗물 속에는 작은 동물이 하나도 없었다. 결론은 그 작은 동물들이 하늘에서 내려온 것이 아니라는 것이다.

그런데 나흘째 되는 날 물 속에는 작은 동물들이 보이기 시작했다. 그는 자신의 눈으로 본 믿기지 않는 사실에 놀랐지만 자신의 상식이 틀렸다고 해서 굴복하는 사람이 아니었다. 더욱이 성질이 급한 사람도 아니었다.

그는 그 이유를 찾기 위해 작은 동물들을 기르는 멋진 방법을 발견한 후 영국왕립학회에 편지를 보냈다.

> 작은 동물 100만 마리를 모래알 하나에 넣을 수 있고 번식이 아주 잘 되는 후추 물 한 방울에는 270만 마리가 넘는 작은 동물들이 있습니다.

레벤후크는 왕립협회 사람들이 작은 동물들의 존재를 믿지 않는다는 것을 알았다. 그것은 레벤후크가 자신이 발명한 현미경을 어느 누구에도 보여주지 않았기 때문이다.

그는 자신의 공적을 비판하는 사람들에게 화가 났지만 자신의 발견이 과장이 아니라는 것을 납득시키기 위해 양보하지 않을 수 없었다. 적어도 학자들에게는 자신이 발명한 작은 현미경을 들여다 볼 수 있는 아량을 베

| 훅이 발견한 세포 |
훅은 코르크의 작은 구멍을 세포라고 불렀다.

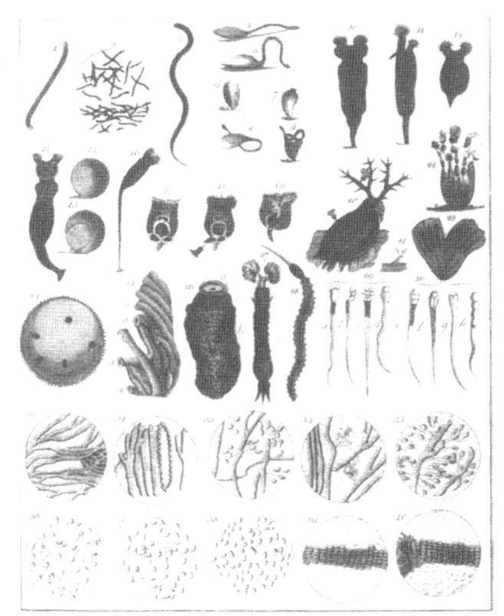

풀었다. 그러나 레벤후크는 사람들이 더 잘 보기 위해서 현미경을 만지기라도 하면 당장 나가라고 호통을 쳤다. 그는 자신이 만든 현미경들을 고가로 판매해 달라는 제안도 거절했다. 다른 사람들이 현미경을 만들 수 없을 거라 생각했지만 그것은 레벤후크의 실수였다. 당대의 과학자들은 현미경의 원리를 유도해낸 후 현미경을 직접 만들기 시작했다. 그중 한 사람이 '훅의 원리'로 유명한 로버트 훅이다. 1677년 로버트 훅은 레벤후크의 거절로 그의 현미경을 보지 못한 상태에서 현미경을 만들었는데 결과적으로 레벤후크의 명성을 높이는 데 기여했다. 로버트 훅의 현미경은 레벤후크가 거짓말을 한 것이 아니라는 것을 증명했기 때문이다. 레벤후크는 왕립협회의 특별회원으로 추대되었다.

레벤후크의 현미경은 유럽의 지식인들을 강타했고 수많은 사람들이 그의 현미경을 보기 위해 델프트까지 여행했다. 러시아의 피터 대제가 그에게 경의를 표했고 수많은 왕후장상들이 그의 현미경을 직접 보기 위해 델프트를 방문했다.

레벤후크의 탐구욕은 끝이 없었다. 그는 작은 물고기의 꼬리를 관찰하여 인류역사상 최초로 동맥에서 정맥으로 연결되는 모세혈관을 관찰했다.

뢰벤후크가 가장 중요한 발견을 한 것은 1683년의 일이다. 그는 살아있는 생명체 가운데 가장 작은 생명체일 수밖에 없는 그 무엇을 발견했다. 박테리아였다. 하지만 270배까지만 확대해서 볼 수 있는 레벤후크의 현미경으로는 이 생명체를 제대로 식별해내는 데 한계가 있었다.⚜

⚜ 『오류와 우연의 역사』, 페터 크뢰닝, 이마고, 2005

더구나 레벤후크는 미생물학자가 아니었다. 그는 미생물들이 사람에게 질병을 일으킨다는 것을 알아내지는 못했다. 그러면서도 보이지 않는 작은 괴물들이 자신들보다 더 큰 생물을 먹어 치우거나 죽일 수 있다는 것은 발견했다.

그는 단 한 명의 제자도 키우지 않은 것으로도 유명하다. 레벤후크는 자신이 제자들을 키우지 않은 이유를 당당하게 고트프리트 빌헬름 폰 라이프니츠에게 밝혔다.

> "저는 한 사람도 가르친 적이 없습니다. 만약 제가 한 사람을 가르치면 다른 사람들도 가르쳐야 할 것이고, 그렇게 되면 저는 예속된 상태가 될 겁니다. 전 자유인으로 남고 싶습니다."

전자현미경

레벤후크에 의해 제1세대 현미경인 광학현미경이 출현하자 세상이 바뀌기 시작했다. 당시까지 상상하지 못했던 미지의 세계가 알려지지 시작했고 이것이 오늘날 생명과학의 기초를 마련해 주었다.

레벤후크가 만든 현미경의 렌즈 크기는 3mm 정도의 작은 것으로 금, 은, 동판에 끼웠지만 최소 50배에서 최고 300배까지의 배율을 가진 획기적인 현미경으로 현대 학자들은 단순현미경에 사용된 고배율렌즈의 심각한 결함인 구면수차를 어떻게 극복했는지 의문을 던질 정도이다.

17세기를 지나면서 생물체 연구에 현미경 사용은 필수가 되었고 19세기 중반에 이르러서는 새로운 현미경 연구의 시대가 열렸다. 이탈리아의 광학자 아미시 교수에 의해 1827년 현미경렌즈에 나타나는 왜곡된 색상을 잡아주는 무색수차 현미경이 발명되었고 1840년에는 유액투입법이 최초로 도입되어 빛의 굴절에 의한 수차를 최소화하는 데 기여했다.

아미시의 광학이론은 독일의 유명한 광학기구 제조가인 자이스로 이어져 1878년 자이스는 무색수차렌즈를 발명했다. 그의 동료인 물리학자 아베는 유리와 굴절계수가 같은 유액을 사용하여 아미시의 투입장치를 향상시켰고, 쇼트는 상의 색 보정을 계산한 아베의 연산을 만족시킬 수 있은 유리가공법을 고안했다. 1886년 최초로 현미경의 구면수차와 색수차를 보정한 무구면수차 – 무색수차 대물렌즈가 완성되었고 20세기 초반 독일의 쾰러가 쾰러현미경 조명 방법을 발명하여 전 세계적으로 보편화시켰다.

그러나 광학현미경이 들여다볼 수 있는 미시 세계는 0.0004mm까지로 제한돼 있다. 이는 빛의 파장보다 더 작은 범위의 영역을 관측할 수 없기 때문이다. 이후 더 작은 세계를 들여다보려는 인간의 노력은 20세기 들어서도 여전히 이어졌다. 그 결과 1933년 광학망원경을 뛰어넘는 제2세대 현미경인 전자현미경이 개발됐다.

전자현미경의 발명은 19세기 말 전자의 발견으로 가능해진 일이다. 질량을 가진 전자의 물질파(de Broglie wave)의 파장은 전자를 가속시킴으로써 쉽게 줄일 수 있다. 가령 10,000V로 가속된 전자는 약 0.01nm ($1nm = 10^{-9}m$)의 파장을 갖는다. 이렇게 가속시킨 전자빔을 물체에 초점을 맞춰 쏘아 물체를 확대시키는 것이다.

전자현미경은 주사전자현미경(Scanning electron microscope)과 투과전자현미경(Transmission electron microscope)의 2종류가 있다.

주사전자현미경은 초점이 잘 맞춰진 전자빔을 물체의 표면에 주사하기 때문에 물체의 겉모양을 입체적으로 관찰할 수 있다. 예를 들어 곤충의 미세구조 확대 사진은 주사전자현미경으로 얻은 것이다. 반면 투과전자

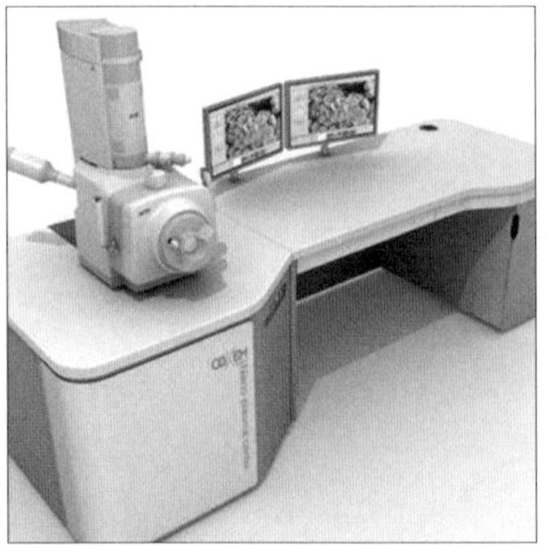

◀ | 주사전자현미경(SEM) |

◀◀ | 투과전자현미경(TEM) |

현미경은 높은 진공 상태에서 가속된 전자빔을 물체를 투과시켜 상을 얻고, 이를 형광판에 비추거나 사진으로 찍어 관찰한다. 따라서 물체의 단면을 볼 수 있다. 예를 들어 세포 내 소기관의 단면도 같은 사진은 바로 투과전자현미경의 작품이다. 투과전자현미경은 빛을 물체에 투과시켜 물체를 관찰하는 광학현미경과 원리가 비슷하다. 그러나 광학현미경이 약 1천 배까지 확대할 수 있는 데 비해 투과전자현미경은 1백만 배 확대 가능하다.

투과전자현미경의 전자총에서 발사된 전자빔은 수백 kV의 전압으로 가속돼 에너지를 얻어 전자렌즈를 통과한다. 전자렌즈는 코일을 감은 자석이다. 코일에 전류를 흘려주면 자기장이 발생하고 이에 따라 전자빔의 방향이 정리돼 평행하게 물체를 투과한다. 전류를 바꾸면 자기장이 변하므로 초점거리나 배율을 조절할 수 있다.

전자현미경의 특징은 가속시킨 전자빔의 에너지가 높을수록 초점을 작게 만들 수 있어 해상도가 높아진다는 점이다. 가속전압이 2백 kV 정도인 일반 투과전자현미경은 0.2nm 크기까지 구별할 수 있는 분해능을 가진다. 한국의 〈기초과학지원연구원〉에 설치된 초고전압투과전자현미경은 전자를 1천 kV 이상의 초고전압으로 가속시켜 0.12nm 크기도 구별할 수 있다. 원자 간 간격이 보통 0.1~0.2nm이므로 초고전압투과전자현미경을 이용하면 원자 하나하나까지도 알아볼 수 있다.[⚘]

그러나 전자현미경이 나노세계를 들여다보는 도구는 되지만 현재의 나노과학을 열었다고 말하기 어렵다. 실제로 직접 DNA(수nm 두께)를 보여준 것은 전자현미경이지만 이것도 이전에 밝혀진 DNA 구조를 확인해주었을 뿐이다. 이후 DNA 연구에 획기적인 도움이 되지는 못했다. 이유는 전자현미경을 사용한 DNA 연구에 몇 가지 제약이 따랐기 때문이다.

우선 전자현미경으로 보려면 내부가 진공상태여야 하기 때문에 DNA에 있는 수분을 모두 날려 보내야 한다. 그런 후 DNA를 기판 위에 움직이지 못하도록 고정시킨다. 이는 더 이상 DNA를 생명체의 일부분으로 보기 어려운 상태다. 따라서 전자현미경이 제아무리 높은 해상도의 DNA 구조를 보여준다 해도 생명현상이 인위적으로 멈춰진 상태에서의 관찰은 한계를 가질 수밖에 없었다.

그러므로 의학이나 생물학 분야에서 관찰용으로 사용되는 전자현미경보다 더 획기적인 새로운 장치가 요구되었다. 현미경을 다루려면 1953년 노벨상위원회가 노벨 물리학상 수상자로 선정한 프리츠 제르니케(Frits Zernike, 1888~1966)를 반드시 설명할 필요가 있다. 그는 위상 차이를 이용해 광학현미경을 개량한 공로를 인정받아 노벨 물리학상 수상의 영광을 안았고 현재도 금속공학 분야에서는 그의 현미경을 쓰고 있다.

그런데 그의 수상은 노벨 물리학상 이래 가장 업적이 뚜렷하지 않은 물리학상 수상자 순위에서 3번째로 선정되었다. 그의 수상이 노벨상의 명예를 훼손시킬 정도의 평가를 받는 것은 그가 개발한 장치 때문에 특별히 발견된 자연과학의 원리도 없고 그 뒤에 개발되는 현미경들에 비해 업적이 미미하기 때문이다. 물론 오랜 세월이 흐르고 나면 과거의 업적이 퇴색하는 경향이 있으므로 제르니케의 선정도 당대에는 어느 정도 공이 인

[⚘] 「4층 높이 전자현미경 대덕에 등장」, 임소형, 과학동아, 2004. 4

정되었기 때문이라고 두둔하는 학자들도 있지만 이곳에서는 더 이상 설명하지 않는다.⚘

원자현미경

1982년 스위스 취리히 근처 뤼실리콘이라는 자그마한 마을에 있는 IBM의 유럽 연구소에서 게르트 비니히와 하인리히 로러는 자신들이 직접 만든, 아주 날카로운 바늘 침이 달린 새로운 장치로 실리콘의 표면 영상을 측정하고 있었다.

이들의 연구는 '컴퓨터와 반도체' 장에서 설명한 '터널' 이라는 양자현상을 이용한 장비로 물질의 표면 영상을 찍는 것이다. '터널' 현상이란 바닥에 놓인 뚜껑 없는 상자에 탁구공을 넣어두었는데 이 탁구공이 상자 바닥에서 슬슬 굴러다니다가 스스로 밖으로 나올 수 있다는 현상을 말한다. 상식적으로 상자의 옆면에 구멍이 나지 않는 한 결코 이러한 일은 벌어질 리 없지만 양자역학이 지배하는 나노세계의 입자는 상자 밖으로 나올 수 있다.

비니히와 로러는 몇 개의 원자로 구성된 텅스텐 탐침을 금속 물질 표면에 근접시키고, 이 둘에 전압을 걸어주는 장치를 만들었다. 탐침과 금속 사이의 거리가 수 nm이면 터널링 현상에 의해 전자가 이를 뛰어넘을 수 있다. 즉 전류가 흐른다는 뜻이다.

전류는 탐침과 물질 사이의 거리가 짧아질수록 지수적으로 커진다. 탐침을 시료표면 위로 0.1nm만큼 더 가까이 가져가면, 터널링 전류는 10배 늘어난다. 만약 터널링 전류를 일정한 값으로 유지시킨다면, 탐침과 물질 사이의 거리는 일정하게 된다. 이런 상태에서 탐침을 표면 위에서 움직이

⚘ 「상대론 빠진 수상 그래도 아인슈타인 최고」, 김제완, 과학동아, 2001. 11

세계 최초의 원자현미경을 개발한 하이니 로러(좌)와 거드비니히(우)

면 탐침은 표면의 미세한 윤곽에 따라 위아래로 움직이게 된다. 이 탐침의 미세한 움직임을 측정하면 원자 수준으로 물질의 정체가 드러난다.

이것이 바로 나노과학을 연 제3세대 현미경 중 하나인 주사터널링현미경(Scanning Tunneling Microscope, STM)이며 개개의 원자를 볼 수 있으므로 '원자현미경'이라고도 부른다. STM의 해상도는 0.001nm이다. 과거의 전자현미경으로는 희미했던 원자 하나하나를 선명하게 볼 수 있는 정도였다. 1986년 비니히와 로러는 STM 개발의 공로로 노벨 물리학상을 수상한다. 그러나 최초의 원자현미경인 STM은 탐침과 시료 사이에 전류가 흘러야 하기 때문에 부도체인 시료는 영상을 얻을 수 없는 단점이 있었다. 이 문제점을 해결한 사람도 비니히이다.

비니히는 1987년 미국 스탠포드대학에서 1년간 연구하면서 전도성이 없는 물질의 영상을 얻을 수 있는 아이디어를 구상했다. 시료의 원자와 탐침의 원자 사이의 힘을 이용한다는 것이다.

STM과 마찬가지로 탐침을 물체의 표면에 근접시키면 이들 간의 거리에 따라 끌어당기거나 밀치는 힘이 작용한다. 탐침을 캔틸레버라고 불리는 다이빙보드처럼 잘 휘는 물체에 붙이면 탐침의 원자와 시료의 원자 사이에 작용하는 힘에 의하여 캔틸레버가 쉽게 휜다. 이는 캔틸레버의 휜 정도를 알아내면 시료의 윤곽을 파악할 수 있다는 뜻으로 이때 휜 정도를 캔틸레버에 레이저를 쏘아서 반사되는 각도를 통해 측정할 수 있다는 아이디어이다. 이처럼 탐침을 이용해 표면을 더듬는 방식으로 표면윤곽에 대한 정보를 얻는 제3세대 현미경을 '주사탐침현미경' (Scanning Probe Microscope, SPM)이라고 부른다. 개개의 원자를 볼 수 있어 '원자현미경' 이라는 다른 표현도 있다. 하지만 최초의 원자현미경인 STM은 탐침과 시료 사이에 전류가 흘러야 하기 때문에 부도체인 시료는 영상을 얻을 수 없다.

비니히 박사는 시료의 원자와 탐침의 원자 사이의 힘을 이용하는 아이디어를 구상했다.

STM과 마찬가지로 탐침을 물체의 표면에 근접시키면 이들 간의 거리에 따라 끌어당기거나 밀치는 힘이 작용한다. 탐침을 캔틸레버라고 불리는 다이빙보드처럼 잘 휘는 물체에 붙이면 탐침의 원자와 시료의 원자 사이에 작용하는 힘에 의하여 캔틸레버가 쉽게 휜다. 만약 캔틸레버의 휜 정도를 알아내면, 시료의 윤곽을 파악할 수 있다. 이때 휜 정도는 캔틸레버에 레이저를 쏘아서 반사되는 각도를 통해 측정한다.

바로 이것이 STM과 더불어 대표적인 SPM인 원자력간현미경(Atomic Force Microscope, AFM)이다. AFM은 터널링 현상에 의한 전류 대신 원자와 원자 간에 미치는 힘을 조절하기 때문에 세라믹과 같은 물체뿐만 아니라, 세포와 같이 부드러운 물체에도 사용이 가능하다.

SPM(Scanning Probe Microscope)이 전자현미경보다 탁월한 기능을 보이는 것은 전자현미경은 단지 표면의 2차원 영상을 보여주지만 SPM은 탐침을 위와 아래, 앞과 뒤, 그리고 양옆으로 이동시키기 때문에 한 번에 물체 표면의 3차원 정보를 알 수 있다는 점이다.

또한 전자현미경의 경우 전자빔이 시료까지 도달하고, 측정해야 하는 전자가 다시 전자 검출기까지 도달해야 하기 때문에 측정을 위해서는 시료와 전자총, 그리고 전자 검출기 사이에 방해가 되는 기체분자가 거의 없는 진공상태가 확보돼야 한다. 그러나 SPM은 진공과 대기 중에서 모두 가능하다. 심지어 액체 속에서도 측정이 가능하다.

아울러 측정에 의한 시료의 손상이나 변화가 매우 작다는 장점도 있다.

전자현미경은 수십만-수백만 V의 전압으로 가속된 전자를 이용하기 때문에 측정과 동시에 시료가 쉽게 영향을 받는다. 그러나 AFM은 겨우 원자 몇 개 사이의 매우 작은 크기의 상호작용을 이용하기 때문에 거의 손상 없이 측정이 가능하다.

그러나 무엇보다도 SPM의 가장 큰 장점은 물질을 관측한다는 수동적인 현미경을 뛰어넘는다는 데 있다. SPM은 탐침으로 시료표면의 원자를 들어올리거나 원하는 위치로 옮길 수 있다. 이를 통해 특정한 구조나 모양을 만들 수도 있다. 따라서 과학자들은 SPM으로 상상 속에서나 가능했던 구조를 직접 만들어서 어떤 물리적인 현상을 보이는지 동시에 관찰할 수 있게 됐다. 여인환 박사는 SPM은 초소형 로봇이라고 설명했다.†

나노과학과의 연계

현대 과학의 경이로움은 지난 한 세기 동안 마이크론의 세계(1㎛ = 10^{-6}m)까지 정복했다는 점이다. 그 결과 현재 최첨단 펜티엄 칩 속에 있는 트랜지스터는 소자 하나의 크기가 불과 수 분의 1㎛에 지나지 않는다.

전자산업이 보다 발전하면 현재 우리가 쓰는 전자소자의 크기는 단지 몇 개의 원자 크기로, 즉 나노미터(1nm = 10^{-9}m)로 줄어들 것으로 예측하며 마이크론 디바이스는 나노 디바이스로 변경될 것으로 예측한다. 이 단원은 김필립 박사의 글에서 많이 인용했다.

학자들은 디바이스의 최소 소자 크기가 광학적 한계인 수백nm 이하가 되면 기존의 반도체공정의 광학적 방법은 더 이상 적용되기가 어렵다고

† 「원자 주무르는 초소형 로봇」, 여인환, 과학동아, 2001. 10

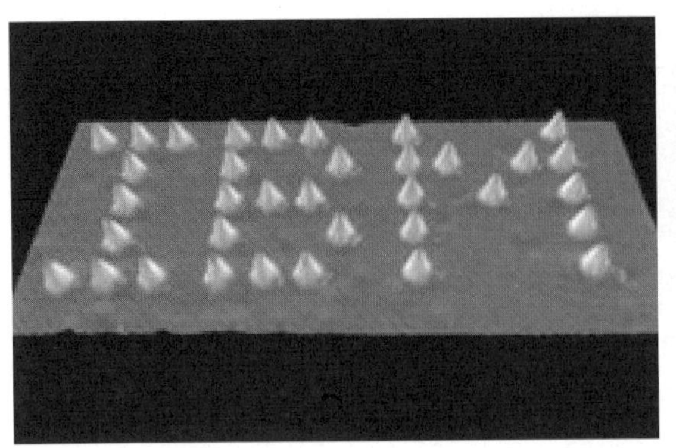

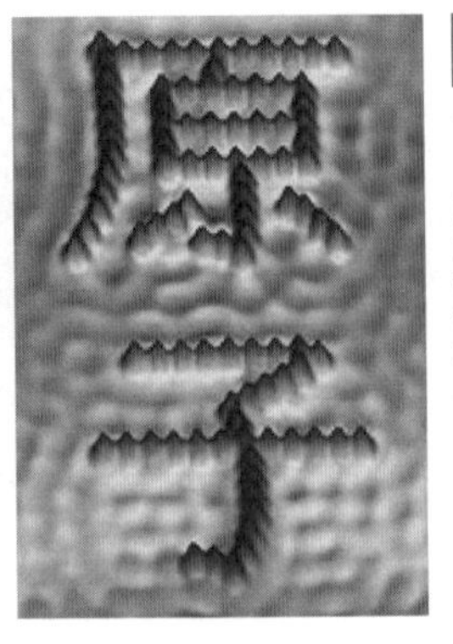

구리표면에 철원자 111개로 쓴 '원자'
◀

원자로 쓴 글씨 IBM
1990년 아이글러는 원자 하나 하나를 옮겨 'IBM'이란 글씨를 썼다. 이는 SPM을 이용한 리소그래피의 한 획을 그었다.
◀◀

예상하고 있었다. 그런데 마침 SPM이라는 획기적인 무기가 개발된 것이다. 현재 거의 매일 언론에서 다루고 있다시피 하고 있는 나노결정, 나노튜브와 같은 나노물질을 이용한 실험적인 디바이스 제작도 SPM이 개발되었기 때문에 가능한 일이다. SPM이 나노 디바이스 제작에서 가장 중요하게 적용되는 역할은 나노세계를 들여다볼 수 있다는 것이다. 어두운 방안에 갑자기 정전이 돼 캄캄해져 더 이상 사물을 보기 어려울 경우, 우리는 하는 수 없이 손으로 더듬어서 길을 찾아 나아가야 한다. 나노세계에서도 마찬가지의 일이 일어난다.

아무리 정밀한 렌즈를 가진 현미경이라도 빛을 이용해서는 수백nm 이하의 작은 물체를 보기 불가능하지만 SPM을 이용하면 날카로운 탐침으로 더듬어 사물의 모양을 파악한다.

SPM이 나노 디바이스 제작에서 차지하는 두 번째 역할은 나노구조를 조작하는 도구로 쓰인다는 점이다. 이 경우 표면의 윤곽구조를 얻는 이미징과는 반대로, SPM 탐침과 시료의 상호작용하는 힘을 증가시킨다. 그러면 시료 표면을 조작하거나 변화시켜 나노구조 자체를 만드는 일이 가능하다. 미국 IBM연구소에 있는 아이글러 박사는 STM을 이용해 단결정 구리 표면 위에서 철원자를 하나씩 하나씩 조작해 원하는 곳에 배열해 양자울타리라고 불리는 새로운 나노구조를 만들어냈다.

한국의 김필립 박사도 하바드대학에서 STM 탐침에 순간적으로 큰 전압을 걸어 발생한 강력한 전기장을 이용, 층층이 쌓여 있는 단결정 표면의 원자들을 한 번에 움직여 원래 물질과 다른 구조를 가진 단지 한 장의 원자평면을 만드는 데 성공했다.

IBM연구소 아보리스 박사는 AFM으로 탄소나노튜브를 반도체 표면에서 움직여 새로운 나노 디바이스를 만들어냈다. 네덜란드 델프트대학 데커 교수와 코넬대학 맥퀸 교수도 각각 STM과 AFM 탐침에 전압을 걸어서 나노튜브 다발을 끊어낼 수 있는 기술을 개발했다.

학자들이 가장 주목하는 것은 『세상을 바꾼 노벨상(화학편)』의 '플러렌' 장에서 설명되는 탄소나노튜브의 개발이다.

탄소나노튜브가 많은 나노 과학자들로부터 주목받은 이유는 그 독특한 전기적인 성질과 기계적인 성질에 있다. 탄소나노튜브는 원자배열 구조의 섬세한 변화에 따라 도체도, 반도체도 되는 전기적인 성질을 갖고 있다. 또한 기계적으로 튜브벽 탄소 원자 간의 강한 공유결합에 의해 인장강도가 매우 큰 장점이 있다. 이와 함께 마치 플라스틱으로 만든 빨대처럼, 외부에서 힘을 주면 부러지는 대신 휘어지고, 많은 힘을 가해 꺾더라도 힘을 제거하면 다시 원상으로 되돌아오는 마술 같은 성질을 지녔다.

스탠퍼드대학의 다이 박사는 탄소나노튜브를 AFM 탐침 끝에 붙이는 데 성공했다. 기존의 AFM 탐침이 약 30nm 정도의 분해능을 가진 반면, 나노튜브를 사용한 AFM의 경우 그 분해능이 5nm 이하로 달성될 수 있을 뿐 아니라, 오래 사용할 경우에도 쉽게 부러지거나 닳아 없어지지 않는 장점도 있다. 기능이 향상된 이 같은 AFM은 즉각 많은 나노과학자에 의해 널리 이용되고 있다.

나노튜브의 응용은 단지 AFM의 해상도 향상에만 그치지 않고 있다. 혹연의 공유결합과 같은 화학적 결합구조를 화학적 처리에 의해 나노튜브

끝의 화학적 성질을 바꿀 수 있다. 만약 끝이 화학적으로 변형된 나노튜브를 AFM 탐침으로 사용하면, 표면의 윤곽구조와 더불어 표면의 국소적인 화학적 구조까지도 측정하는 것이 가능해지는 것이다.

김필립 박사는 하나의 탐침 대신에 2개의 나노탐침을 이용한 새로운 SPM을 고안했고 이를 나노집게(nanotweezers)라 명명했다. 이 나노집게로 수백nm의 나노구조를 조작하는 데 성공했다. 앞으로 세계를 바꿀 나노과학은 SPM에 의해 그 진가를 발휘하고 있는 셈이다.[†]

홍승훈 박사는 AFM을 이용한 새로운 리소그래피 기술을 고안하여 '나노펜 기술(dip-pen nanolithography)'로 명명했다.

나노펜 기술은 AFM 탐침을 펜으로 삼아, 화학이나 생화학물질 용액 잉크를 찍어서, 고체표면에 글씨를 쓰거나 선을 그리는 것이다. 단지 종이 대신에 반도체 같은 고체표면에 인쇄를 할 뿐이다. 기존 프린터의 해상도가 1,440 DPI 정도인데, 나노펜을 이용한 프린터의 해상도는 2백만 DPI에 이른다. 실제로 나노펜 프린터를 이용해 금 표면에 문장을 썼는데 여기에 쓰인 문장은 잘 알려진 노벨 물리학상 수상자 리처드 파인만이 1959년에 한 연설의 한 부분이다. 이 연설 내용은 파인만이 2000년대 나노과학기술의 눈부신 발전상황을 예견하는 것이다. 당시에는 SPM조차 발명되기도 전이었다.

보통 AFM 탐침은 STM 탐침보다 크기 때문에, 해상도는 현재 10nm 정도로, STM을 이용한 원자단위 리소그래피보다 떨어진다. 하지만 모든 공정을 진공장비 없이 공기 중에서 할 수 있기에 비용이 싸고, 상대적으로 넓은 영역을 빠르게 처리할 수 있다는 장점이 있다. 사용된 잉크물질들은 후에 반도체공정에 쓰일 수도 있으며 DNA 같은 생화학 물질을 위한 리소그래피로 쓰일 수 있다고 설명된다.[††]

[†] 「탄소나노튜브와 원자현미경의 찰떡궁합」, 김필립, 과학동아, 2001. 10

[††] 「반도체개발 춘추전국시대 제패」, 홍승훈, 과학동아, 2001. 10

빅 뱅

Big Bang

물질의 생성은 우주공간 모든 곳에서 서서히 일어나지 않고
중력이 매우 강한 곳에서는 급격한 공간 팽창과 함께 폭발적으로 일어난다.
빅뱅이론에서의 급팽창과 같은 현상이라 할지라도 이미 존재하고 있는 우주공간 안에서
산발적으로 일어난다고 설명한다.
즉 작은 빅뱅(mini Big bangs)들은 계속 일어날 수 있다는 것이다.

– 본문 중 –

빅 뱅

아인슈타인이 상대성이론으로 뉴턴 역학이 풀지 못하는 분야, 즉 우주로 학문을 넓혀 놓은 이래 많은 학자들이 우주에 대한 궁금증을 풀기 위해 도전했다.

사실 우주의 기원에 관한 질문은 근원적인 질문이다. 그것은 결국 우리가 살고 있는 우주를 탄생하게 만든 무언가가 반드시 존재해야 한다는 것이다. 그렇다면 또다시 불가피하게 그 무언가를 존재하게 만든 원인은 또 무엇인가라는 물음에 직면하게 된다. 이런 식으로 계속 꼬리를 물게 되면 어느 누구나 결론적으로 모른다고 대답하게 마련이다.

기독교에서는 하나님이 우주를 창조했다고 설명한다.

한 이교도가 이웃에 사는 기독교도에게 "하나님이 우주를 창조하기 전에는 무슨 일을 했는가?"라고 물었다. 그러자 질문을 받은 기독교도는 이렇게 대답했다.

"너 같은 이교도들을 위해 지옥을 만들고 계셨다."

이 말은 다른 교인들이 기독교인들을 상대로 조롱할 때에도 사용된다.

그러나 과학자들은 이런 류의 대답, 즉 모른다는 말과 우회적으로 빈정대는 것을 가장 싫어한다. 그리고 그런 대답을 피하고 결정적인 증거를 찾으려는 자세가 과학적인 탐구를 위한 동기가 된다.

우주는 왜 어두운가

현재 우리 우주는 태초에 텅 빈 공간 내에 불규칙한 온도 차만 존재했다고 추정한다. 이어서 물질들이 중력으로 서로 끌어당겨 모이기 시작하고 별이 태어난다. 그 후 좀 더 많은 별들이 빛나기 시작하면서 지금과 같이 수많은 별들과 은하가 빛나는 우주가 탄생한다.

20세기 초까지 과학자들은 일반적으로 우주가 무한하고 정적이라고 생각했고 우리 우주가 일정한 물리법칙에 따라 만들어진 아름답고 필연적이며, 유일무이한 것으로 생각했으나 현재 학자들은 현재 10^{500}개에 상당하는 우주가 존재한다고 믿는다.

이와 같이 수많은 우주가 존재하게 된 이유로 많은 천문학자들이 우리 우주가 백 수십억 년 전의 대폭발로 시작되어 그 후 팽창을 계속하여 오늘날의 모습이 되었다고 믿고 있다. 근래의 새로운 학설에는 우리 우주가 백 수십억 년이 넘는 크기와 나이를 갖고 있음에도 불구하고, 실은 훨씬 더 크고 오래된 '전체 우주' 속의 작은 하나에 불과할지도 모른다는 견해를 내놓고 있다.✝

이러한 논리는 1826년 독일의 천문학자 올버스(Heinrich Wilhelm Matias Olbers)가 지적한 역설로부터 발단되는데 이것은 우주가 한결같고 무한하다는 생각의 모순점을 일깨워 주었다. 우주가 공간상에 무한히 펼쳐져 있는데다가 태양과 같은 밝은 별들이 균일하게 분포되어 있다면 왜 밤하늘이 어두우냐는 것이다. 우주가 무한히 공간상에서 확장되고 지구로 향하는 모든 빛이 지구에 도달한다면 하늘이 완전히 밝아야 하기 때문이다.

✝ 「우주가 10^{500}개! 상상을 초래한다」, 조선일보, 2004. 1. 27

우주 안에 무한개의 별이 있는 것이 아니라고 가정하면 올버스의 역설은 쉽게 풀린다. 올버스의 시대에는 별은 수억 개밖에 없고 그 너머는 빈 공간이라고 생각되었다. 그러나 이제 우리는 비록 별의 개수가 무한하지는 않아도, 올버스의 역설을 해결할 만큼 적은 숫자도 아니라는 것을 알고 있다.

20세기 초에는 우주공간에 있는 먼지가 빛을 차단해 우리에게 도달하지 못하게 한다고 생각하기도 했다. 그러나 우주 먼지가 빛을 차단한다면 이 먼지는 열을 내게 될 것이고, 결국 언젠가는 빛을 내게 될 것이다. 결국 우주는 어두울 수 없는 것이다.

과학자들은 빛이 프리즘을 통과하면 무지개 색깔로 나뉜다는 사실을 오래전부터 알고 있었다. 흰색의 광선은 본질적으로 모든 색깔의 빛으로 이루어져 있으며 연속 스펙트럼이라는 것을 알려준다. 영국의 물리학자 윌리암 월라스톤은 태양의 연속 스펙트럼을 관찰한 결과 몇 개의 어두운 선들이 그 위에 중첩되어 있다는 것을 알고 그것들이 스펙트럼의 색깔들을 분리시키는 경계일 것으로 추정했다.

1850년대 독일의 구스타프 키르히호프와 로버트 분젠은 고온 버너를 사용해서 다양한 원소들을 뜨겁게 가열시킨 뒤 분광기를 통해 관찰했다. 놀랍게도 각 원소가 많은 밝은 색깔의 선들을 나타냈는데 특히 어떤 주어진 원소들은 이 밝은 선들의 위치가 항상 같다는 것을 발견했다. 그들은 자신들이 발견한 것으로 원소의 종류를 판명하는 데 이용할 수 있다고 생각했다.

그들은 태양이 스펙트럼을 준다면 별과 행성 그리고 성운도 스펙트럼을 갖고 있어야 한다고 생각했다. 1856년 영국의 천문학자이자 대부호였던 윌리암 허긴스(William Huggins)는 자신의 저택 지붕에 천문대를 설치하고 별들을 조사한 후 분광기를 사용하여 성운과 별들의 차이점을 찾아냈다. 그가 천문학상에 중요한 위치를 차지하는 것은 분광기와 함께 사진건판을 이용하여 천문학에 사진기술을 이용한 최초의 사람이기 때문이다.

오스트리아의 크리스찬 도플러(Christian Doppler)는 음파의 진동수가 음원이 멀어지느냐 다가오느냐에 따라 변한다는 사실을 알았다. 관측자가 움직이고 음원이 정지해 있다고 해도 같은 변화가 있었다.

이것을 앰뷸런스가 내는 경보음 소리로 설명해 보자. 앰뷸런스가 우리 쪽으로 다가오면서 경보음을 울리면 그 음이 고음으로 들리고 멀어져 가면서 경보음을 내면 그 음이 저음으로 들린다. 소리를 내는 물체가 듣는 사람으로부터 멀어질 때 음파의 파장이 늘어나기 때문이다. 도플러는 1842년에 이 효과를 수학적으로 해석했다.

도플러는 그러한 변화가 음파에서 일어난다면 광파에서도 일어나야 한다고 생각했고, 이것을 구체화시킨 사람이 빛의 속도를 측정한 아만드 피조이다. 그는 1948년에 빛의 스펙트럼에 있는 선들이 광원(또는 수신자)이 상대적으로 움직일 때 위치를 옮긴다는 것을 증명했다. 자동차 속력 위반 탐지나 보안 경보장치에 사용하는 '도플러 레이더' 장치는 도플러 효과를 이용한 것이다.

특히 그것들은 광원이 수신자로부터 멀어질 때는 스펙트럼의 붉은색 쪽으로 움직이며, 광원이 수신자에 가까워질 때는 푸른색 쪽으로 움직인다. 빛의 경우 광원이 관측자로부터 멀어지면 둘 사이의 거리가 넓어지기 때문에 그 사이에 있는 파장의 길이가 늘어나서 붉게 보이고 그 반대는 거리가 짧아지기 때문에 파장의 길이가 압축되어 청색으로 보인다. 이를 각각 적색이동(redshift)과 청색이동(blueshift)이라고 부른다.⚜

1912년에 페르시발 로웰(Percival Lowell)이 만든 로웰 천문대의 슬라이퍼(V. Melvin Slipher)는 멀리 떨어진 곳의 성운의 스펙트럼을 측정하다 스펙트럼이 적색 쪽으로 쏠리고 있는 것을 발견했다. 이 현상은 성운이 지

⚜ 『대폭발과 우주의 탄생』, 배리 파커, 전파과학사, 1996

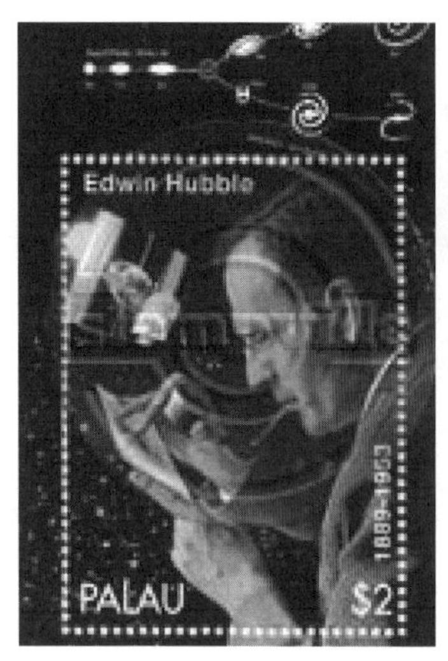

| 에드윈 허블 |
1929년에 허블은 수십 개 성운의 스펙트럼을 관측함으로써 멀리 떨어져 있는 성운일수록 지구로 부터 빠르게 멀어지고 있다는 것을 발견했다. 이것은 우주가 팽창하고 있다는 것을 의미한다.

구로부터 멀어지고 있음을 알려준다. 적색이동의 정도로 성운이 지구로부터 멀어져 가는 속도를 산출할 수 있다. 이 작업에는 미국의 천문학자 허블(Edwin Powell Hubble)이 등장한다. 대학에서 인기 있는 권투 선수이자 농구 선수로 활약했으며, 제1차 세계대전 때에는 육군 소령으로 복무한 허블은 '성운(nebulae)'이라 불리는 수만 개의 희미한 빛의 무리에 대해 여키스 천문대에서 박사학위 논문을 작성했다.[*]

허블은 조지 엘러리 헤일(George Ellery Hale)이 건설한 윌슨 천문대의 100인치짜리 망원경으로 성운을 연구하여 이들이 셀 수 없이 많은 별들이 모여 있다는 것을 발견했다. 이것은 이전에 어떤 사람이 상상한 것보다도 훨씬 더 많은 은하들이 존재한다는 것을 의미했다.

허블이 천문학상에 큰 공헌을 한 것은 1929년 수십 개 성운의 스펙트럼을 관측한 결과 먼 성운일수록 적색 이동이 더 크다는 것, 즉 지구로부터 빠르게 멀어지고 있다는 것을 발견했다는 점이다. 다시 말해서 은하의 후퇴 속도는 그 거리에 정비례했는데 이것은 우주가 팽창하고 있다는 것을 의미한다(허블의 법칙).[**]

[*] 「20세기 대우주탐험가 에드윈 허블」, 김지현 외, 과학동아, 2000. 12

[**] 「사이언스 오딧세이」, 찰스 플라워스, 가람기획, 1998

그것은 풍선에 찍은 점에 비유된다. 풍선이 커질수록 점들은 위치에 상관없이 서로 멀어진다. 풍선 같은 식으로 우주가 팽창한다면 모든 은하들이 서로 멀어지고 있다는 것이다.

정상우주론

학자들은 우주가 어떻게 변화할지에 관심을 갖기 시작했고, 두 가지 모형이 팽창하는 우주를 설명하는 데 제시되었다.

첫째는 운동에너지와 인력에 의한 위치에너지가 같은 경우다. 태초의 우주가 모든 면에서 지금과 마찬가지라는 정상우주론(steady state theory)으로 1948년도에 영국의 토마스 골드(Thomas Gold), 헤르만 본디(Hermann Bondi) 그리고 프레드 호일(Fred Hoyle)이 제창했고 그 뒤로 아프(Arp), 버비지(Burbidge), 날리카(Narlikar) 등이 지지하고 있다.

정상우주론은 우주가 과거로 거슬러 올라감에 따라 은하가 하나씩 없어지면 빅뱅이론에서 주장하는 높은 밀도와 온도를 피할 수 있다는 줄거리를 갖는 우주론으로 반세기 동안 빅뱅우주론과 선의의 경쟁을 벌인 모형이다.

1848년에 발표된 모형을 '고전적인 정상우주론'이라고 하는데 이 우주론의 기본 가정은 '완벽한 우주원리(perfect cosmological principle)'이다.

우주가 공간적으로 균일하고 등방일 뿐만 아니라, 우주는 시간적으로도 균일 등방이라는 것이다.

다소 이상하게 들릴지 모르지만 우주는 거시적으로 볼 때 어느 곳이나 어느 쪽으로나 똑같으며, 시간적으로도 옛날이나 지금이나 미래나 늘 같은 꼴이라는 주장이다. 따라서 우주에서의 진화는 없으며 빅뱅 모형처럼 떠들썩한 시작이나 비극적인 종말도 없다고 설명된다. 이 우주론에서는 시간이 제 방향으로 흐르면 은하가 하나씩 생겨야 한다. 그래서 이 우주론을 연속창생 즉 'CC(Continuous Creation) 우주론'이라 부른다.

정상우주론에서도 우주공간은 현재 모든 곳에서 일정한 비율로 늘어난다. 그러므로 멀리 있는 은하일수록 더 빨리 멀어진다는 허블의 법칙이 성립한다.

공간이 팽창한다는 것은 매우 중요한 점을 시사한다. 즉 팽창하지 않았다면 무한한 시간 동안 태어났던 별들이 계속 죽으며 쌓여 오늘날 우주는 백색왜성, 중성자별 등으로 꽉 차있어야 한다. 그러나 새 공간이 계속 생기므로 그런 염려가 없다는 설명이다.

공간이 팽창하면 밀도가 낮아진다. 따라서 우주의 상태가 시간이 흘러도 변하지 않으려면 물질이 꾸준히 생겨나야 한다. 그래야만 새로 생긴 물질로부터 별과 은하가 태어나 우주를 밝혀줄 수 있기 때문이다.

호일은 본래의 정상우주론을 약간 개선하여 준정상우주론(quasi-steady state cosmology)을 제시했다. 새 모형에서는 우주는 항상 같은 모형이 아니고 짧은 시기 동안에는 약간씩 진화할 수 있다는 것이다. 그러나 장기간에 걸쳐 보면 우주는 역시 똑같은 모습을 유지한다. 물질의 생성은 우주공간 모든 곳에서 서서히 일어나지 않고 중력이 매우 강한 곳에서는 급격한 공간 팽창과 함께 폭발적으로 일어난다. 빅뱅이론에서의 급팽창과 같은 현상이라 할지라도 이미 존재하고 있는 우주공간 안에서 산발적으로 일어난다고 설명한다. 즉 작은 빅뱅(mini Big bangs)들은 계속 일어날 수 있다는 것이다. 이것은 작은 빅뱅이 일어날 때마다 물질과 공간이 창조되는 짧은 시기와 이들이 자유롭게 팽창하는 긴 시기가 있어 우주공간은 조금씩 진동하면서 팽창하고 있다는 설명이다.

이와 같은 모형은 뒤에서 설명하는 우주배경복사와 물질의 원소비율(수

| 인플레이션 확장 |
백 수십억 년 전에 일어난 큰 폭발을 통해 현재의 우주가 발생했다.(과학동아, 1991. 1)

소와 헬륨의 비가 3 : 1)도 설명해 주는 것은 물론 빅뱅이론에서 필요로 하는 보통의 물질 이외에 반드시 존재해야 하는 암흑물질을 생각하지 않아도 된다는 장점이 있다. 현재까지 많은 학자들이 암흑물질을 찾으려고 노력하지만 명쾌한 해답을 찾아내지 못하고 있는데 준정상이론은 그 이유를 우주에 암흑물질 자체가 존재하지 않기 때문이라고 설명한다.

한편 린데(Linde)는 호일과는 다른 맥락으로 우주의 영원성을 주장한다. 그가 주장하는 요지는 우주에는 급팽창 거품들이 끊임없이 생겨나 자식우주들을 만들어낸다. 그런데 개개의 소우주에서는 서로 다른 물리법칙이 성립할 수 있다. 그러므로 소우주들은 빅뱅우주모형과 같은 진화를 하더라도 전체 우주는 무수히 가지 친 모습이 바뀌지 않는다는 설명이다.

박창범 교수는 이것을 마치 한 개인은 태어나서 죽을 때까지 짧은 삶을 누리나 인류는 장기간 지속되는 것과 같은 비유라고 적었다. 이를 더욱 확장시켜 생각한다면 지구에서 발생한 인류문명은 결국 사라지더라도 우주의 다른 곳에서 새로운 생명체가 태어나 또 다른 문명을 일으킬지도 모른다는 낙관론도 포함한다.⚘

⚘ 「크게보면 같은 꼴-시작도 끝도 없다」, 박창범, 과학동아, 1995. 1

제 1 빅뱅

대폭발 이론은 태초의 우주는 밀도가 엄청나게 크고 뜨거웠다가 폭발하여 현재의 우주가 생성되었다는 것으로 '빅뱅(BB, Big Bang)우주론' 이라 부른다. 간단히 말해 물질이 한 점에 모여 있다가 대폭발을 일으켜 팽창우주가 됐다는 것이다.

빅뱅의 이론도 출발점은 아인슈타인의 일반상대성이론에서 비롯되었다. 아인슈타인은 우주의 크기와 모양이 고정되어 있고 매끄럽다고 추정했다. 즉 우주는 균질한 유동체처럼 어디에서나 같다고 생각하여 모든 방향에서 같은 모양을 보이는 등방성(isotropic)을 갖는다고 가정했다.

그런데 아인슈타인이 방정식을 풀자 그 결과는 불안정한 우주로 나타났다. 우주는 수축하거나 팽창하지 정지 상태로 남아 있지 않는다는 것이다. 자신이 도출한 결론에 당황한 아인슈타인은 일반상대성이론에다 하나의 항을 인위적으로 집어넣어 우주는 정적이라는 해(解)가 나오도록 유도했다. 자신이 도출한 방정식에 문제점이 있으므로 이를 수정하는 방법으로 유명한 우주상수를 첨가한 것이다.

아인슈타인은 수정된 방정식으로 안정된 우주를 얻었는데 그것은 공간이 공의 표면처럼 양성곡률을 가진 구형의 우주였다. 그럼에도 불구하고 아인슈타인은 추가 항을 첨가하는 것을 매우 불만족스럽게 생각했다. 그것은 방정식의 단순성과 아름다움을 손상시켰기 때문이다.

그런데 1916년 아인슈타인의 방정식이 발표되자마자 네덜란드의 천문학자 윌름 드 시터(Willem de Sitter)가 아인슈타인이 간과한 것을 지적했다. 아인슈타인이 해답 하나를 놓쳤다는 것이다. 드 시터의 우주는 어떤 물질도 없는 비어 있는 우주였다. 그의 주장에 학자들이 황당해하자 실제 우주 안에 있는 물질의 평균밀도가 대단히 낮아서 1차 근사치로 볼 때 우주가 비어 있는 것처럼 보인다고 말했다.

아인슈타인은 드 시터가 자신에게 편지를 보내자 다음과 같이 말했다.

"당신의 우주는 내가 생각할 때 말도 되지 않습니다. 특히 우주가 비어 있다는 사실에 어리둥절할 뿐입니다."

드 시터 역시 아인슈타인의 모형을 마음에 들어 하지 않았는데 드 시터보다는 아인슈타인에게 오히려 결정적인 문제점이 있었다. 아인슈타인의 모형은 적색이동을 예측하지 않았기 때문이다. 이것이 추후 아인슈타인으로 하여금 우주가 팽창한다는 사실을 알고 자신 생애 최대의 실수라고 후회하게 만든 장본인이다.

학자들은 아인슈타인과 드 시터의 모형 중 어느 것도 만족하지 않았다. 아인슈타인의 상대성이론을 증명해 준 영국의 에딩턴 경이 다음과 같이 말했을 정도였다.

"실제 우주는 아인슈타인의 우주가 되기에는 부족하고 드 시터의 우주로 보기에는 너무 많은 물질이 있다."

1920년은 천체물리학자들에게는 곤혹의 시기였다. 아인슈타인과 드 시터의 모형 모두 결점이 있기 때문이다. 이때 혜성처럼 나타난 사람이 벨기에의 신부 르메트르(Georges Lemaitre)였다. 그의 모형은 두 사람의 중간에 있었다.

그것은 팽창상태로 시작한 뒤, 아인슈타인의 모형과 유사한 '정체' 기간으로 들어간다. 그리고 최종적으로는 드 시터의 모형과 유사한 팽창으로 종말을 맞는다. 르메트르는 정체 기간은 허블이 준 우주의 나이가 알려진 별의 나이보다 작기 때문에 필요해진 것으로 생각했다.

르메트르가 질량을 가진 팽창하는 우주를 처음으로 제기한 사람은 아니었다.

| 아인슈타인과 르메트르 |
르메트르는 무거운 원소들이 붕괴해서 점점 더 가벼운 원소가 된다는 이론을 전개했는데 이것이 빅뱅이론의 공식적인 출발이다.

러시아의 수학자 알렉산드르 프리드만(Aleksandr Friedmann)이 1922년에 질량을 가진 우주의 팽창을 제시했다. 그는 우주는 어느 방향으로 보나 동일하게 보이며 또 어디서 보아도 동일하다는 가정만 가지고 우주가 정지하고 있음을 기대할 수 없고, 한 점으로부터 커지고 있음을 밝혔다. 이 모델은 서서히 팽창하다가 멈춘 후 다시 수축하는 모습을 보인다. 최근에 은하 사이의 거리가 훨씬 더 큰 규모에서 본다면 프리드만이 가정한 균질함이 놀라우리만큼 정확하여 그의 가설은 현재 우리들이 사용하는 모형의 근간이라 볼 수 있다.⚜

그런데 이상하게도 그의 논문은 7년 후에 거의 같은 내용의 논문을 르메트르 신부가 학회에 재발표할 때까지 전혀 거론되지 않았다. 그 이유는 아직도 학계의 미스터리이지만 그가 논문을 발표한 지 3년 후인 1925년에 기구비행을 하던 중 37세의 나이로 사망했기 때문으로 추정한다.⚜⚜

이제 학자들의 관심은 우주가 어떻게 시작됐을까로 모아졌다.

그것은 일반상대론 방정식에는 어떤 점으로부터 팽창을 허용하는 '특이(singular)' 해답들이 있기 때문이다. 우주가 팽창하고 있다는 증거는 관측으로도 증명되었으므로 그 팽창이 어떻게 시작되었고 무엇이 팽창을

⚜ 「우주의 시작에서 마지막까지 표준우주모델 시나리오의 기틀 마련」, 김성원, 과학동아, 1993. 9

⚜⚜ 「대폭발이론이 태어나기까지」, 라대일, 과학동아, 1992. 12

일으켰을까는 초미의 관심사였다.

에딩턴은 우주가 무한소의 점으로부터 시작했다는 것에 매우 당황해 했다. 그것은 우주의 나이가 유한하다는 것을 의미하는 동시에 '탄생'되어야 한다는 것을 의미하기 때문이다. 더구나 이 탄생 전에는 어떤 우주도 존재하지 않았다는 것을 내포하는 것처럼 느껴진다.

열역학 제2법칙은 우주의 엔트로피(계의 무질서도)가 항상 증가한다고 설명한다. 엔트로피는 물질이 에너지로 전환될 때 우주가 끝날 것이라는 의미를 갖고 있다. 르메트르는 엔트로피 법칙을 자신의 논리에 도입했다. 즉 우주를 처음에는 '원시핵(primordial nucleus)'의 형태로 생각했다. 원시핵의 지름은 우주의 크기에 비해 무시할 정도로 작았다.

그는 무거운 원소들이 붕괴해서 점점 더 가벼운 원소가 된다는 자발적 방사성 붕괴를 차용했다. 그것은 상당히 작은 비율이지만 오늘날도 우주에서 일어나고 있다. 르메트르는 이와 유사한 그러나 훨씬 더 빠른 와해 과정이 초기우주에서 일어났다고 추정했다.

그의 주장은 1931년 〈네이쳐〉지에 게재되었는데 이것이 빅뱅이론의 공식적인 시작이다.╬╬╬

1931년은 아이러니하게도 아인슈타인이 자신이 도입한 '우주상수'를 자신이 일생을 통해 저지른 최대의 실수라며 없애버리라고 드 시터에게 편지를 보낸 해였다. 그러나 곧바로 제2차 세계대전이 일어나 우주론에서의 진전이 일어나지 않았다.

제 2 빅뱅이론

╬╬╬
「대폭발과 우주의 탄생」, 배리 파커, 전파과학사, 1996

르메트르가 기본적인 빅뱅이론의 아이디어를 제시했지만 일반적으로 빅뱅이론의 창시자는 가모프(George Gamow)로 인식된다. 그것은 제2차 세계대전 말에 이루어진 원자폭탄의 개발로 우주에 대한 인식에 획기적인 변환이 일어났기 때문이다.

| 게오르그 가모프 |
가모프는 빅뱅이론을 제창하기는 했지만 노벨상을 수상하지는 못했다. 학문적으로 고립된 생활과 기행이 그에 대한 신뢰를 떨어뜨렸기 때문이다.

우주가 팽창하고 있다는 것은 영화 필름을 거꾸로 돌리는 것과 마찬가지로 과거로 거슬러 올라가면 먼 은하일수록 더 빨리 우리에게 접근해 와서 어느 시점에 이르면 모든 은하가 한 곳에 모이게 된다. 결론은 과거에는 우주가 현재보다 작았다는 이야기가 된다. 즉 우리의 우주에는 분명히 '시초'가 있었다는 것이다. 여기에서 주의할 것은 우리 은하가 우주의 중심이라는 뜻은 결코 아니라는 사실이다.⚘

여기에서 가모프는 빅뱅이론을 끌어낸다.

1904년 러시아의 오데사에서 출생하여 1920년대에 박사학위를 취득한 가모프는 양자론에 흥미를 갖고 러시아를 떠나 유럽으로 갔다. 그의 천재성은 곧바로 발휘되었다. 그는 양자역학이 알파입자(헬륨핵)들이 무거운 핵으로부터 내던져지는 소위 알파붕괴라는 과정을 설명하는 데 이용될 수 있다는 사실을 발견했다. 가모프는 그것들이 양자터널효과로 핵 주위에 있는 장벽을 뚫고 지나간다는 것을 보여주었다. 러시아에서 온 가모프는 유럽의 물리학자들에게는 새로운 천재의 탄생이었다.

가모프가 르메트르의 모형을 수정할 수 있었던 것은 핵물리학과 원자폭탄에 대한 이론과 실제를 도입했기 때문이다. 르메트르와 가모프의 모형 차이는 비교적 간명하다.

⚘ 「우주는 모든 물질이 한 점에 모여 일으킨 대폭발의 결과」, 박석재, 신동아, 2004

르메트르는 거대한 핵이 점점 더 작은 성분으로 와해해 들어가는 것을 상상했지만 가모프는 '형성' 과정이 더 합리적이라고 생각한 것이다. 가모프는 초기의 우주가 많은 복사에너지를 포함하고 있었으므로 온도가 대단히 높았다고 확신했고 이것은 입자들이 원자폭탄 폭발처럼 서로 충돌한다는 것을 의미했다. 즉 핵반응이 중요하다는 것이다.

1947년에 발표된 가모프의 이론은 우주가 백 수십억 년 전에 큰 폭발을 일으켜 팽창해 나가는 과정 속에 우리가 존재한다는 것이다. 빅뱅은 대폭발로 불리지만 이것은 보통의 평범한 폭발이 아니다. 빅뱅이론은 다음과 같이 설명된다. 1979년 노벨 물리학상을 수상한 와인버그는 『처음 3분간(The First Three Minutes)』에서 빅뱅이론을 다음과 같이 설명했다.

> 처음에 한 폭발이 있었다. 지상에서 우리가 익히 아는 폭발, 곧 일정한 중심에서 시작해 퍼져나가면서 점점 주위의 공기를 휘말아 들이는 그런 폭발이 아니고 어디서나 동시에 일어나서 처음부터 전 공간을 채우고 모든 물질의 입자가 다른 모든 입자들로부터 서로 떨어져 나가는 폭발이다. 여기서 말한 '전공간(全空間)'이란 무한한 우주의 모든 것을 의미하거나 혹은 한 구(球)의 표면처럼 제 안으로 굽은 유한한 우주의 모든 것을 의미할 수 있다. 둘 중 어느 가능성도 파악하기 쉽지 않지만 이것에 구애받을 필요는 없다. (중략) 우리가 얼마간의 자신을 가지고 말할 수 있는 가장 이른 시점인 약 100분의 1초에서 우주의 온도는 대략 1,000억℃(1011)였다. 이것은 가장 뜨거운 별의 중심에서보다도 훨씬 고온이며 이 고온 때문에 실제로 보통 물질의 성분인 분자, 원자는 물론 원자의 핵들까지도 지탱할 수 없었다. 그 대신 이 폭발에서 퍼져나가는 물질은 여러 가지 종류의 소위 소립자들로 되어 있었다.[✣✣]

✣✣
『처음 3분간』, 스티븐 와인버그, 현대과학신서, 1986

이를 배리 파커 박사는 다음과 같이 부연하여 설명했다.

> 무한소의 씨앗으로 시작한 우주는 광속보다 더 큰 속도로 팽창했다. 초기의 우주는 순수한 복사에너지 덩어리였지만 팽창하면서 입자들이 생성되어 가스구름을 형성했다. 그리고 팽창을 계속하면서 미세한 요동(flucturation)이 발달했고 그 요동이 수십억 년에 걸쳐 응축되어 은하와 별 그리고 행성들이 형성되었다. 대폭발로 우주가 창조되었던 것이다. 대폭발 이전에는 아무것도, 심지어는 빈 공간조차 존재하지 않았다.

이제 천문학자들에게는 두 가지 우주 모형이 놓여졌다. 하나는 호일로 대표되는 정상이론이고, 다른 하나는 혜성처럼 나타난 가모프의 빅뱅이론이다.

호일의 정상이론은 우주는 항상 똑같이 남아 있다는 것으로 가정된다는 것을 앞에서 설명했다.

그런데 관측에 의하면 우주는 팽창하고 있으므로 이것은 은하들 사이의 공간이 증가하고 있다는 것을 의미한다. 그럼에도 불구하고 평균밀도를 일정하게 유지하기 위해서는 이 지역에서 물질이 만들어져야 한다는 것을 의미한다. 놀랍게도 그 양은 작아서 한 면이 100m인 입방체 안에서 1년마다 약 한 개의 수소원자가 만들어진다. 즉 이런 물질이 응축되어 새로운 은하들을 만들어낸다면 우주는 정상상태로 남아 있을 수 있다는 것이다. 이 이론에 따르면 우주의 나이는 무한대이다. 정상이론에 의한 우주 속의 은하들은 나이가 상당히 다양할 수 있다. 즉 어떤 것은 매우 나이가 많고 어떤 것은 매우 젊을 수 있다. 더욱이 우주 깊숙한 곳을 들여다본다고 해도 근본적으로 물체들이 똑같아 보일 것이라는 것이 정상이론의 주된 설명이라고 배리 파커 교수는 말했다.

한편 우주가 대폭발로 시작되었다는 빅뱅이론에 대해 일반인들이 갸우뚱한 것은 어떻게 우주의 모든 물질이 한 곳에 다 모여 있을 수 있겠느냐 하는 점이다. 어떻게 온 우주가 작은 '알'에서 태어날 수 있었을까.

태초의 알은 고온과 밀도를 갖는 특이점(singlularity)일 수밖에 없다. 여기서 특이점이란 현대 물리학으로는 도저히 알 수 없는 마치 수학에서 분모가 0이 되는 점과 같은 난해함을 갖고 있다. 이런 의미에서 정상이론(CC)은 바로 관측되는 우주의 팽창은 받아들이되 초기의 특이점을 피할 수 있도록 고안된 모델이다.⚘

빅뱅을 지지하는 세 가지 단서

20세기 천문학계를 가장 뜨겁게 달군 것은 가모프가 제창한 빅뱅이론이다. 이 이론은 다음 세 가지 단서에 기반을 두고 있다.

첫째는 우주가 팽창하고 있다는 점이다. 이는 은하들이 우주적 규모에서 보면 서로 멀어져 가고 있는데 이는 우주가 시공간적으로 팽창하고 있기 때문에 은하들이 서로 멀어지고 있다는 것으로 설명된다. 우주가 팽창하고 있다는 사실은 우주의 과거로 갈수록 점점 작아지고 어떤 순간에는 크기가 영(0)이었을 것임을 추정하게 한다. 이는 우주가 태어난 시점이 있으며 나이가 있다는 것을 의미한다. 현재까지의 연구 결과는 우주의 나이는 대체로 150억 년으로 알려져 있다.

둘째는 오늘의 우주가 마이크로파로 된 빛으로 가득 차 있다는 설명이다. 이 마이크로파는 온도가 -270℃ 정도로(3K) 매우 가운데 우주배경복사라고도 부른다. 우주의 에너지는 보존되므로 과거에 우주가 작았을 때

⚘
「태초 초고밀도의 한점-대폭발급팽창」, 박석재, 과학동아, 1995. 1

우주배경복사는 현재에 비해 매우 뜨거웠을 것이다. 태어났을 때 우주의 온도는 매우 높았지만 팽창하면서 식고 있다. 그런데 우주배경복사의 온도는 정밀하게 측정하니 하늘에서의 위치에 따라 10만 분의 1℃ 정도로 미세한 차이가 발견됐다. 이런 우주배경복사 온도의 공간적인 변화는 밀도 변화를 나타내므로 우주 초기에 밀도가 높고 낮은 지역이 있었다는 것을 의미한다. 밀도가 높은 지역에서는 후에 은하와 은하단 등이 태어났을 가능성을 제기한다.

셋째는 오늘날 관측되는 천체들의 화학적 성분으로 수소 70%, 헬륨 25%, 그리고 헬륨보다 약간 무거운 원소들로 이루어져 있다. 무거운 원소들은 일반적으로 무거운 별의 내부에서 만들어지며 헬륨과 가벼운 원소들은 별의 내부보다 더욱 뜨겁고 밀도가 높은 환경에서 주로 만들어진다. 따라서 헬륨과 가벼운 원소는 별이 만들어지기 훨씬 전에, 즉 우주의 초기 온도와 밀도가 매우 높았을 때 만들어졌을 것으로 추정된다.

이와 같은 세 가지 단서를 기반으로 빅뱅이론이 태어나자 천문학계가 온통 술렁거렸는데 앞에서 이야기했지만 우주가 한 점으로부터 시작되었다는 가설은 사람들의 조롱을 받기 십상이었다.⚘

그러나 빅뱅우주론 지지자들은 많은 사람들의 조롱에도 불구하고 빅뱅의 증거를 찾기 시작했다. 그런데 학자들의 우려를 알아차리기나 한 듯 곧바로 놀라운 발견이 이어졌다.

그것은 빅뱅이론의 근거가 된 우주배경복사(cosmic background radiation)가 1965년 벨연구소의 아르노 펜지아스(Arno Penzias)와 로버트 윌슨(Robert Wilson)에 의해 발견되었기 때문이다. 대폭발이론에 의하면 이 복사가 현재 가지고 있을 온도를 대략 3K로 예측했다. 그들의 우주배경복사 발견은 곧바로 정상우주론에 큰 타격을 주었고, 그들은 1978년 노벨상을 받았다. 이 부분은 뒤에서 다시 설명한다.

⚘ 「150억 년 우주 드라마」, 이명균, 과학동아, 1998. 2

가모프의 계산에 따르면 빅뱅 때 나온 우주복사선의 파장은 7.35cm이다. 벨연구소의 펜지아스와 윌슨은 은하면에서 오는 전파 복사를 관측하던 도중, 이파장의 우주배경복사를 발견했다.(「150억년 우주 드라마」,이명균, 과학동아, 1998, 2)

BB가 CC에 기선을 제압할 수 있었던 또 다른 결정적인 요인은 우주에 존재하는 헬륨의 양이다. 현 우주에서 우리 눈에 보이는 물질 중 약 4분의 3은 수소이며 나머지 약 4분의 1은 헬륨이다. 그런데 헬륨이 핵융합으로 생성되려면 최소한 온도가 1,000만℃ 이상이어야 한다. 따라서 헬륨이 무려 수소의 3분의 1가량이나 존재한다는 사실은 우주가 태초에 엄청난 고온에서 시작됐다는 증거가 된다는 것이다.

그러나 아직 빅뱅이론에는 심각한 문제가 남아 있었다.

불덩어리 복사는 매우 매끄러워서 관측에 따르면 약 1만 분의 1까지 균일하다. 빛으로부터 물질이 생성되었음을 고려하면 물질분포도 그만큼 균일해야 한다.

그런데 오늘날 발달된 측정 장비에 의하면 우주는 어디에서나 불균일하게 흩어져 있는 별과 은하와 은하단으로 구성되어 있다. 우주의 물질분포는 대단히 우툴두툴하다. 이것은 원래의 가스구름에 있는 물질의 분열을 말해 주므로 만일 우리가 과거를 충분히 멀리 본다면 배경복사에서 이런 분열의 증거, 즉 약간의 얼룩을 찾을 수 있어야 한다는 것을 의미한다.

그런데 1992년 캘리포니아대학의 조오지 스무트(George Smoot)를 주축으로 하는 연구팀이 1989년에 발사한 코비(COBE) 위성으로부터 관측 지점들 간의 미세한 온도 차이를 발견했다고 발표했다. 관측된 하늘에 있는 점들 간의 온도 차이는 3천만 분의 1 정도였지만 이것이야말로 대폭발의 마지막 중요한 난점 중에 하나가 제거되는 순간이었다.

그러나 빅뱅이론에 대한 불확실성의 그림자가 아직도 남아 있는 것은 사실이다. 빅뱅이론 학자들이 오랫동안 빅뱅이론이 갖고 있는 문제점을 해결하기 위해 싸웠지만 아직도 많은 해답들이 입증되지 못한 채 아이디어에 의존하고 있기 때문이다. 이 부분은 뒤에서 설명한다.⚜

아인슈타인이 싫어한 블랙홀

현재로서는 BB이론이 CC이론을 능가했다고도 설명되지만 전도가 순탄했던 것은 아니다.

1963년 마르텐 슈미트와 알란 샌디지 등에 의해서 수수께끼의 천체 퀘이사(quasar)가 발견되면서 BB이론에 대한 의문점이 제기되었기 때문이다.

퀘이사는 일명 준성체(QSO : quasi-stellar object)라고 불리는데 망원경으로 보면 별과 똑같이 보이는 데서 생긴 이름이다. 적색이동을 볼 때 퀘이사들이 우주에서 가장 먼 물체인데 우선 놀라운 사실은 퀘이사들이(현재 4,500개 이상이 발견되었음) 산탄총으로 쏘아놓은 것처럼 무늬를 얻을 수 있다는 점이다.

이런 발견은 천문학자들을 놀라게 했고 적색이동 자체에 의문을 품기 시작했다. 이런 현상이 우주론적인 우주 팽창에 의한 것인지, 그렇지 않다면 완전히 다른 무언가에 의해 발생했는가 하는 점이다. 말하자면 대폭발이론은 심각한 문제에 빠진 것이다.

⚜ 『대폭발과 우주의 탄생』, 배리 파커, 전파과학사, 1996

더구나 적색이동을 볼 때 대부분 수십억 광년이나 멀리 떨어져 있는데 그 빛이 너무나 밝다는 점이다. 그런데 많은 퀘이사들이 1주일 정도, 심지어는 며칠 정도의 짧은 주기로 광도가 변했다. 이것은 지름이 단 몇 광(light day)에 불과하다는 것으로 퀘이사는 은하보다 훨씬 작다는 것을 의미했다. 그런데도 불구하고 간단하게 비유하여 태양계만한 에너지원에서 별이 1,000억 개나 모인 우리 은하의 총 밝기에 해당하는 에너지가 나온다는 믿지 못할 결론에 도달한 것이다.

퀘이사의 정체에 대해서 여러 가지 이론들이 제시되었지만 어느 하나 시원스럽게 들리지 못하자 일부 천문학자들이 팽창우주론이 과연 정확한 것인지조차 의심하기 시작했다. 지금까지 대폭발 우주론을 구성했던 대전제가 흔들리는 것이다.

그런데 학자들은 블랙홀이 퀘이사 중앙에 숨어 있다고 가정한다면 문제가 쉽게 풀린다는 사실을 발견했다.

원래 블랙홀이란 단어는 1967년 미국 프린스턴대학의 물리학자 존 휠러 박사가 당시 '중력적으로 완전히 붕괴된 물체' 라는 이름을 보다 간편하게 하기 위해 '블랙홀' 이라고 부르자고 한 데서부터 시작되었다.

당시 블랙홀은 '얼어붙은 별(frozen star)' 또는 '붕괴된 물체(collapsed object)' 등으로 불리고 있었다. 지금은 초등학생이라도 개념을 알고 있을 블랙홀이라는 저명인사가 불과 50년 전에는 그 누구도 알지 못하는 무명인사였다.

그러나 블랙홀의 개념이 처음으로 태어난 것은 무려 200여 년이 훨씬 넘는다. 1783년 영국의 지질학자 존 미첼은 뉴턴의 만유인력과 탈출속도를 이용하여 만일 태양에 비해 지름이 500배 크고 밀도는 동일한 행성이 있다면, 이 행성에서 물체의 탈출속도는 빛의 속도와 같고 이 때문에 이 행성에서는 빛이 빠져나올 수 없다고 주장했다. 10여 년 뒤인 1796년 유명한 프랑스 수학자 비에르 시몽 라플라스가 『세계 시스템에 관한 해설』이란 책에서 미첼과 유사한 견해를 발표했지만 학자들의 뇌리에서 잊혀졌다.

블랙홀이 있다고 보여지는 NGC 4261 은하
아인슈타인은 블랙홀의 존재를 인정하지 않았으나 블랙홀의 증거는 계속 발견된다.

그러나 현대적인 블랙홀 개념은 독일의 수학자 카를 슈바르츠실트(1873~1916)에 의해서 다시 태어났다.

그는 1916년, 물체의 부피가 아주 작을 때 그 물체의 바로 곁에 극단적으로 크게 구부러지는 공간이 생긴다고 예언했다. 그는 중심점이 있고 정적인(회전하지 않는) 블랙홀이 존재할 수 있다고 결론을 유도했다. 이것은 표면이 없는 대신에 그 선을 넘어서면 탈출이 불가능한 경계가 있다는 점에서 아주 특이한 존재였다. 이것이 바로 우리가 오늘날 블랙홀이라 부르는 것이다.

이를 사건의 지평선(event horizon)이라 부른다. 사건의 지평선은 블랙홀을 둘러싸고 있는 구형의 경계인데 오늘날에는 슈바르츠실트를 기념하기 위해 중심점에서 사건의 지평선까지의 거리를 '슈바르츠실트 반지름'이라 부른다. 즉 어떤 천체의 반지름이 슈바르츠실트의 반지름보다 작아지면 오늘날 우리가 말하는 블랙홀이 된다.

사실 슈바르츠실트는 매우 불운한 사람이라고 볼 수 있다.

당대에 그를 인정한 사람은 거의 없었다. 그의 가설이 황당무계했던 것은 블랙홀이 되려면 슈바르츠실트 반지름이 약 3km가 돼야 하는데 이것이 상식적으로 가능한가 하고 도외시했기 때문이다. 이것은 지구의 반지름이 약 1cm가 되도록 수축시키는 것과 마찬가지이다.⚘

⚘ 「파란만장한 블랙홀 자서전」, 박석재, 과학동아, 1997. 5

더구나 일반상대성이론을 제창한 아인슈타인 자신은 블랙홀의 존재를 인정하지 않았다. 큰 질량을 가진 천체의 부피가 무한히 작아지기까지 수축하는 일 따위가 일어날 리 없다고 생각했다. 그는 블랙홀이 물리적으로 존재할 수 없음을 보여주기 위해 1939년 「중력에 이끌리는 다체로 구성된 구상균형을 이룬 정지계에 대하여」라는 논문을 통해 슈바르츠실트가 주장한 블랙홀을 반박하려고 했다.[✣✣]

그런데 1963년 수학자 로이 커(Roy Kerr)는 또 다른 블랙홀에 대한 해를 발표했다. 그것은 회전하는 블랙홀로서 회전 때문에 시공간을 빨아들이는 영역이 사건의 지평선 바깥까지 뻗어 있는데, 이 영역을 에르고스피어(ergosphere)라 한다. 또 커의 회전하는 블랙홀은 특이점이라 부르는 중심점이 하나의 점으로 존재하지 않고 고리 모양으로 존재한다.

회전하는 블랙홀과 회전하지 않는 블랙홀은 오늘날 각각 '커 블랙홀'과 '슈바르츠실트 블랙홀'이라 부른다. 두 블랙홀은 모두 질량과 전하(양전하든 음전하든 간에 그 크기는 비교적 작을 것으로 추정)만으로 완전하게 기술할 수 있으며 커 블랙홀의 경우에는 회전 속도(각운동량)가 추가된다.[✣✣✣]

블랙홀은 점점 학자들의 지지를 받아 이론상 수축이 일어날 수 있다는 것도 미국의 물리학자 로버트 오펜하이머(1904~1967) 등에 의해 제기되었다. 그리고 '중력붕괴'라는 수축 매커니즘을 통하여 만들어지는 중성자별이 실제로 발견됨으로써 블랙홀의 존재도 유력해졌다. 이 부분은 뒤에서 다시 설명한다.

특히 블랜퍼드 등 몇몇 학자들은 블랙홀 질량이 태양보다 1억 배 정도 크면 충분히 은하 밝기 정도의 에너지를 꺼낼 수 있다는 것이다.

1970년대 아인슈타인의 사후에 백조자리 방향에서 강력한 X선원이 발견되었다. 당초에 많은 천문학자와 물리학자들은 이 X선을 방출하는 천체로 중성자별을 생각했다. 그런데 학자들은 중성자별의 질량은 태양 질

✣✣
박진희, 「블랙홀 둘러싼 거장과 신인의 싸움」, 과학동아, 2004. 9

✣✣✣
『판타스틱 사이언스』, 수 알렌, 웅진닷컴, 2005

량의 약 3배 이하여야 한다는 것을 발견했고, 백조자리 X-1은 태양의 약 10배 이상의 질량을 갖고 있었다. 결국 백조자리 X-1은 중성자별이 아니라 블랙홀이라고 결론을 내렸다.*

그 후 허블망원경은 많은 은하의 중심에 거대한 블랙홀이 존재한다는 증거를 속속 찾아냈으며 이제는 대부분 은하 중심에 질량이 태양보다 100만~100억 배 더 큰 블랙홀이 존재한다는 것이 기정사실이 됐다.**

블랙홀의 존재를 확인한 방법은 직접 관찰한 것이 아니라 주변의 별이 빨려들어 갈 때 생기는 회전가스 원반 형태의 X선이나 감마선 빛을 관측해서 알아낸 것이다.

중성자별은 아인슈타인의 상대성이론을 확고히 증명해 준 것으로도 유명하다. 우선 중성자별은 1967년 케임브리지대학의 대학원생 조슬린 벨(Jocelyn Bell)과 지도교수 앤터니 휴이시(Antony Hewish)가 발견했다. 그들은 퀘이사에서 날아오는 전파에서 이상한 신호를 발견했다.

그런데 그것은 퀘이사에서 날아온 것이 아니라고 확인되었는데, 놀라운 것은 그 전파가 1.337초마다 한 번씩 0.3초 동안 맥동을 나타냈다. 이것은 전에 한 번도 관측된 일이 없었다. 그때까지 관측된 퀘이사의 전파 신호는 언제나 일정하게 계속되었기 때문이다.

처음 벨과 휴이시는 이것이 외계인이 보낸 전파일지도 모른다고 생각하여 LGM(little green man, 작은 녹색인간)이라 불렀지만, 얼마 후 맥동하는 전파 별에서 나오는 것으로 판단하여 펄사라고 불렀고 백색 왜성 또는 중성자별일 것으로 추정했다.

토머스 골드(Thomas Gold)와 프랑코 파치니(Franc Pacini)도 이 수수께끼의 천체를 집중적으로 연구하여 펄서는 중성자별이라는 결론을 얻었다.

중성자별은 아주 빠른 속도로 자전하면서 강한 전파를 방출하는데, 마침 그 방향이 지구를 향하게 되면 회전하는 등대 불빛이 일정한 간격으로

* 『21세기판 상대성이론 입문』, 뉴턴, 2004. 4

** 「우주는 모든 물질이 한 점에 모여 일으킨 대폭발의 결과」, 박석재, 『신동아』, 2004

지나가는 것처럼 전파 신호가 맥동하는 것처럼 보인다는 것이다.

그 후 펄서는 수백 개가 더 발견되었는데 모두 빠른 속도로 회전하는 중성자별로 밝혀졌다. 휴이시는 펄서를 발견한 공로로 1974년에 노벨 물리학상을 받았지만 당시 대학원생인 조슬린 벨은 수상자 명단에서 빠졌다. 물론 그녀는 노벨상을 수상하지는 못했지만 명성 높은 영국왕립학회의 회원이 되어 과학계를 이끌어가는 선두주자 중에 한 명으로 인정받고 있다.[‡‡‡]

2004년 1월 호주의 물리학자들은 지름이 64m인 파크스 천체망원경으로 우주공간으로 에너지를 뿜어내고 있는 중성자별의 쌍을 발견했다. 호주 과학자들은 애초 초당 44번씩 회전하고 있는 중성자별을 관측했는데, 좀 더 자세히 확인한 결과 2.8초마다 한 번씩 회전하고 있는 또 다른 중성자별이 바로 곁에 있는 것을 확인했다.

천문학자들의 계산에 따르면 두 중성자별은 지금으로부터 8,500만 년 뒤에 서로 충돌할 것으로 예측되었고, 천문학자들은 이번 관측이 이론적으로만 확인돼 온 아인슈타인의 일반상대성이론에 대한 실제 증거가 될 것으로 인식한다.[‡‡‡‡]

행성의 크기에 따라 블랙홀이 생성

블랙홀에 대해 좀 더 구체적으로 설명한다.

블랙홀은 수학적으로 예측되지만 정의상 보는 것이 불가능하다는 데 매력이 있다. 그렇다면 블랙홀은 이론상으로라도 어떻게 생겨나는 것일까(과학자들은 블랙홀의 존재를 확신하지만).

이에 대해서 확실하게 아는 사람은 없지만 과학자들의 추론은 다음과

‡‡‡ 『판타스틱 사이언스』, 수 알렌, 웅진닷컴, 2005

‡‡‡‡ 「사이언스誌 선정 올해의 10大 과학뉴스」, 이영완, 조선일보, 2004. 12. 16

같다.

태양은 불타고 있는 거대한 기체 덩어리인데 대부분의 다른 별들도 이와 유사하다고 추정한다. 태양은 주로 수소와 헬륨으로 이루어져 있고 그 비율은 대략 2대 1이다. 그 밖에 탄소, 산소, 질소, 철, 마그네슘 같은 성분도 극소량 존재하며 그 비율은 별마다 다르다.

| 블랙홀 존재를 증명하는 증거 | 블랙홀로부터 방출되는 에너지에 의해 생긴 한 쌍의 기체 덩어리들이 빠른 속도로 뿜어져나오고 있어 블랙홀의 존재를 알려준다.

그런데 태양계에서 태양은 매우 특별한 존재이지만 우주에서 태양은 황색 왜성이라 부르는 평범한 별 중에 하나이다. 별의 온도는 색으로 알 수 있는데 파란색 별은 붉은색 별보다 더 뜨겁다. 또 수명도 각각 달라 질량이 작을수록 오래 산다. 즉 질량이 큰 별은 격렬하게 불타다가 연료를 일찍 소모하고 젊은 나이에 죽는 것이다.

태양도 연료가 다 타면 결국 죽는데 그 과정은 비교적 잘 알려져 있다. 처음에는 점점 팽창하면서 적색 거성으로 변했다가 온도가 냉각되면서 밀도가 아주 크고 크기는 작은 백색 왜성으로 변한다.

그런데 모든 별이 태양과 같은 죽음을 맞이하는 것은 아니다.

별은 두 가지 힘의 균형을 통해 안정된 상태를 유지한다. 하나는 중심부의 핵반응에서 발생한 매우 높은 온도가 바깥으로 밀어내는 압력이고 또 다른 힘은 모든 것을 안쪽으로 끌어당기는 중력이다. 별의 수명이 다할 때가 되면 연료가 거의 바닥나 두 힘의 균형이 깨진다.

어떤 별이 블랙홀이 될지 안 될지는 질량으로 추정할 수 있다. 질량이 태양보다 세 배 이상 큰 별은 연료를 모두 태워 결국 중심부에는 철만 남게 되는데 이런 별은 초신성으로 폭발하면서 바깥층을 우주공간으로 날려 보낸다. 더 이상 별은 바깥쪽으로 밀어내는 압력을 만들어내지 못하기 때문에 중력과의 싸움에서 지고 만다. 이 단계에서 어떤 별은 중성자별로 변한다. 중성자별은 구성 성분이 대부분 중성자로 이루어져 있고 중성자 간에 작용하는 핵력으로 간신히 중력에 버틸 수 있다. 중성자별은 대개 지름이 10km 정도이다.

질량이 큰 별이라도 마지막 폭발 때 바깥층이 전부 다 우주공간으로 날아가지 않는 경우도 있다. 남은 물질은 짜부라드는 중심부를 향해 떨어진다. 천문학자들은 짜부라드는 중심부의 질량이 태양의 세 배 이상일 경우 블랙홀로 변할 것이라고 추정한다.⚜

현재까지 블랙홀이 활동하는 모습을 제대로 관측한 예는 손가락으로 꼽을 정도이지만 블랙홀이라는 이름이 갖는 매력 때문에 상당히 와전되어 설명되고 있는 부분이 많이 있다. 우선 블랙홀은 '삼키기만 하는 곳', '시커먼 곳'이란 설명이다.

블랙홀에 대한 매력을 배가시키는 것은 수많은 동화나 애니메이션, 영화에서 자주 나타나는 장면에서도 기인한다. 동화에서 하늘나라 나이와 지구 나이에 큰 차이가 있다고 설명되는데, 간단하게 말하여 하늘나라에서 하루를 지내고 왔는데 지구에서는 수십 년이 흘렀다는 식이다.

블랙홀 개념으로는 이 가정이 일어날 수 있다는 데에 작가들이 매력을 느끼는 것이다. 학자들은 블랙홀 근처에서 며칠을 지냈다 오면 지구에서는 수백 년이 흘러갈 수 있다고 추정한다.

현재까지의 과학으로 볼 때 시간을 늦게 가게 하는 방법은 두 가지로 예상한다. 첫째는 사람이 빨리 움직이면 된다. 그러나 사람 스스로 빨리 달릴 수 없으므로 빠른 우주선을 타면 시간이 느리게 간다는 것은 앞에서 이미 설명했다. 초속 10km의 속도를 가진 우주선을 타고 70년을 달리고

⚜ 『판타스틱 사이언스』, 수 알렌, 웅진닷컴, 2005

지구로 돌아온다면 그는 무려 1초나 나이를 적게 먹은 셈이 된다. 1초라는 숫자가 작은 것 같지만 물리학에서 볼 때 매우 긴 시간임을 이해할 필요가 있다.

둘째는 중력이 엄청난 블랙홀 근처에서 며칠을 지내다 오면 지구에서는 수백 년이 흘러갈 수 있다. 블랙홀 근처와 지구 위에서의 시간은 동일하게 흐르지 않는다.

| 스티븐 호킹 박사의 블랙홀 | 호킹 박사는 양자이론에서 '정보는 완전히 소실될 수 없으며, 모든 과정은 되돌릴 수 있는 가역성을 지닌다'는 주장을 블랙홀 이론으로 수정해야 한다고 주장했으나 2004년 7월 자신의 주장이 틀렸음을 인정하고 양자이론에 손을 들어주었다.(일러스트레이션 박현정)

실제로 아파트 20층에 사는 사람은 1층에 사는 사람에 비해 평생 10만분의 1초 정도 수명이 짧다고 한다. 1층에서의 중력이 더 크기 때문이다. 이런 약간의 중력 차이에도 시간의 흐림이 바뀌는데 태양 정도의 수조 배나 되는 블랙홀의 중력을 갖고 있는 곳 근처에 가면 시간은 지구에 비해 엄청나게 더디게 갈 것은 당연한 일이다.

이 말을 경북대 천문대기과학과 박명구 교수는 아인슈타인의 이론을 사용하여 간명하게 설명했다.

> 중력이 대단히 크면 시간과 공간이 함께 휘어지는데 이는 어떤 거리를 직선으로 갈 수 없다는 것을 의미한다. 이때 시간이 늦게 흘러간다는 것은 공간뿐 아니라 시간까지도 역시 곡면을 돌아서 간다는 것을 뜻한다.

블랙홀에 대해 가장 잘못 알려진 오해는 블랙홀은 집어삼키기만 하고, 검다고 여기는 것이다. 블랙홀이 무엇이냐고 질문하면 대다수의 사람들이 빛도 빠져나올 수 없을 정도로 모든 것을 빨아들이기만 하는 암흑의 천체라고 대답한다.

그런데 블랙홀은 무한히 작은 점에 매우 큰 질량이 모여 있기 때문에 중력이 매우 크긴 하지만 중력이 작용하는 것은 일반 천체와 마찬가지이다.

이것은 블랙홀에서 두 배 먼 거리로 이동하면 블랙홀이 미치는 중력의 세기는 4분의 1로 줄어든다는 것을 의미한다. 따라서 우주선을 타고 블랙홀 주위의 궤도를 안전하게 돌 수 있다는 것이 결코 과장은 아니다. 물론 안전거리를 잘 계산해야 한다는 점을 사전에 경고한다.⚜

빅뱅 이후의 우주

블랙홀에 대해서는 이만 줄이고 BB이론을 정설로 인정한다면 빅뱅 이후 우주가 어떻게 되었는가를 간단하게 살펴보자. 빅뱅이론의 방정식은 생성의 '순간' 이후 10^{-43}초 후에만 의미가 있다. '플랑크 시간'이라고 불리는 이 시간 전에는 우리가 갖고 있는 물리 법칙들이 의미가 없다.

우주는 그때까지만 해도 너무 작아서 현미경이 있어야만 찾을 수 있을 정도였다. 처음 보는 엄청난 숫자에 겁을 낼 필요는 없지만 10^{-43}초란 즉 1초의 1조의 1조의 1조의 1,000만 분의 일이다.

플랑크 시간 직후의 우주에는 자연의 네 종류의 힘인 중력, 전자기력, 약한 핵력(약력), 강한 핵력(강력)이 하나로 통합되어 있었으나 이때 이후 네 힘들은 분리된 존재가 된다.

1979년 MIT의 알랜 구스(Alan Guth)는 허블 이래 우주론에서 매우 중요한 개념을 발견했는데 그것은 '초팽창(Inflation)'이라는 개념이다.

구스는 초팽창(빅뱅 직후 1초보다 아주 짧은 순간에 일어난 우주의 급격한 팽창)이 일어난 후에 오늘날과 같은 비교적 느린 속도의 팽창이 뒤따랐으

⚜ 「판타스틱 사이언스」, 수 알렌, 웅진닷컴, 2005

며, 이러한 초팽창의 존재를 가정하면 오늘날의 우주가 평탄한 이유를 설명할 수 있다. 이부분은 뒤에서 다시 설명한다.✝

빅뱅 모형에 따르면 우주는 탄생 직후 10^{-34}초마다 그 크기가 두 배로 늘어나면서 정신없이 팽창하기 시작했다. 그런 팽창은 1초의 100만 분의 100만 분의 100만 분의 100만 분의 100만 분의 1에 해당하는 10^{-34}초에 끝나버렸지만 그 결과 손바닥에 들어갈 정도였던 우주가 무려 10,000,000,000,000,000,000,000,000배로 커졌다고 구스는 설명했다.✝✝

우주의 나이가 1초였을 때 우주의 온도가 100억℃ 정도로 식었고 이때 새로운 입자들이 나타나기 시작했다. 이들 입자는 뉴트리노(중성미자)와 양성자와 중성자였다. 다시 1분 30초가 지나자 이번에는 양성자와 중성자들이 결합하여 원자핵을 만들기 시작했다. 3분 후에는 우주의 온도가 10억℃로 떨어졌으며 우주의 나이가 100만 년이 되었을 때, 그 온도는 3천℃로 떨어졌다. 이후 팽창하는 우주 속에서 은하가 탄생했고, 별이 태어났으며 우리의 태양계가 형성되었다는 뜻이다.

우주의 나이가 1백만 년이 되어서야 비로소 원자가 형성되기 시작했다. 그 이전에 아원자 입자들은 복사 광자들과 계속해서 충돌하고 있었으며 50만 년 이후부터 1백만 년까지의 사이에 광자들은 우주 도처로 움직이기 시작한 것이다.

앞의 숫자들은 일반인들이 이해하기 어려운 것은 사실이다. 그러므로 우리의 우주가 단 한 순간에 만들어졌다는 개념만 이해하면 충분하다. 구스의 이론에 의하면 우주는 지름이 수천억 광년에서 무한 사이의 어떤 값이 될 정도로 광대하고 별과 은하와 다른 복잡한 계들이 만들어질 준비를 완전히 갖추고 있다고 설명된다. 이러한 기본 원리에 의해 우리 지구를 비롯한 우주는 존재할 수 있게 된 것이다.✝✝✝

그렇다면 실무적으로 어떻게 지구와 같은 행성이 만들어질 수 있는가?

✝ 『대폭발과 우주의 탄생』, 배리 파커, 전파과학사, 1996

✝✝ 『거의 모든 것의 역사』, 빌 브라이슨, 까치, 2005

✝✝✝ 『거의 모든 것의 역사』, 빌 브라이슨, 까치, 2005

| 알렌구스 |▶

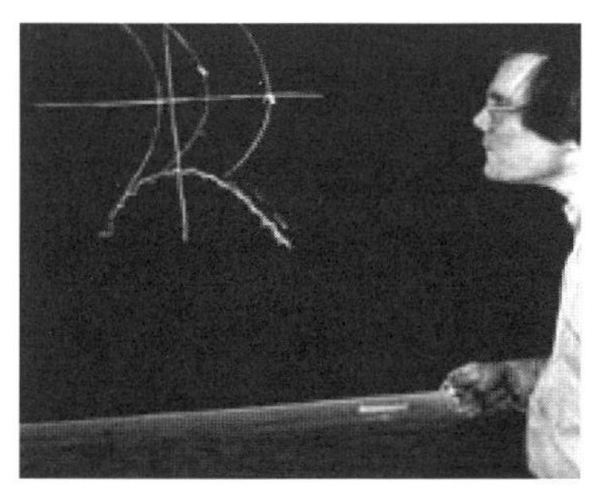

| 구스의초팽창이론 |▼▼

- The false vacuum is constructed from scalar fields, assumed to have a "Mexican Hat" potential energy function:

False Vacuum
Vacuum Circle
Energy Density
Scalar Field A
Scalar Field B
Sombrero

A false vacuum is a region of space within which both scalar fields have the value zero. (*I.e.*, the rolling ball is at the top of the hill.)

- The constancy of the energy density of the false vacuum implies a negative pressure, which

학자들은 현재 두 가지 가설을 제시한다.

새로 탄생한 별(항성)을 둘러싼 가스와 먼지의 소용돌이 속에서 탄생한 최초의 행성은 태양계의 목성과 토성처럼 가스로 이루어진 거대 행성이다. 대부분의 천문학자들은 행성이 원반형 먼지 구름 속에 있는 돌덩어리들에서 점진적으로 성장함으로써 서서히 형성되었다고 추정한다.

과정은 매우 간단하다. 먼저 미세한 먼지 알갱이들이 달라붙어 더 큰 알갱이를 형성하고 이것이 충돌하며 더 큰 덩어리가 된다. 이런 성장과정에서 마침내 지구 질량의 10배 가량 되는 단단한 중심핵이 된다. 중심핵은 강력한 중력으로 먼지 구름 속의 가스를 흡수해 가스로 뒤덮인 거대한 행성이 된다는 것이다. 일반적으로 이런 식으로 행성이 형성되는 데에는 몇 백만 년이 걸릴 수 있다고 생각한다.

두 번째 가설은 행성이 만들어지는 데 몇 백만 년이나 걸리지 않는다고 주장한다. 그것은 행성의 성장에 필요한 가스가 그렇게 오래 남아 있지 못하므로 보다 빨리 성장해야 한다는 것이다.

많은 젊은 별들 주위에는 행성을 만드는 재료인 가스를 앗아갈 수 있는 강렬한 복사선을 가진 별들이 있다. 그 때문에 거대 행성은 가스가 사라지기 전에 서둘러 생성되지 않으면 행성이 만들어질 수 없다는 것이다.

이 이론에 의하면 중력 때문에 가스와 먼지로 이루어진 원반형 구름이 붕괴해 맨 위에 보이는 밝은 덩어리로 표현된 높은 밀도의 구름을 형성한다. 각 구름이 수축하면서 고형물질이 중심으로 모여들어 몇천 년에 걸쳐 중심핵이 형성된 다음 구름의 나머지 물질이 수축하면서 거대 기체 행성이 형성된다는 것이다. 이런 경우 행성이 만들어지는 시간은 100만 년 미만이다.

보스 박사는 현재 태양형 별(항성)들 중 약 10%에 거대 행성이 있을 정도로 상당히 흔하다는 것을 볼 때 원반형 먼지 구름이 사라지는 속도보다 더 빨리 행성이 형성되었을 수도 있다는 설명이다. 물론 어느 쪽이 보다 정확한지는 알려지지 않았다.⚘

한편 블랙홀 연구에서 기존의 이론에 배치되는 결과들이 근래 잇따라 발표되어 물리학계를 온통 벌집 쑤셔 놓은 듯 시끄럽게 만들고 있다.

미국의 하버드-스미소니언 천체물리학센터 루디 실드 박사는 주변 모든 물질을 삼키는 블랙홀들이 우주에 촘촘히 박혀 있을 것이라는 기존 이론은 블랙홀 자리에 자성을 띤 이상한 플라스카 덩어리들이 떠다닌다는 이론으로 대체돼야 할 것이라고 주장했다. 한마디로 기존의 블랙홀 이론은 틀렸다는 것이다. 실드 박사는 지구에서 90억 광년 떨어진 곳에 있는 퀘이사를 관측하는 과정에서 블랙홀 이론의 맹점을 발견했다고 주장했다. 퀘이사들은 중심부에 블랙홀이 있는 것으로 알려져 있지만 실드 박사는 14개의 천체망원경으로 이 퀘이사 구조를 관찰한 결과 중심부 주변의 물질 원반에서 폭 4천AU(지구-태양 간 평균 거리로 1억 5만km)의 거대한 구멍을 발견했다.

실드 박사는 이런 구멍은 강력한 자장에 의해 거대한 물질이 튕겨 나올 때만 생길 수 있다고 설명한다. 문제는 블랙홀에는 자기장이 없다는 점이다. 그러므로 그는 MECO(자기권 항구붕괴 물체)라는 고밀도 플라스마 덩어리가 이런 역할을 한다고 추정했다.

⚘ 「또 다른 지구를 찾아서」, 팀 아펜젤러, 내셔널지오그래픽, 2004.12

물론 케임브리지대학의 길모어 박사는 실드 박사의 발표는 설득력이 없다고 반박했다. 그는 2005년 우리 은하의 중심부에 존재하는 블랙홀을 직접 관측하는 획기적인 실험이 성공했음을 상기시켰다.

한편 유럽과 미국의 과학자들은 유럽우주국(ESA)의 지구궤도망원경 인테그랄(Integral, 국제감마선천체물리실험실)을 사용해 근거리 초질량블랙홀 수를 집계한 결과 블랙홀 수가 예상보다 훨씬 적은 것으로 드러났다고 밝혔다. 그들은 지금까지 발견된 숨은 블랙홀의 수는 우주배경 X선복사의 크기에 비하면 단 몇 %에 불과하다고 말했다. 물론 자신들이 찾지 못했다고 해서 반드시 블랙홀이 존재하지 않는다는 뜻은 아니라고 설명했다. 블랙홀이 더 깊숙이 숨어 있거나 인테그랄의 감지 능력을 벗어나 있을 가능성이 있기 때문이다.

그동안 많은 물리학자들이 정설로 인정한 블랙홀 이론이 공격받고 있다는 것은 우주의 생성에 수많은 연구과제들이 산적해 있음을 보여준다.[***]

배경복사가 증명한다.

여기서 빅뱅은 실제로 우리들이 상상하는 폭발은 아니었다. 우선 음파가 존재하지 않았으므로 그것과 연관된 폭음이 있을 리 없다. 또한 빅뱅은 공간이나 시간에서 일어나지 않았다. 우주가 팽창됐다고 말하는 것은 시공간 자체가 팽창함을 의미하기 때문이다.

모든 물체는 빛의 형태로 열을 방출하며, 물체에서 나오는 빛의 파장은 물체의 온도와 밀접한 관계가 있다는 것은 이미 설명하였다. 온도가 높은 물체에서는 에너지가 높은 빛, 즉 파장이 짧은 빛이 나오고 온도가 낮은 물체에서는 반대로 파장이 긴 빛이 방출된다.

[***] 「블랙홀 존재 의구심 연구 잇따라」, 과학과 기술, 2006. 9

빅뱅 직후에는 에너지와 물질 사이에 상호교환이 일어나지만 우주가 팽창함에 따라 온도가 내려가면서 더 이상 상호교환은 일어나지 않았고 이때 남아 있던 빛은 우주 팽창과 더불어 우주 속으로 흩어지면서 도플러효과에 의해 파장이 점점 길어지게 된다. 이것을 다른 말로 표현하면 우주의 팽창에 따라 우주의 온도는 계속 떨어졌다는 것이다. 가모프는 계산을 통해 빅뱅 때 나온 초기의 우주복사선 파장은 7.35cm로 예측했다. 이것은 3°K의 물체가 내는 빛과 같은 파장이다.

과학자들은 이 빛을 찾으려고 노력했다. 학자들은 빅뱅 이후 고온의 우주에 충만해 있던 빛이, 이제는 빛이 아니라 전파(마이크로파)가 되어 우주를 떠돌아다니고 있다고 추정했으며 이 빅뱅의 흔적인 전파를 우주배경복사라고 불렀다.

그러나 백 수십억 년 전에 일어난 빅뱅의 증거, 즉 3°K의 물체가 내는 파장을 찾아낸다는 것은 잃어버린 과거의 생물 화석을 찾아내는 일보다도 엄청나게 어려운 일이다.

그런데 앞에서 약간 설명했지만 놀랍게도 그 우주 고고학적 증거, 즉 빅뱅의 화석이 발견된 것이다. 이 3°K의 우주배경복사의 발견을 '우주론에 있어서 20세기 최대의 발견'이라고 일컫는데 그것은 벨연구소의 펜지아스(Amo Pansias)와 윌슨(Robert W. Wilson)이 우연하게 발견했다.

벨연구소의 펜지아스와 윌슨은 원래 우주배경복사를 발견하려고 한 것은 아니고 우리 은하계의 은하면에서부터 올지 모르는 전파 복사를 관측하려고 계획하고 있었다. 그들은 은하계의 해와 달의 무리에서 복사되는 전파의 파장을 정확히 측정하기 위해 그때까지 사용되고 있던 각주형 안테나의 개량에 여념이 없었다. 그런 곳에서 오는 전파는 매우 약하기 때문에 지구에서 발신되는 보이지 않는 전파신호를 모두 제거해야 했기 때문이다.

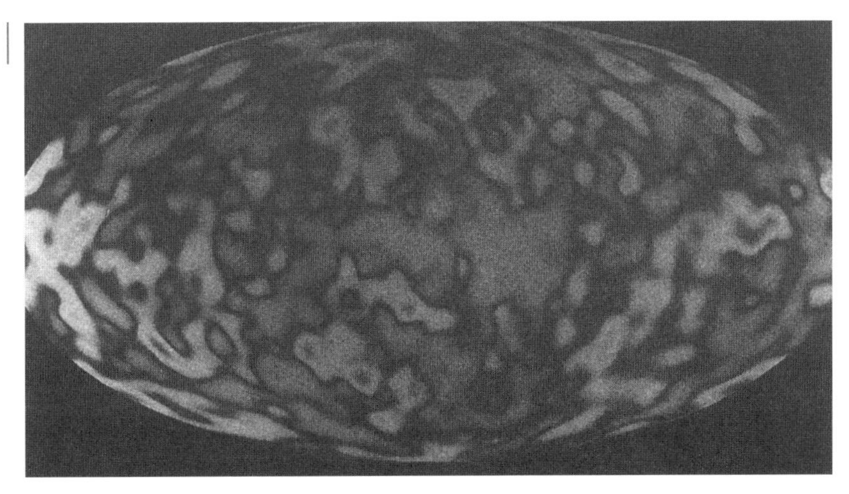

그런데 수신안테나의 잡음을 정확하게 계산한 후 그들이 포착한 전파의 온도를 계산했더니 예상보다도 2.5~3℃나 더 높았다. 그들은 자신들이 포착한 잡음이 약 3.5°K의 전파라는 것을 알았지만 그 전파원이 어디인지를 알 수 없었다.

그들은 안테나에 보금자리를 만들고 있던 한 쌍의 비둘기를 발견하고 이것이 전파 잡음의 원인이라고 생각했다. 그러나 비둘기의 보금자리를 제거하고 측정했음에도 불구하고 라디오의 공전에 필적하는 잔류 방사선인 잡음, 즉 3.5°K의 전파는 계속 남아 있었다. 그들은 결국 이 잡음의 근원을 우주로 추정하지 않을 수 없었다.

잡음은 우주의 어느 방향으로부터도 균일하게 날아왔다. 날짜의 변동도 없었고 계절적인 변동도 없었다. 그것은 인공적으로 발사된 전파도, 지구 대기의 잡음도, 특정 천체나 성운으로부터 오는 전파도 아니라는 것은 명백했지만 그 이유를 설명할 수 있는 방법이 없었다.

마침 프린스턴대학의 홈델연구소에서 빅뱅에서 방출되었다고 예측된 복사선을 찾는 일에 종사하던 연구원들과 만나 자신들의 측정 결과를 상의한 펜지아스와 윌슨은 그들이 포착한 전파가 그때까지 이론상으로만 거론되고 있던 빅뱅으로부터 남겨진 우주배경복사선이라고 결론지었다. 그 후 다른 과학자들에 의해 계속된 연구로 이 복사선이 실제로 우주를 탄생시킨 우주적 사건의 잔존물임이 확인되었다. 우주의 배경 마이크로파를 구성하는 광자들이 가모프의 예상대로 100억 년 이상이나 도처에 널려 있었던 것이다. 이들은 빅뱅 후 약 100억 년 동안 다른 물체들과 전혀 반응을 하지 않고 남은 복사이다. 정확하게 말해서, 우주배경복사는 빅뱅 후 약 30만 년 후에 실제로 존재했던 우주의 모습이다.⚜

그들의 발견은 곧바로 인정되어 1978년에 노벨 물리학상을 수상했지만 빅뱅 이론을 제창한 가모프는 노벨상을 받지 못했다. 그러므로 펜지어스와 윌슨은 노벨상 역사상 가장 운이 좋은 과학자로 일컬어지는 대신에 가모프는 모즐리, 캐러더스(Wallace Hume Carothers)와 함께 노벨상을 받지 못한 가장 안타까운 사람으로 꼽힌다.

가모프가 노벨상을 받지 못한 이유로는 가모프 자신이 1950년대에 대폭발 이론에 대해 많은 관심을 두지 않은데다가 1956년 콜로라도대학으로 옮긴 뒤에는 학문적으로 아주 고립된 생활을 했기 때문이다. 더구나 가모프는 엄청난 술고래로 종종 이 주벽 때문에 학회에서 추태를 여러 번 연출한 적이 있었다. 결국 그의 이런 특이한 행동이 물리학 공동체에서 자신의 위치를 몰락시키는 데 기여했고 대폭발 이론의 창시자에 대한 신뢰가 떨어지면서 노벨상 수여자의 명단에서도 탈락한 것이 아닌가 추정하고 있다. 노벨상을 타기 위해서는 학문적인 업적도 중요하지만 품행도 가지런해야 한다는 것을 생각하면 노벨상을 타는 것은 이래저래 어려운 일이 아닐 수 없다.

그런데 이런 현상을 발견한 사람은 펜지아스와 윌슨만은 아니었다. 그들과 같은 연구소에 근무하고 있던 과학자들도 똑같은 잡음을 발견했지만 그들은 잡음의 중요성을 파악하지 못하고 단지 안테나의 바탕 잡음을

⚜ 『사이언스 오딧세이』, 찰스 플라워스, 가람기획, 1998

조절하여 바탕 잡음보다 더 강한 신호를 찾는 데 주력했다. 반면에 펜지아스와 윌슨은 그 반대로 바탕 잡음의 수준이 그 안테나에서 기대되었던 것보다 훨씬 더 높다는 것에 주목한 것이다. 같은 현상을 가지고도 해석하는 방법에 따라 한 팀은 노벨상을 받았고, 다른 팀은 전혀 다른 길을 걸은 것이다. 이와 같이 같은 발견이라도 자신의 발견에 대한 주의력, 경각심 그리고 상상력에 따라 그 결과가 달라지는 것이다.

그런데 우주배경복사선을 일반 집에서도 볼 수 있다고 라대일 박사는 적었다. 라 박사가 설명하는 우주배경복사선을 볼 수 있는 방법은 다음과 같다.

> TV 수상기를 켠 다음 기존 방송이 없는 채널을 선택한다. 그 다음에 화면의 암영을 조절하는 콘트라스트(contract) 스위치를 돌려 약간 화면을 어둡게 하면 화면에 간혹가다 반짝거리는 신호를 볼 수 있다. 이런 신호의 약 10%는 바로 우주배경복사선에서 오는 것이다. 이들은 우리가 사는 우주 곳곳을 가득 채우고 있는 열전자파이므로 우주 어느 곳으로 TV수상기를 옮긴다 하더라도 그러한 반짝 신호는 절대로 없앨 수 없다.ᆃᆃ

빅뱅에 대한 연구는 계속되었다. 빅뱅에 의해 은하가 시작되었다면 우주는 사방으로 균일한 분포를 보이는 것이 정상이다. 그러나 현재의 우주는 은하들이 도처에 점점이 박혀 있는 구조며 어떤 부분에 엄청난 숫자의 은하계가 밀집되어 있다. 이것을 은하단이라고 한다.

학자들은 이러한 불균일성이 초기의 우주가 완전히 균질하지 않고 요동(ripple of matter)이 일어났기 때문이라고 추정했다. 원자들은 우주가 10만 년이 되었을 때 형성되기 시작했다고 설명되는데, 이때가 복사선이 아

ᆃᆃ
「대폭발이론이 태어나기까지」, 라대일, 과학동아, 1992. 12

존 C.매더(좌)와 조지 F. 스무트(우) 2006년 노벨물리학상 수상자

원자 입자들과 충돌 없이 우주 도처로 자유롭게 움직이게 된 시기이므로 이 시기에 커다란 우주의 요동이 있었다는 것이다. 학자들은 이 초기 우주의 요동은 우주 마이크로파 배경복사선의 온도 변이로 검출될 수 있다고 예측했다. 학자들의 예상은 정확했으며 1992년 NASA가 발사한 코비(COBE: cosmic background explorer) 위성이 실제로 마이크로파 배경에 10만 분의 6 정도의 작은 온도 요동이 있음을 발견했다.

이들은 1989년 발사한 COBE 우주관측 위성에서 얻은 자료를 바탕으로 극초단파 우주배경복사가 흑체(黑體) 복사 형태를 띠고 있고, 이방성(異方性)이 있음을 발견했다. 우주배경복사가 방향에 따라 온도가 달라지는 이방성이 있다는 것은 빅뱅 후 초기 우주에서 물질들이 응집돼 은하와 별이 탄생할 수 있는 환경이 가능했음을 뜻한다. 이 같은 성과는 우주가 -270℃로 균일하다고 알려진 내용을 뒤집는 것으로 빅뱅(Big Bang)이론의 타당성을 뒷받침하고 초기 우주와 은하, 별의 기원에 대한 이해를 넓힐 수 있게 했다. 빅뱅의 또 하나의 증거가 발견된 것으로 천문학자들은 이 성과를 우주론 사상 20세기 후반 최대의 발견으로 평가했다.

이들의 공을 인정받아 2006년 노벨 물리학상은 코비프로젝트의 책임연구원인 미국 항공우주국(NASA) 고다드우주비행센터의 존 C. 매더박사와 버클리 캘리포니아대 조지 F.스무트 교수에게 수여되었다.

매더 박사는 COBE 탐사선 연구의 총책임자로서 우주배경복사가 흑체 복사 형태를 띤다는 사실을 확인했으며, 스무트 교수는 우주배경복사의 온도가 방향에 따라 다르다는 사실을 확인했다. 이는 그동안 우주생성론이 빅뱅이론 등 이론적 연구에 의존하던 시대에서 실제 관측과 측정을 통해 연구하는 시대로 접어들었음을 의미한다.✝

아인슈타인이 말한 최대의 실수

빅뱅의 증거가 나타났다고 환호하는 것도 잠시, 이 측정 결과는 또 다른 문제점을 야기시켰다.

우주 나이가 10만 년일 때 존재했던 10만 분의 6정도의 요동이 있기 위해서는 현재 알려진 약 150억 년으로는 너무 짧은 시간이라는 점이다. 라대일 교수는 통계적으로 볼 때 현재의 은하까지 자라려면 최소한 1백조 년 정도의 세월이 흘러야 한다고 지적했다. 그러므로 은하들이 1백조 년이 아닌 150억 년 내에 탄생할 수 있다는 주장은 마치 '정상적으로 9개월이 걸리는 아기를 단 30분 만에 태어나게 할 수 있다' 고 주장하는 억지라고 설명했다. 아직도 이 문제는 명쾌하게 풀리지 않고 있는데 이를 '우주 광역구조형성에 관한 문제(the structure formation problem)' 라고 한다.✝✝

현재 우주의 나이는 천문학자들 간에 첨예한 대립을 겪고 있는데 심지어는 우주의 나이가 1조 년이 넘는다는 급진적인 이론도 있다.

영국 케임브리지대학 닐 투록 박사와 미국 프린스턴대학 폴 스타인하트 박사는 우주의 나이가 적어도 1조 년이 넘고 빅뱅(big bang)이 계속 반복돼 일어난다고 주장했다. 이에 따르면 우리가 알고 있는 빅뱅은 가장 최근에 일어난 폭발이며, 빅뱅 이후 물질은 무한한 공간으로 끝없이 퍼져나

✝ 「노벨 물리학상에 美 매더·스무트」, 박도제, 헤럴드경제, 2006. 10. 4

✝✝ 「대폭발이론이 태어나기까지」, 라대일, 과학동아, 1992. 12

간다는 설명이다.

투록 박사는 "시간은 빅뱅 이전에도 있었다"며 "우주는 무한히 오래됐고 무한히 거대하다"고 말했다. 스타인하트 박사도 "지금까지의 이론이 옳다는 증거가 없다"고 주장했다.

물론 미국 터프츠대학 알렉산더 발렌킨 교수는 "이들의 이론은 우주의 형태를 확실하게 예측하지 않고 애매모호한 값을 제시하기 때문에 검증하기 힘들다"는 견해를 밝혔지만 이 문제는 앞으로도 계속 천문학자들을 괴롭힐 것이 틀림없다.⚜

여기에서 주제를 달리하여 아인슈타인으로 돌아가보자.

앞에서도 이야기했듯이 일반상대성이론의 방정식은 우주가 팽창하거나 수축하고 있다는 것을 암시했다. 이 결론에 만족하지 못한 아인슈타인은 팽창도 수축도 하지 않고 영원히 변화하지 않는 우주 모델을 만들려고 했다. 그러나 그런 우주는 물질끼리의 중력에 의해 수축하여 짜부라지고 만다. 그러므로 그는 '우주항(宇宙項)'을 첨가하면서 방정식을 변환시키는 우주의 모형을 제안했다. 우주항은 물질끼리를 떼어놓는 힘인 '반발력'을 공간이 가지게 하는 효과를 가진다. 또한 우주항의 존재는 진공에도 에너지가 존재한다는 것을 의미한다. 그 수치는 우주가 팽창해도 변화하지 않고 우주의 모든 곳에서 일정하다. 이 경우 현재의 우주 공간의 에너지 밀도는 물질의 에너지 밀도와 진공의 에너지 밀도를 합한 것이 된다.

가장 일반적인 우주 모델에서는 물질끼리 잡아당기는 인력 때문에 팽창속도는 감속되고 우주 나이는 허블 상수의 역수의 3분의 2가 된다. 그러나 우주항을 도입한 우주 모델에서는 물질끼리 서로 잡아당기는 힘과 진공이 밀어내는 힘이 균형을 이루면서 팽창의 속도는 느려진다. 그러나 최종적으로는 진공의 척력이 우세하여 팽창속도는 가속되고 따라서 우주 나이는 허블 상수의 역수보다 길어진다. 아인슈타인은 허블에 의해 우주

⚜ 「우주 나이는 1조 년이다」, 이상협, 동아사이언스, 2006.. 5. 18

가 동적으로 팽창하고 있다는 것이 발견되자 '우주항의 도입은 인생 최대의 실수였다' 고 하며 우주항을 부정했다.

그러나 1999년 학자들은 허블 우주 망원경을 통하여 8년간에 걸쳐 우주의 나이를 측정한 결과를 최종적으로 발표했다. 그들은 우주의 나이를 측정할 수 있는 허블 상수의 수치가 71km/s/100만 파섹(오차 10%)으로 우주의 나이는 약 120억 년이며 우주는 현재 가속도적인 팽창을 하고 있고 99%의 확신성으로 우주항이 존재한다고 발표했다.

2003년 천문학자들은 우주에 별을 만드는 물질은 5% 정도밖에 없고 나머지는 정체불명의 암흑에너지가 70%, 암흑물질이 25%라고 계산해냈다. 이것은 중력의 영향을 받아 수축되는 물질보다 중력을 이겨내며 우주를 밀쳐내는 에너지가 훨씬 크기 때문에 우주의 팽창속도는 점점 늘어났다는 결론으로 지금 우리에게 온 빛은 더 먼 거리를 여행했다는 뜻이다. 즉 우주의 나이도 그만큼 늘어나야 하는데 이런 연구결과들을 토대로 계산된 우주의 나이는 141억 년이다.[†††]

천문학자들은 멀리 있는 초신성의 후퇴 속도와 가까이에 있는 새로운 초신성의 후퇴 속도를 비교했다. 그 결과 우주의 팽창 속도는 점점 빨라지고 있다는 것을 발견했다. 과거로 거슬러 올라갈수록 우주 팽창의 속도가 느려진다는 것은 우주가 현재의 크기로 될 때까지 허블 상수에서 추정되고 있는 것보다도 시간이 더 걸렸다는 뜻이다. 그런데 만유인력에 의해 감속되어야 할 팽창 속도가 가속되고 있다는 것은 중력에 반발하는 척력(斥力)이 있다는 것을 뜻하며 이 척력의 유력한 후보가 공간끼리 반발하는 힘인 진공의 에너지이다. 이것은 완전히 빈공간으로 생각되고 있는 진공이 에너지를 갖는다는 것을 뜻한다. 바로 아인슈타인의 이론 중에서 틀렸다고 유일하게 지적된 우주항이 옳을지도 모른다는 것이다.

물론 우주항이 존재하더라도 또 하나의 큰 수수께끼가 존재하고 있다.

[†††] 「141억 년 우주의 과거, 자외선으로 되돌아본다」, 이영완, 조선일보, 2004. 6. 21

| 허블망원경 |

그것은 우주 초기에 거대한 진공에너지가 존재하였고, 그 진공에너지에 의해 가속도적으로 우주가 팽창했는데도 현재의 측정에 의하면 진공에너지의 밀도가 예상보다도 적다는 지적이다. 그러므로 우주항의 존재가 관측적으로 확립되었다고 단정하는 것은 아직 시기상조라고 주장하는 학자들도 있다.

이외에도 우주의 존재의 초기 단계에 관해 풀어야 할 문제들이 많이 남아 있다. 어쩌면 우주는 시작의 없고 '영(zero) 시간'의 개념이 의미가 없을지도 모른다. 그래서 요즈음은 시간의 의미가 없는 우주가 양자론을 사용해 기술될 수 있는 상태로부터 단순히 '나타났다'는 시나리오가 대두되고 있기도 하다. 이것은 우주가 플랑크 시간 이후에 일반상대성이론에 따라 진화했다는 것을 뜻하고 있지만 아직 올바른 이론으로 정착된 것은 아니다.

빅뱅이론 축배의 잔을 들 때는 아니다

대폭발이론이 CC이론에 비해 기선을 잡고 있다고는 보지만 아직도 대폭발이론에 여러 가지 해결되지 않는 문제점이 있다고 앞에서 설명했다. 이 단원은 배리 파커의 글에서 많이 참조했다.

제일 먼저 지평선 문제이다. 그것은 우주의 균일성(uniformity) 혹은 '매끄러움(smoothness)' 과 관련되어 있으므로 매끄러움 문제라고도 불린다. 이 문제는 1969년 메릴랜드대학의 찰스 미즈너(Charles Misner) 박사가 제기했다.

현대의 과학기술이 발달하여 그야말로 상상할 수 없는 먼 거리까지 측정할 수 있지만 우리가 아무것도 볼 수 없는 거리가 존재한다. 우리가 관측하는 수십억 광년 거리의 먼 은하들은 사실상 초속 300,000km로 달려온 수십억 년 전의 모습이다.

그런데 우주의 나이는 약 140~150억 년으로 추정한다. 그러므로 만일 140~150억 광년 너머에 있는 먼 우주를 보려 한다면 아무것도 볼 수 없다. 그 시간에는 우주가 존재하지 않았기 때문이다.

이를 알기 쉽게 다음과 같이 설명할 수 있다. 어떤 방향에서 100억 광년 거리에 있는 퀘이사를 관측했다면 반대방향에서도 100억 광년의 퀘이사를 관측할 수 있다. 그렇다면 그들 간의 거리는 200억 광년이다. 그러나 우주에서의 최대속도는 광속이고 우주의 나이는 140~150억 년에 불과하므로 광선은 우주 탄생 이후 140~150억 광년만 갈 수 있다는 뜻이 된다.

그러므로 200억 광년 떨어져 있는 두 퀘이사는 결코 어떤 성질들을 공유하거나 주고받을 수 없다는 것을 의미하는데 결과는 그 반대로 그것들의 모습이 서로 닮았다는 점이다. 더욱 중요한 것은 그 퀘이사들 각각의 주위에 있는 우주배경복사가 2.7K라는 동일한 온도를 갖는다는 점이다.

| 블랙홀 주위 |
블랙홀은 보통 다른 별과 쌍성계를 이루는데 이때 생기는 흡착원반에서 X선이 방출되기 때문에 블랙홀이 존재한다는것을 확인할 수 있다.(일러스트레이션 박현정)

두 우주가 서로 한 번도 연결된 적이 없다면 어떻게 해서 그것들이 정확히 동일한 온도를 가질 수 있을까. 이런 문제점을 설명하기 위해서 두 가지 가설이 제시됐다.

첫째는 우주의 팽창이 매우 정확하게 매끄럽게 시작되었으므로 현재까지 매끄럽게 남아 있다는 것이고, 둘째는 대폭발 때는 혼돈적이고 불균일했지만 곧 매끄럽게 퍼졌다는 것이다.

첫 번째 경우는 원자폭탄이 폭발할 경우 팽창하는 가스에는 상당한 난류(turbulence)가 생긴다는 것을 볼 때 매끄럽지 않다는 반론이 제시됐다. 두 번째 설명도 첫 번째 가설보다는 다소 합리적으로 보인다. 뜨거운 물통 한 개와 찬 물통 한 개를 섞으면 곧 평형상태로 변하기 때문이다.

그런데 이 경우에도 전체 우주에 걸쳐 열교환이 있어야 한다. 그런데 열은 광속보다 작거나 아무리 빨라도 광속과 같은 속도로만 여행할 수 있으므로 200억 광년 떨어져 있는 지역들이 균일화될 수는 없는 일이다. 즉 대폭발은 이 문제를 말끔하게 설명하지 못한다는 점이다.

두 번째 문제는 1969년 프린스턴대학의 로버트 딕케(Robert Dicke)가

| 로버트 딕케 |

지적했다.

평평함의 문제라고도 불리는데 이것은 우주가 왜 그렇게 평평할까 하는 것이다. 다른 말로 이야기하자면 우주가 왜 그렇게 나이를 먹었는가 하는 것인데 이것은 앞에서 설명한 임계밀도와 연관된다. 이 임계밀도에 대한 우주의 실제 평균밀도의 비를 오메가라고 하는데 일반적으로 오메가가 0.1에서 5 사이에 있다고 추정한다. 정확히 평평한 우주의 경우 오메가는 1이 되어야 한다.

그런데 딕케 박사는 이 비율이 어떤 값일 수도 있는데도 현재 그 값이 거의 1(이 중 물질 밀도인자는 0.3, 우주상수 밀도인자는 0.7임)이라는 것이다. 그는 초기우주에서 1.0보다 1%라도 컸다면 우주는 닫혀 있게 되어 현재보다 10,000 정도까지 커졌을 것이며 1.0보다 더 작았다면 우주가 열려 있다는 것을 뜻하므로 지금보다 1/10,000로까지 작아졌을 것이라고 설명했다.

현재의 과학 수준으로는 오메가가 0.1과 3 사이에 있는 것은 분명하며 상당한 근사치로 그것이 1이라고 설명한다. 1이라는 것은 평평한 우주에 해당하는데 바로 이것이 문제이다.

오메가가 현재처럼 1 근처의 어떤 값이 되려면 초기 팽창단계 동안의 오메가는 1의 소수점 밑으로 59개의 0이 있어야 한다는 것이다. 유일한 실제의 가능성은 오메가가 정확히 1에서 출발하여 여전히 정확하게 1 근처에 남아 있다는 설명이다. 오메가는 임계밀도에 대한 평균밀도이므로 그것은 우리가 아직 탐지하지 못한 물질이 우주에 많이 남아 있다는 것을

| 아기우주의 탄생 |
인플레이션은 오래된 우주로부터 새로운 우주가 탄생하면서 반복적으로 진행될 수 있다.(『우주의 구조』)

의미하는데 대폭발이론은 이것을 명쾌하게 설명하지 못한다.

인플레이션 이론 등장

대폭발이론이 다소 곤경에 처해져 있을 1979년대 말 코넬대학의 알란 구스(Alan Guth)가 빅뱅 모형의 몇 가지 어려움을 제거할 수 있는 방법을 발견했다. 그는 대폭발 후 약 10^{-35}초가 되었을 때 우주가 '과냉각' 상태로 진입하면 빅뱅이론에서 문제가 되는 팽창문제 등을 해결할 수 있다고 주장했다. 그는 이 상태를 소위 '가짜 진공(false vaccum)'이라고 표현했는데 결론은 우주가 가짜 진공상태에서 현재의 우주인 진짜 진공상태로 옮겨갔다는 것이다. 그 결과 팽창률이 급격히 변했으며 이를 인플레이션이 일어났다고 한다.

구스는 폭발 후 약 10^{-35}초에서 10^{-33}초까지 이 상태가 지속되었다고 계산했다.

그의 설명에 많은 천문학자들이 환호성을 지른 것은 가장 골머리를 썩

이던 평평함 문제를 해결할 수 있기 때문이다. 그것은 인플레이션이라는 말자체가 우주는 평평해야 한다는 것을 의미하기 때문이다. 또한 지평선 문제도 설명된다. 그에 따르면 인플레이션 동안 우주의 모든 지역이 철저히 혼합되었으므로 따라서 지역들 간의 접촉이 가능했다는 것이다. 물론 그는 우주가 팽창할 때 그것들은 정보를 공유한 상태로 남아 있다고 추정했다.

인플레이션 이론에 제기된 한 가지 어려움은 인플레이션을 어떻게 부드럽게 끝내느냐 였다. 1981년 펜실베이니아대학의 폴 스타인하드트(Paul Steinhardt)와 안드레아 알브레치트(Andreas Albrecht)가 해결책을 제시했다. 그들은 가짜 진공 주변의 경계 모양이 약간 변하기만 하면 인플레이션이 부드럽게 끝날 수 있다는 것이다. 이는 신인플레이션 이론(new inflation)으로 불린다. 구소련의 안드레이 린데(Andrei Linde) 박사도 그들의 주장과 같은 견해를 제시했다.

인플레이션 이론은 대폭발이론의 문제점을 상당히 완화시켜 주었지만 우주가 평평하다는 것은 우주의 평균밀도가 임계밀도와 같다는 것을 의미한다. 그러나 현재까지의 측정에 의하면 우주물질의 밀도가 임계밀도의 단 1%에 불과하다는 점이다. 바로 이점 때문에 우주 안에는 아직 인간들이 탐지하지 못한 상당한 물질이 존재해야 한다고 학자들은 주장한다. 이에 대해 명쾌한 해석은 아직 도출되지 않았다.

세 번째는 보다 심각한 의문점으로 우주에서 발견되는 구조 문제이다. 1970년대 중반에 스티븐 그레고리(Stephen Gregory)와 윌리암 티프트(William Tifft) 박사가 코마(Coma) 은하단 지역에서 거대한 빈공간을 발견했고 이후 은하집단들의 우주공간에 1억 광년이나 뻗쳐 있는 사슬 모양의 구조들을 발견했다. 학자들은 우주가 거대한 사슬 모양의 은하집단인 초은하단들과 그들 사이에 있는 거대한 빈공간, 즉 은하들이 하나도 없는 지역으로 구성되어 있다고 생각한다.

1989년에는 소위 만리장성(Great Wall)이라 불리는 길이가 5억 광년이고 너비가 2억 광년이며 거의 1천 5백만 광년의 두께를 가진 은하들로 이루어진 얇은 판형 구조를 발견했다. 그것은 우리 은하로부터 약 2~3억 광년 거리에 있다. 이런 장성은 그 후 계속 발견되었고 이를 '거대중력체(Great Attractor)'라 명명한다. 이것은 우리의 국부은하군과 근처의 다른 몇몇 은하군들을 중력으로 무언가가 끌어당기고 있다는 것을 의미한다.

이런 구조는 앞에 설명한 빅뱅이론을 혼돈에 빠뜨렸다. 대폭발이론은 대규모 우주가 균일해야 한다고 예측하기 때문이다. 더구나 실험측정에 의하면 이들 구조들이 대폭발 후 140~150억 년에 형성되기에는 너무 크다는 것이다. 전형적인 은하속도들은 광속의 약 300분의 1 정도이다. 그러므로 140~150억 년 안에 2억 광년 길이의 빈 공간을 만들어내기 위해서는 은하들이 상당한 거리를 움직여야 한다.

여기서 천문학자들은 만리장성들이 4억에서 8억 광년 떨어져 있다는 것을 발견했는데 이러한 구조들을 생산해내기 위해서는 우주의 나이가 몇 배 더 되어야 한다는 것이다.

물론 이 문제에 대한 해답은 앞에서도 설명했지만 보이지 않는 우주물질이 존재한다는 것이다. 현 우주는 보이지 않는 물질(암흑물질)이 보이는 물질과 뒤섞여 있다는 설명으로도 풀이된다. 그러므로 보이는 물질 지역은 사실 과잉밀집지역이라고 볼 수도 있으므로 물질이 그렇게 많이 움직일 필요는 없어진다는 설명이다.

또한 일부 학자들은 대폭발이론은 초기우주를 설명하는 것이지, 우주가 진화되면서 뒤늦게 발달된 구조는 별개라는 것으로 설명될 수 있다고 말한다.

학자들이 빅뱅이론을 선호하는 것은 우주의 과거를 예측할 수 있다는 가능성 때문이다. 빅뱅이론에 의하면 태초의 우주에서의 온도와 밀도를 예측할 수 있다. 이것은 종국에 아인슈타인의 일반상대성이론이 무너진다는 것을 의미한다. 우주가 너무 작아서 양자(원자) 효과가 중요해지면 일반상대성이론보다는 양자우주론이 요구되지만 아직 양자화된 일반상대성이론을 개발하지는 못했다.

바로 이점이 대폭발 후 10^{-43}초 이전에 어떤 일이 벌어졌는지 아무도 정확히 모르는 이유이다. 그리고 이 시간은 아주 중요한 시점이라고 배리 파커 박사는 설명했다. 왜냐하면 이때가 바로 우주의 팽창을 위한 초기 조건들이 형성되었던 시간이기 때문인데 바로 이점이 빅뱅이론의 가장 중요한 문제점이기도 하다.

이외에도 대폭발에서 나온 가스구름이 어떻게 분열하여 은하들을 형성했는가 하는 은하생성 문제, 자기홀극(magnetic monopole) 문제, 초기우주가 믿을 수 없을 정도로 낮았다는 엔트로피 문제, 반물질 문제, 광자 문제, 우주에 왜 회전축이 없는가 하는 회전 문제 등이 있는데 여기에서는 더 이상 상술하지 않는다.

대폭발이론이 나름대로 우주론에서 기선을 잡고 있다고는 하지만 앞에 설명한 것과 같은 문제점이 있다는 것은 아직 대폭발이론이 완성상태에 있지 않다는 것을 의미할 수 있다.

고개 드는 정상이론

대폭발이론에서 문제점이 야기되자 근래 대폭발이 아닌 정상이론이 다시 고개를 들고 있다.

그중에서도 가장 주목받고 있는 이론은 신정상이론이다. 캘리포니아대학의 제프리 버비지와 막스플랑크천체물리학연구소의 할톤 아프 박사가 제기한 것으로 우주에는 어떤 시작도 없었고 따라서 종말도 없을 것이며 물질이 계속적으로 창조된다고 가정하고 있다.

이 새로운 모형에서 물질은 우주 안으로 그냥 들어가는 것이 아니라 많은 '작은 폭발들' 을 통해 들어간다.

정상우주론 외에도 빅뱅이론에 대항하는 이론들은 여러 개다. 플라스마 우주론, 차가운 대폭발이론, 크로노메트릭 우주론과 혼돈에 기초한 우주론과 같은 것이다. 플라스마 우주론은 균일한 플라스마로 시작해서 간단하고 자연적인 방법으로 우주에서 보여지는 것과 유사한 대규모 구조를 만들어낼 수 있다는 설명이다.

스티븐 호킹 박사가 제안하는 양자우주론도 있다.

우주론들은 시초 상태에 따라 여러 가지의 형태로 나타날 수 있으므로 우주의 초기 조건 또는 경계조건을 결정하는 일이 중요한 의미를 주게 된다. 이 초기 조건에 양자우주론을 도입하자는 것이다.

초기의 우주는 일반상대성이론에 의하면 특이점이 된다는 것은 앞에서 설명했다. 따라서 특이점을 피하기 위해서라도 양자론의 도입이 필요한데 그는 우주를 하나의 파동함수로 표현한다.[†]

현재 대세를 이루고 있는 빅뱅이든 정상우주론이든 우주의 미래에 대해서도 두 가지 가설이 제기되어 있다.

첫째는 대폭발에 의해 주어진 운동에너지가 인력에 의한 위치에너지보다 커서 질량을 영원히 먼 곳으로 흩어버린다(open cosmos)는 것이다. 그런 열린 우주는 가스, 먼지, 그리고 왜성의 재로 가득 차 기온이 절대온도인 0℃인 '빅칠(Big chill)' 이 된다. 둘째는 운동에너지가 질량의 인력을 이기기에는 충분하지 못해서 임계상태에 도달한 후 다시 수축하기 시작하여 결국 '빅 크런치(Big crunch)' 가 발생한다는 것이다.[††]

팽창하는 우주가 계속적으로 팽창하거나 응축하느냐는 우주의 질량에 따

[†] 「우주의 시작에서 마지막까지 표준우주모델 시나리오의 기틀 마련」, 김성원, 과학동아, 1993. 9

[††] 「우주는 모든 물질이 한 점에 모여 일으킨 대폭발의 결과」, 박석재, 『신동아』, 2004. 1

라 달라진다. 우주의 팽창을 저지할 수 있는 밀도를 임계밀도(10^{-29}g/cm^3)라고 하는데 측정에 의하면 우주의 평균밀도는 임계밀도보다 훨씬 작은 것으로 밝혀지기도 했다.

이것은 우주는 계속 팽창할 것이라는 것을 의미한다. 이 경우 중력으로 서로 묶여져 있는 우리 국부은하군에 있는 것들을 제외한 모든 은하들이 우리의 하늘에서 사라진다는 것을 의미한다고 배리 파커 박사는 설명했다.

그러나 우주가 팽창한다는 계산에 사용된 평균밀도는 현재의 관측기술에 의존하고 있는데다가 우리에게서 아주 먼 곳이나 블랙홀 같은 곳에 숨어 있을 질량은 배제되어 있으므로 정확한 결과라고 할 수 없다는 지적도 있다. 더구나 우주에 가장 많이 존재하는 것으로 알려져 있는 소립자인 중성미자도 작은 질량을 갖고 있다는 것이 밝혀져 이들의 질량을 모두 합했을 때의 결과는 아직 모른다는 것이 학자들의 설명이다.

우주에 존재하는 중성미자는 초기우주의 우주배경 중성미자뿐만 아니라, 초신성 폭발에 의한 방출, 태양과 같은 별 내부에서 일어나는 핵융합 반응에 의한 방출, 원자력발전소에서 핵붕괴에 의한 방출, 격렬한 반응을 일으키는 천체에서 고에너지 중성미자의 방출, 우주에서 날아 온 우주선이 지구 대기의 분자와 충돌해 생성하는 중성미자 등으로 다양하다.

중성미자는 우주의 생성에 매우 중요한 역할을 하는 요소이다. 미국의 천체 물리학자 존 바콜은 태양의 핵융합 반응에서 일어나는 중성미자가 1초 동안 지표면에 1m^{2}당 약 100억 개가 도달하리 만큼 많이 방출된다고 계산했다. 이는 중성미자가 지구상에서 매 초당 수백억 개가 엄지 손톱만한 면적을 통과한다는 것을 뜻한다.⚘

초신성은 폭발과 함께 중심부에서 중성미자가 대량으로 방출되는데 이는 중성미자가 에너지를 방출하는 방법 중에 하나이다. 중성미자는 물질과 거의 반응하지 않기 때문이다. 김수봉 박사는 중성미자가 없었다면 별

⚘ 「땅속에서도 별을 본다」, 김재완, 과학과 기술, 2003. 6

은 죽고 싶어도 폭발할 수 없을 것으로 설명했다.

중성미자는 1930년 파울리 박사가 '관측할 수 없는 중성미립자'의 존재 가설을 제기했고, 1956년에 라이네스와 코웬에 의해 원자로에서 검출했다. 라이네스는 1995년에 노벨 물리학상을 수상했는데 그것은 그의 논문이 나온 지 40년이 지나서이다.⚘

물론 우주의 미래를 예측하는 데 꼭 임계밀도만을 사용하는 것은 아니다. 이외에도 우주 팽창의 감속률을 측정하는 방법이 있다. 이 계산에 의하면 우주는 닫힌 우주라는 결론을 얻을 수 있다. 이 결론에 의하면 우주는 앞으로 50억 년 이상 팽창하다가 멈춘 후 다시 한 점을 향해 응축하기 시작한다는 것이다.

이것은 윤회론적인 측면으로 볼 때 사람들에게 다소 위안을 주기 때문에 많은 학자들이 선호한다. 현 우주가 언젠가 수축된다면 또 다시 폭발할지도 모르기 때문이다.

이 말은 현재의 우주가 몇 번째로 만들어졌는지 모른다는 뜻으로 우리가 이미 예전에 여러 번 존재한 적이 있을지도 모른다는 것을 의미한다. 죽으면 아무것도 없다는 두려움 속에 사는 인간으로서 위안이 되지 않을 수 없지만 아직 확증된 이야기가 아님은 물론이다.

원천적으로 다시 시작하자

대폭발이론의 시초는 허블에 의한 후퇴속도가 거리에 따라 선형으로 증가한다는 것을 기반으로 한다. 다시 말해 멀리 떨어져 있는 은하일수록 더 빨리 후퇴하고 있다는 것이다.

앞에서 설명했지만 퀘이사는 대폭발이론에 결정적인 문제를 주었는데 중심에 거대한 블랙홀을 갖고 있는 은하의 일종이면 어느 정도 학자들이

⚘ 「중성미자로 우주생성 비밀을 푼다」, 김수봉, 과학과 기술, 2005. 12

지적한 문제점을 해결할 수 있다.

퀘이사가 매우 밝은 것도 거대한 블랙홀을 갖고 있는 은하 중에 하나가 또 다른 것과 충돌하면 그 중심에 있는 블랙홀이 다른 은하에서 나온 가스에 의해 연료를 '공급받음'으로써 밝아진다는 것이다. 따라서 우리가 퀘이사라고 부르는 것은 이들 초기은하들의 밝은 핵이라고 볼 수 있다고 배리 파커 박사는 말했다.

그런데 퀘이사가 정말 은하의 밝은 핵이라면 허블법칙에 따라 해당하는 점들이 은하들의 선을 따라 놓여 있어야 한다. 그런데 수천 개의 퀘이사의 경우 산탄총으로 발사된 것처럼 무차별로 분파되어 있었다. 이것은 과거부터 현재까지 벌여 왔던 적색이동으로 거리를 측정하는 것이 문제가 있을지도 모른다는 개연성까지 제기했다.

대부분의 퀘이사와 은하는 우주의 전혀 다른 지역에 놓여 있다. 대부분의 퀘이사는 멀리 깊숙한 곳에 있으며 부근에는 어떤 것도 없다. 그런데 다행히도 깊숙한 우주의 사이에 작은 중첩지역이 있다. 그러므로 퀘이사와 은하로서 그것들이 서로 가까이 있는지를 확인할 수도 있다.

그런데 예상치 못한 측정결과가 나왔다. 두 물체가 서로 가까이 있는데도 불구하고 크게 다른 적색이동을 갖는다는 것이다. 이것은 만약 퀘이사와 우주가 연결되었다면 심각한 문제가 된다. 그것은 퀘이사들이 은하들과 같은 관계, 즉 허블관계를 만족시키지 않는 것이 도플러효과에 기인한 것이 아닐지도 모른다는 점이다.

이와 같은 문제점이 제기된 것은 1970년에 맥도널드연구소에 있었던 댄 위드만에 의해서이다. 그는 은하인 NGC4319와 마카리얀 205가 너무나 가까이 있는 것을 발견하고 연결되어 있다고 확신했는데 적색이동에 의하면 완전히 다르게 나타났다.

퀘이사는 후퇴속도가 초속 21,000km인데 반해 은하는 1,700km였다.

상식적인 의미에서 빅뱅이론에 따른 우주론적 해석이라면 연결되어 있는 두 천체는 같은 후퇴속도를 가져야만 한다.

그러므로 후퇴속도가 다르다는 것은 퀘이사가 은하의 시선을 따라 그 뒤편에 있다고 볼 수 있다. 1971년 퀘이사의 빅뱅에 의한 우주론적 적색이동에 회의를 갖고 있는 마운트윌슨과 팔로마천문대에 있었던 할톤 아프(Halton Arp)가 이 문제에 도전했다. 그는 두 천체가 같은 방향으로 가까이 있기 때문에 일어난 광학적 착각이 아니라고 확신했다.

그의 설명이 옳다면 퀘이사에 대한 도플러 해석에 문제가 있으며 빅뱅이론에 큰 타격이 되지 않을 수 없다. 아프의 주장에 대해 여러 학자들이 그의 측정에 문제가 있다고 반박했다. 그들은 아프가 주장한 은하와 퀘이사를 엄밀 측정한 결과 두 천체가 연결되어 있다는 어떠한 특징들을 발견하지 못했다고 주장했다.

학자들이 그의 발표에 벌떼처럼 달려들자 아프는 스코틀란드의 로얄천문대의 닐 프래트 교수 등과 협조하여 직접 등광도 지도를 만들어 자신의 주장이 옳다는 것을 발표했다.

그는 정확하게 퀘이사 방향에 있지는 않지만 자신이 만든 등광도 지도에서도 연결다리를 볼 수 있다고 반박했다. 방향이 약간 다른 것은 은하의 회전 때문이라고 결론지었다.

그러나 그의 거듭된 주장에도 불구하고 다른 천문학자들은 두 천체 사이에 어떤 물리적 연결이 없다고 다시금 확인했다. 문제는 이와 같이 은하와 퀘이사가 거의 연결되어 있는 것처럼 보이는 예가 하나뿐이 아니라는 점이다. 캘리포니아대학의 제프리 버비지 박사는 퀘이사-은하 쌍 500개의 목록을 작성했다.

이것은 천문학자들이 무시하기에는 많은 숫자라고 강조했다.

이에 고무된 아프 박사는 퀘이사 마카리얀 205가 은하 NGC4319로부터 축출되었다고 설명했다. 그리고 퀘이사의 시선속도가 빅뱅이론에 의한 것이 아니라면 설명될 수 있다고 주장했다. 즉 퀘이사 모두가 은하로부터 축출되었다면 퀘이사와 은하가 서로 인접해 있는데 아무런 문제가 없다는 설명이다.

아프 박사는 다른 은하와 연결된 은하도 예로 들었다. 적색이동이 크게 다른 은하들이 서로 연결되어 있는 것처럼 보이는 경우도 있다. 은하 NGC7603의 경우 길고 밝은 연결판이 보이는데 둘 중 큰 은하의 적색이동은 다른 은하의 적색이동 값에 비해 절반에 불과하다. 이것은 5억 광년 밖에 떨어져 있지 않다는 것으로 NGC7603이 교란되었다고 주장했다. 즉 작은 은하가 큰 은하로부터 축출되었다는 것이다. 물론 이 은하를 조사한 프린스턴대학의 존 바콜은 두 천체가 연결되어 있지 않다고 반박했다.

이러한 예가 계속 나타나자 학자들은 혼돈에 빠지지 않을 수 없었다.

당연히 적색이동에 대한 도플러 해석이 관건으로 떠오르자 퀘이사의 스펙트럼에 관한 연구들이 집중되었다. 학자들은 퀘이사에서 얻어진 초기의 스펙트럼들이 밝은 선, 즉 방출선들만 보여주며 은하들은 일반적으로 어두운 선인 흡수선을 보인다는 것을 알고 있다.

퀘이사의 방출선은 보통 그 광원이 뜨거운 성운처럼 가열된 가스일 때만 발생한다. 그런데 후에 퀘이사 스펙트럼 역시 흡수선을 갖는데 놀라운 것은 대부분의 경우 이들 방출선과 흡수선이 동일한 적색이동을 갖고 있지 않았다. 동일한 천체로부터 다른 적색이동이 나타나는 것이다.

이런 현상에 학자들이 제시한 가설은 퀘이사와 태양 사이에는 많은 수소 구름이 있는데 이것이 퀘이사에서 나온 빛이 통과할 때 흡수선을 만들어낸다는 것이다. 이들 구름들이 다른 거리에 놓여 있으므로 보통 리만의 숲(Lyman forest)라고 부른다.

이것은 아프 교수의 주장과는 달리 퀘이사가 대부분의 은하들을 지나

깊숙한 우주공간에 있다는 것을 설명해 준다. 퀘이사의 적색이동에 관한 도플러 해석을 뒷받침해 주는 강력한 증거라고도 볼 수 있다.

퀘이사와 은하가 서로 연결되어 있는 것처럼 보이는 또 다른 이유로 중력렌즈효과가 있다. 아인슈타인의 이론은 질량이 공간을 휘게 하므로 이 공간을 지나는 광선이 약간 비껴간다는 것으로 표현된다. 그러므로 만일 퀘이사가 어떤 은하의 바로 뒤편에 놓여 있다면 퀘이사의 광선이 은하를 지날 때 은하 주변에서 휘어진다는 것이다.

즉 중력렌즈화된 계에서는 가까이에 몇 개의 퀘이사가 놓여 있는 것 같은 중심은하를 보게 된다는 것이다. 이런 설명에도 아프 교수는 승복하지 않는다. 그는 한 쌍의 전파원이 서로로부터 멀어지고 있는 것처럼 보이는 이상한 퀘이사를 예로 들었다. 몇 달 뒤 당초에 예측한 곳에서 상당히 떨어져 있음을 발견했는데 놀라운 것은 그들이 광속의 몇 배로 움직여야 한다는 점이다. 아프는 이 현상을 간단하게 설명했다. 이러한 계들이 적색이동을 나타내는 것보다 훨씬 더 가까이 있다고 가정하면 모순 없이 설명된다는 것이다.

아프 박사는 가까이 있는 천체라도 다른 적색이동을 나타낼 수 있고 그것은 오직 그 퀘이사에 매우 가까이 놓여 있는 물질의 서로 다른 운동에 기인한다는 것이다. 이것은 지금까지 설명된 대폭발이론, 즉 우주가 팽창하고 있다는 것을 근원적으로 다시 고려해야 한다는 것을 의미한다.

일반적으로 아직까지 빅뱅이론에 대응할 만한 충실한 이론은 나타나지 않았다고 설명된다. 아프 박사와 그의 동료의 경우도 천체의 이동에 대해 상당히 이상한 경우와 아직 해석이 되지 않는 부분이 있는 것은 사실이지만 지금으로서는 적색이동에 대한 도플러 해석을 버릴 만큼 충분한 자료가 축적되었다고는 인정하지 않는다.

그럼에도 불구하고 빅뱅이론이 우주의 올바른 이론이라고 완벽하게 제시되지 않는 한 빅뱅이론을 완전한 우주론이라고는 주장할 수 없다는 의견이 있다. 그러므로 앞에서 설명한 호일 박사의 신정상우주론 외에도 가변우주상수 우주론, 광피로 우주론, 순환우주론 등도 나름대로 우주의 시작을 설명하는 데 첨부되어 있다.

이와 같이 많은 우주론이 있다는 것은 그만큼 우주의 진실을 파악하는 것이 어렵다는 것을 의미하기도 하지만 한편으로는 누구에게라도 기회의 장이 열려 있다는 것을 의미하기도 한다. 과연 빅뱅이론을 원천적으로 뒤엎을 수 있는 이론이 도출될 수 있는지 독자들도 도전해 보기 바란다. 물론 그 성과에는 노벨상이 기다리고 있을 것이다.⚜

태초 이전의 우주는 질문도 성립하지 않는다

서두에서 이야기한 태초 이전의 우주는 어떠했느냐에 종교적인 답변이 아니라 진정한 답은 무엇이냐고 질문하는 독자가 많을 것이다. 결론부터 말한다면 이 질문은 성립되지 않는다. 이는 마치 절대온도 0℃보다 더 추운 온도는 없느냐는 질문과 같다.

스티븐 호킹은 이를 '북극에선 북쪽이 없다(There is no north direction at the north pole)'라는 말로 명쾌하게 설명했다. 북극에선 북쪽이 없다는 것은 매우 깊은 의미를 갖는다. 우리가 지구상에서 북쪽으로 계속가면 언젠가 북극에 도달한다. 하지만 북극에 도달하는 순간 우리는 더 이상 북쪽으로 갈 수 없다. 즉 우리가 과거로, 과거로 거슬러 올라가면 언젠가는 태초에 도달한다. 하지만 태초에서 더 먼 과거는 없다는 뜻이다.

북극에서는 오직 남쪽밖에 없으며, 북극에 서 있는 사람은 어느 쪽으로 넘어져도 남쪽인 것이다. 마찬가지로 태초에서는 미래라는 시간의 방향

⚜
『대폭발과 우주의 탄생』, 배리 파커, 전파과학사, 1996

만이 존재한다.

이 질문에 라대일 박사는 다음과 같이 설명한다.

> 대폭발 이전의 시기는 현대과학이 도저히 설명할 수 없는 하나의 미스터리 시기로 알려졌지만 물리적으로 전혀 설명이 불가능하다는 것은 아니다. 정확히 말해서 대폭발 이전의 시기란 또는 우주 소멸 이후의 시기란 시간의 흐름이 정지하고 공간의 부피 개념이 소멸된 상태라고 할 수 있다.

라대일 박사는 시간의 흐름이 없는 상대란 마치 상영되던 영화가 갑자기 정지할 때, 정지된 화면이 보여주는 그러한 상태라고 설명한다. 또한 공간의 부피가 없어지는 상태란 소립자 중 전자가 갖는 이상한 특성을 통해 유추할 수 있다고 지적했다.

> 동네 비디오가게에서 전자가 주인공인 영화를 빌려오라. 그 다음에 집에 와서 그 영화를 보다가 전자가 나오는 장면에서 비디오를 정지시켜라. 그때 화면에 나오는 전자의 위치가 바로 시공간이 한 점에 응축된, 대폭발 이전의 상태, 또는 우주 종말점(Bic Crunch)의 상태에 해당한다.

학술적으로 이 시기를 '아무것도 아닌 시기(the state of nothing)'로 부른다. 만약에 이 시기에 누군가가 우주만물의 진리를 설명하는 방정식을 쓴다면 다음과 같다.[†]

$$0 = 0$$

[†] 「대폭발이론이 태어나기까지」, 라대일, 과학동아, 1992. 12

| 스티븐 호킹 |
스티븐 호킹 박사는 '북극에선 북쪽이 없다'며 태초 이전의 우주는 질문조차 성립되지 않는다고 설명했다.

현재 천문학자들은 어떤 것이 우주의 운명인지 알지 못한다. 그러나 상식적으로 우주는 대부분 수소와 헬륨으로 구성돼 있는데 끊임없는 별의 핵융합 과정으로 인해 언젠가는 수소와 헬륨이 고갈될 것으로 추측한다. 이때가 되면 별의 탄생은 더 이상 일어나지 않고 별들의 '시체'만 있을 것으로 본다. 앞으로 약 1조 년 뒤의 일이다. '0이 27개' 년 정도가 지나면 각 은하는 모두 거대한 블랙홀로 바뀌며 '0이 31개' 년이 지나면 은하단 전체가 하나의 거대한 블랙홀이 된다. 이론상 '0이 100개' 년이 지나면 거대한 블랙홀이 증발한다고 하는데 인간의 수명이 고작 100년에 지나지 않는다는 것을 감안하면 '0이 100개' 년 후의 일은 의미가 없다.⁂

이를 아인슈타인의 상대성이론을 도입하여 다음과 같이 설명하기도 한다. 상대성이론은 궁극적으로 절대적으로 생각해왔던 시간 개념이 궁극적으로 변할 수 있다는 것을 의미한다. 이를 일부 학자들은 아인슈타인이 '시간이라는 절대 개념을 물리학에서 사라지게 했다' 또는 '현대 물리학에서 시간이 존재하지 않는다'라고도 설명한다.

우리들이 가장 친숙한 시간이 사라졌다는 말이 무엇이냐고 말하겠지만 상대성이론은 궁극적으로 시간이 어떤 특수한 조건에서는 사라질 수 있다는 것을 의미한다. 안드레아스 로스의 글에서 주로 참조한다.

일반적으로 알려진 시간은 뉴턴이 설명한 '시간 현상'으로 다음과 같이 설명된다.

⁂
「우주는 모든 물질이 한 점에 모여 일으킨 대폭발의 결과」, 박석재, 『신동아』 2004

절대적이고 진정한, 그리고 수학적인 시간은 외부 요인에 관계없이 한 결같이 흘러간다.

뉴턴의 이야기를 반박할 수 없는 것은 TV 화면을 보고 손목시계를 맞추어 놓으면 손목시계를 찬 사람이 무슨 일을 하건, TV에서 어떤 장면을 방영하든, 시계는 계속 흘러간다. 더구나 자신이 손목시계의 시간을 아무리 조작하더라고 절대 시간은 이에 상관하지 않고 계속 흘러간다. 즉 내가 시계를 다른 시간에 맞춘다고 해서 시간 속을 여행하는 것이 아니다. 그저 내가 시계를 틀린 사간에 맞추어 놓은 것에 지나지 않는다.

그런데 앞에서 설명한 아인슈타인의 상대성이론에 의하면 시간은 변할 수 있는 것이다. 즉 인간이 시간에 간섭할 수 있다는 설명으로 그저 아주 빨리 움직이기만 하면 된다. 시간이 여행자의 속도에 따라 좌우되기 때문이다.

다시 한 번 설명하지만 상대성이론에 의하면 시간의 경과 속도는 물체가 공간에서 움직이는 속도에 따라 달라진다는 것으로도 설명되는데 여기에는 매우 황당한 의미가 함축되어 있다.

행성이나 별 또는 블랙홀과 같은 거대한 물질 덩어리가 공간을 일그러뜨린다는 것이다. 이는 시간을 팽창시키기도 하고 수축시키기도 한다는 것을 의미한다.

시간과 공간의 천을 가지고 그물침대를 만든다고 가정하면 보다 쉽게 상대성이론의 뜻을 이해할 수 있다. 그물침대에 누워 잠을 자는 사람은 천의 여기 저기를 불룩하게 팽창시키게 마련이다. 몸을 움직이면 불룩한 부분은 다른 곳으로 옮겨간다.

독일의 클라우스 키퍼 박사는 이 문제를 이렇게 설명한다.

> 내가 한 방에서 다른 방으로 몸의 무게를 옮기면 옮긴 방에서 공간의 굴곡을 변화시키고 따라서 시공도 변화한다.

이는 방안에서 몸을 움직이면 이를 전후하여 방안 이곳저곳에서 시간이 경과하는 속도가 달라지게 된다는 것이다. 물론 이런 영향은 일상생활에서 간과된다.

이것은 뉴턴의 '흐르는' 시간, 즉 일상적인 '보통'의 시간이 우리들에게는 절대적인 의미를 갖고 있다는 것을 뜻한다. 자동차의 브레이크를 밟거나 비행기가 이륙할 때 가해지는 힘은 여전히 뉴턴의 시간이 절대적이다. 속도가 아주 느리기 때문이다.

그런데 아인슈타인과 뉴턴에 바탕을 둔 이론을 한 냄비 속에 넣어보면 놀라운 결과가 나온다. 시간이 사라지는 것이다. 이것은 시간이 수학적으로 중요성을 상실했다는 것을 의미한다.

바로 이것이 우주의 탄생 전에 어떠했을까 하는 질문에 대한 설명으로도 제시된다. 그것은 우주에 시간이 없다는 것으로도 설명되기 때문이다. 우주는 그저 존재할 뿐이다. 이를 일반인들이 이해하기는 매우 어렵다. 그것은 인간 개념의 능력을 벗어난 수학적 사실이기 때문이다.

우주의 시작에 대해 클라우스 키퍼 박사는 다음과 같이 설명했다.

> 과거를 뒤돌아보면 우주는 갈수록 작아진다. 그러다가 빅뱅을 앞둔 어느 시점에서 시간은 아예 존재하지 않는다.

여하튼 우주의 시작을 설명하는 일은 간단한 일은 아니지만 많은 사람들의 주목을 받고 있는 것은 사실이다.†

특히 그 어려움이 인간의 호기심을 중단시킬 수는 없을 것으로 보인다.

† 「물리학자들의 '잃어버린 시간'」, 『다이제스트』, 2002. 7

미국에서는 우주배경복사 위성 MAP을 2000년도에 발사했으며, 또 다른 위성 PLANCK를 2007년에 발사하여 우주에 대한 신비를 보다 정확하게 밝힐 예정이다.[⚜]

이제 처음의 질문으로 돌아가자. 밤하늘은 왜 어두운가? 원래 밤하늘의 패러독스는 요하네스 케플러(Johannes Kepler)가 지적했다. 그에게 그 문제는 우주가 무한한지의 여부에 집중되었다. 그는 만약 우주가 무한하다면 밝아야 한다고 확신했다. 무한 우주 속에는 어디에서 본다고 하더라도 별이 있을 것이기 때문이다.

영국의 유명한 천문학자인 에드문드 핼리도 이 문제를 지적했다.

그는 1720년에 발표한 두 개의 짧은 논문에서 밤하늘이 어두운 것은 먼 별에서 나온 빛이 너무 희미해서 육안으로 감지될 수 없다고 설명했다. 물론 이 설명은 틀린 것이다.

그런데도 밤하늘의 역설에 대해서는 올버스(Heinrich Olbers)의 패러독스로 알려진다.

그는 1744년에 만일 별빛이 우리와 별들 사이에 있는 흡수 매질에 의해 흡수된다면 그 문제가 해결될 수 있다고 제시하는 논문을 쓴 학자다. 우리 은하에는 소위 성간물질이라는 매질이 있다.

윌리엄 허셜은 올버스의 해답이 올바른 설명이 아니라고 밝혔다. 그는 매질이 별빛을 흡수하는 것은 사실이지만 그 매질은 곧 그 별빛을 재방출할 것이라고 주장했다.

1970년대 이전까지는 이에 대한 해결책으로 '우주의 팽창설'이 지배적이었다.

적색이동 때문에 먼 은하에서 나온 빛은 희미해진다. 충분히 먼 거리에서는 빛이 너무나 희미해져서 실질적으로 아무 빛도 우리에게 도달하지 못하므로 이 너머에서는 밤하늘이 어둡다는 것이다.

⚜ 「우주는 모든 물질이 한 점에 모여 일으킨 대폭발의 결과」, 박석재, 『신동아』, 2004. 1

그러나 MIT대학의 E. R. 해리슨은 비록 얼마만큼 희미해질 수는 있겠지만 밤하늘을 어둡게 만들 정도로 그 감소율이 크지 않다고 말했다.[++]

현재의 우주론에서는 우주의 팽창보다 우주의 나이가 유한하기 때문에 밤하늘이 어둡다고 설명하고 있다.

쉽게 설명하자면 우주의 팽창에 의해 차차 멀어져가는 은하로부터 오는 빛은 도플러효과에 의해 점차 더 낮은 에너지, 다시 말해 낮은 세기로 이동된다. 우주의 팽창은 유한 우주로부터 지구에 도달하는 빛이 거리의 제곱에 반비례하는 것보다 더 빠르게 어두워진다는 것이다. 사실 이 효과가 일부 작용하기도 한다.

그런데 자세히 계산해 보면, 태양정도의 밝기를 갖는 밤하늘이 되는 올버스의 패러독스가 만족되려면 우주의 크기가 약 10^{16}광년이 되어야 한다. 우주의 나이를 140~150억 년으로 보면 그 크기는 대략 10^{10}광년으로 올버스의 패러독스가 일어날 크기보다 훨씬 작다. 즉, 우리가 유한한 나이를 가진 것이 올버스의 패러독스를 해결하는 열쇠가 되는 것이다.

올버스가 올바른 대답을 제시한 것은 아님에도 불구하고 밤하늘이 어두운 것을 올버스 패러독스라고 말하는 것 자체가 우주론에서 올버스 같은 행운아는 없다는 설명도 있다.

그런데 이는 결국 우주팽창으로부터 도출되는 빅뱅우주론으로 귀결된다. 이를테면 만약 우주의 나이가 10^{16}이 되면 올버스의 패러독스가 일어날 것인가 하는 것이다. 학자들은 팽창에 의한 밀도감소 때문에 패러독스는 일어나지 않을 것으로 추정한다. 물론 팽창우주가 아니라, 정상우주나 팽창하는 정상우주에서는 패러독스가 현실화될 것으로 추정한다.[+++]

[++] 『대폭발과 우주의 탄생』, 배리 파커, 전파과학사, 1996

[+++] 「밤하늘이 어두운 이유」, hiafrica, www.scieng.net, 2004. 7. 22

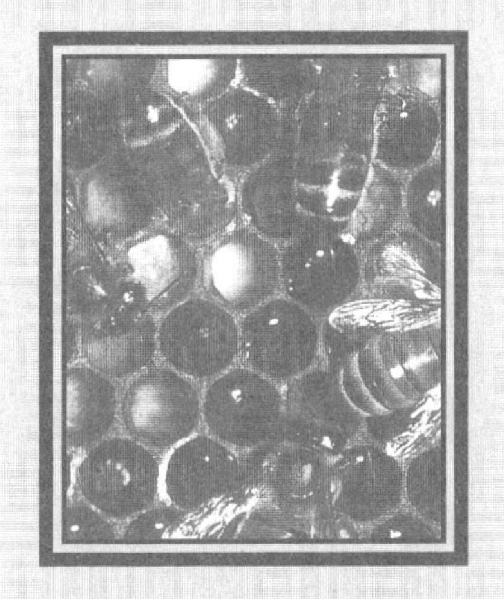

통일장이론

Unified Theory of Field

우주 차원의 연구를 하는 중에서 현재 과학자들이 총력을 경주하는 분야가 있다.
바로 통일장이론의 완성이다.
이것은 우주를 지배할 수 있는 기본 힘,
즉 장이 어떻게 상호작용을 하는가를 알아내는 매우 어려운 과제이다.
장이란 무엇인가? 물리학자들은 이 말을 상호작용하는 공간의 어떤 범위를 일컬을 때 쓴다.
그러나 상호작용을 하지 않는 물체는 존재하지 않는다.
따라서 장은 언제 어디서나 존재한다.

– 본문 중 –

통일장이론

우주가 빅뱅으로 시작되었다고 하면 그 후에 어떤 일이 일어나 현재와 같은 우주가 되었는가를 질문하는 것은 당연한 수순이다. 이러한 우주 차원의 연구를 하는 중에서 현재 과학자들이 총력을 경주하는 분야가 있다. 바로 통일장이론의 완성이다.

이것은 우주를 지배할 수 있는 기본 힘, 즉 장이 어떻게 상호작용을 하는가를 알아내는 매우 어려운 과제이다.

장이란 무엇인가? 물리학자들은 이 말을 상호작용하는 공간의 어떤 범위를 일컬을 때 쓴다. 그러나 상호작용을 하지 않는 물체는 존재하지 않는다. 따라서 장은 언제 어디서나 존재한다. 추운 겨울날 난로가 있는 방에 들어가면 곧바로 온기를 느낀다. 난로가 방 한가운데 있을지라도 난로에 의해 더워진 공기가 방안 구석구석까지 퍼져 있기 때문이다. 이러한 것을 '온도의 장'이라고 표현할 수 있다. 이와 마찬가지로 힘도 장의 개념으로 설명할 수 있다.

그러나 장은 물질과 중요한 차이가 있다. 물질은 질량을 갖고 있는 눈에 보이는 것이고, 장은 눈에 보이지 않는다. 그렇다고 장을 감지할 수 없다고는 볼 수 없다. 우리들은 사과를 떨어뜨리는 힘은 보지 못하지만 무엇이 사과를 떨어뜨리는지 잘 알고 있기 때문이다.

아인슈타인의 광자이론에 의하면 전자장(電磁場)은 물질적 성질을 동시에 갖고 있으며, 장의 양자는 물질 입자의 특징을 갖고 있다. 드 브로이는 물질은 파동적 성질을 갖고 있다고 보완했다.

이제 질량을 갖지 않고, 한계가 없는 장이 질량과 크기를 가질 수 있다는 사실도 알았다. 공간적 한계를 지니고 질량을 가졌던 물질이 크기와 질량을 잃을 수 있다는 것도 파악했다.

여기에서 물질과 장을 대립시키는 대신에 이들을 무언가 보다 일반적인 형태로 통일할 필요가 생긴다. 장의 물리적인 성격은 그 양자의 에너지가 클 때만 보다 분명한 형태로 나타난다. 마찬가지로 물질의 장으로서의 성격은 이 입자의 에너지가 큰 경우에만 나타난다. 그럼 에너지가 작을 때는 어떤 상황이 나타날지 궁금해질 것이다. 정답은 '장은 기본적으로 장처럼 행동하고 물질은 물질처럼 행동한다' 이다.

4가지 장이 만물의 근원

현재까지 학자들은 이 우주의 구성을 위해서는 4가지의 장이 있다고 믿고 있다. 그것은 잘 알려져 있는 중력장, 전자기력장, 약력장, 강력장이다. 여기에서 '장(field)' 이라는 개념은 우주의 전 공간에 펼쳐 있는 양으로 국소적인 공간에만 존재하는 '입자(particle)' 라는 개념과 정면으로 대치된다.

모든 입자가 가지고 있는 질량은 중력장의 근원이 된다. 중력장은 사방으로 무한히 뻗어 나가는데 중심으로부터 멀어질수록 거리의 제곱에 비

중력파를 검출하기 위한 장치의 하나인 바 검출기 (Bar detector)

사방으로 무한히 뻗어 나가는 중력장은 중심에서 멀어질수록 거리의 제곱에 비례하여 세기가 감소한다. (과학동아, 1993. 4)

례하여 장의 세기는 감소한다. 그러나 개개 입자의 중력장은 그 세기가 너무 작기 때문에 입자 상호작용을 연구할 때는 중력장의 효과를 무시해도 차이가 없다.

어떤 주어진 계에 많은 입자가 있을 경우 이 계의 밖에 있는 한 점에서 본 중력장의 세기는 각각의 입자에 의한 중력의 세기를 전부 더한 것과 같다. 우리 태양계의 경우 태양에 중력 중심이 있는 것으로 볼 수 있다. 물론 이런 설명은 물체가 완전한 구이고 균일한 밀도를 가진 경우에 정확히 들어맞지만 태양과 지구를 완전한 구로 가정하여 계산해도 크게 어긋나지는 않는다.

태양계에 있는 행성들은 엄청난 세기의 중력장을 갖고 있으므로 서로 잡아당긴다. 그러면서도 태양과 지구는 1억 4,967만 km나 떨어져 있다.

이와 같은 원리는 수백만 광년의 거리만큼 떨어진 은하계에도 적용되어 질량이 있는 곳은 항상 서로 잡아당기고 있다. 우주를 붙들고 있는 것은 중력이라는 뜻이다.

중력이 질량이 큰 천체에 더욱 크게 존재한다는 가장 단적인 예가 그 물체의 중력을 벗어나기 위한 최소 속도인 '탈출속도'로써 알 수 있다. 지구를 벗어나기 위해서는 11.2km의 탈출속도가 필요하다. 참고적으로 달을 탈출하는 데는 2.4km, 화성은 5.1km, 토성은 36.8km이며 태양계 행성 중에서 가장 질량이 큰 목성으로부터는 초속 61km를 넘겨야 한다.

그렇다고 중력을 측정하는 것이 쉬운 일은 아니다. 빛과 마찬가지로 중력은 보이는 것이 아니기 때문이다. 중력의 존재를 유추할 수 있는 일을 해 낸 사람은 아인슈타인으로 빛도 무거운 물체의 중력에 의해 휜다는 '중력렌즈 효과'는 이미 여러 번의 실험으로 검증되었다는 것은 이미 설명했다.

모든 입자는 반입자를 가지고 있다. 예를 들어 전자의 반입자는 양전자이며 양성자의 반입자는 반양자이다. 이 반입자들은 '반물질'을 만들어 낸다. 여기에서 학자들이 중력을 검증할 수 있는 방법을 착안했다.

양성자와 반양자의 질량이 정확히 똑같다면 중력의 영향도 정확히 똑같이 받아야 한다. 가브리엘스는 자기장 안에서 양성자와 반양자를 회전시켜 1초에 몇 번이나 도는가를 측정했다. 회전 횟수는 질량에 달려 있다. 실험 결과 두 입자의 질량 차이는 1억 분의 4 이하였다. 이를 통해 얻은 것은 반물질도 물질과 똑같은 식으로 중력에 반응한다는 것과 아인슈타인의 이론이 역시 옳았다는 것이다.

중력이 존재한다는 것을 간접적으로 증명할 수 있는 또 다른 방법도 있다.

아인슈타인은 1916년 그의 중력 이론의 부산물로서 중력파가 반드시 존재해야 한다고 예언했다. 중력파란 운동하는 전하에 의해 전자기파가 발생되는 것과 마찬가지로 물질이 진동하거나 급격히 움직일 때에 생성되는 파동이다. 사실 엄밀히 말한다면 우리가 작별할 때 손을 흔들어도 중력파가 발생해야 한다. 하지만 중력이 전자기력에 비해 10^{36}이나 약하기 때문에 중력파를 검출하는 것은 매우 어려운 일이다. 미국의 웨버는 아인슈타인의 예언을 믿고 1960년대부터 안테나를 제작해 평생을 중력파를 검출하는 데 투여했다. 그러나 당시의 검증장치로써 중력파를 검출한다는 것은 불가능한 일이었다.

그렇다면 아인슈타인이 예언한 중력파를 어떻게 검증할 수 있을까. 이 문제에 도전한 사람이 미국의 천문학자인 헐스(Russell A. Hulse)와 테일러(Joseph H. Jr. Tayor)이다.

1974년부터 미국의 테일러 박사는 독수리자리 PSR 1913+16의 두 중성자별이 이루는 쌍성을 연구했다. 두 중성자별은 불과 태양 반지름 거리밖에 떨어져 있지 않기 때문에 초속 300km 정도의 엄청난 속도로 약 8시간마다 서로 공전하고 있다.

이 쌍성에서 중력파가 에너지를 빼앗아 달아난다면 두 별이 점점 접근하면서 공전주기가 짧아진다. 이론적으로 일 년에 1만 분의 1초 정도 공전주기가 느려지게 된다. 그들은 이 별을 세밀히 관찰한 결과 4년 동안에 0.000414초만큼 공전주기가 길어진 것을 알아냈다. 이것이 중력파의 간접적인 발견이며 그들은 1993년에 노벨 물리학상을 받았다.

물론 이들의 검증은 간접적으로 증명된 것으로 직접 검출하는 데 성공했다는 것은 아니다. 학자들은 미지의 목표물이 있을 때 더욱 승부근성을 발휘한다.

중력에 의해 시공간이 구부러지고 그 결과 빛의 진행 경로가 휘어진다는 것은 이제 상식이나 마찬가지이다. 그런데 빛의 일종인 레이저를 관측하고 있으면 중력파가 왔을 때 레이저의 휨을 통해 중력파를 검출할 수 있다고 생각한다. 현재 이 방법을 이용하고 있는 일본의 'TAMA300' 이나 'LCGT', 미국의 'LIGO', 유럽의 'LISA' 등의 중력파 검출장치가 '중력파 검출1호' 가 될 수 있으리라는 기대를 갖고 있다. 검출 가능한 규모의 중력파는 은하나 블랙홀 등 대질량이나 고에너지를 갖는 천체들이 서로 충돌하거나 폭발함으로써 질량이나 에너지의 급격한 변화가 일어났을 때 발생한다. 학자들이 이와 같은 기대를 거는 것은 중력파를 검출한다면 노벨상이란 과실이 돌아올 수 있다고 믿기 때문이다.⚘

두 번째 장은 전자기력이다. 모든 입자는 전하를 갖고 있는데 이 전하가 전자기력장의 근원이다. 전자기력장 역시 사방으로 무한정 뻗어나가는데 장의 세기도 중력과 마찬가지로 거리 제곱에 비례하여 감소한다. 이 말은 모든 입자는 중력장과 전자기력장의 근원인 질량과 전하량을 갖고 있다는 뜻이다.

너무나 당연한 이야기같이 들리지만 질량이 없는 전하량은 존재할 수 없다. 아무것도 없으므로 어떤 것이 있다는 것도 불가능한 것이다.

어떤 입자의 전자기력장의 세기는 그 입자가 갖고 있는 중력장의 세기의 10^{36}배나 된다. 그러나 전하에는 양전하와 음전하의 2종류가 있으므로 이들 사이에도 잡아당기는 힘과 미는 힘이 작용한다. 그러므로 한 계 안에 2종류의 전하가 같은 수로 존재하면 이를 외부에서 볼 때 아무런 작용도 없는 것처럼 보인다. 보통의 원자가 중성인 이유는 같은 수의 양전하와 음전하를 갖고 있기 때문이다. 이것이 원자와 원자가 서로 붙어 있게 하고 또 원자 안에서는 전자를 한가운데 있는 핵에 붙들어 매준다.

한편 한 종류의 전하가 상대방보다 많아질 때 전자기력장이 작용하는데 반대 부호의 전하끼리만 서로 잡아당기기 때문에 남은 전하량은 위치에 상관없이 매우 작게 마련이다. 그래서 남은 전하가 지닌 전자기력장의 세기는 소행성 정도의 중력장과는 비교할 수 없을 만큼 약하므로 의미가 상

⚘ 「21세기판 상대성이론 입문」, 뉴턴, 2004. 4

대적으로 약하다.

이것이 바로 중력의 상호작용, 즉 인력만을 다룬 뉴턴의 역학(만유인력)으로 태양계의 운동을 만족할 만하게 해석할 수 있는 이유이다. 더구나 뉴턴의 운동 법칙은 별의 운동뿐 아니라 은하의 운동까지도 그 적용 범위를 확대시킬 수 있다. 뉴턴의 역학으로 그 당시 발견되지 않았던 해왕성의 위치를 예견할 수 있었고 헬리는 자신이 발견한 혜성의 주기가 76년이라는 것을 발견할 수 있었다.

| 유카와 히데키 |
최초의 일본인 노벨상 수상자인 유카와 히데키는 핵자들이 중간자를 주고받음으로써 인력이 작용하고 있다고 생각했다. 핵자들 사이에 작용하는 힘에는 강력과 약력이 있다.

그렇다고 천체에 관한 문제에 있어 전자기력의 상호작용을 완전히 무시할 수 있는 것은 아니다. 태양계를 감안하더라도 태양의 각 운동량을 행성으로 전달한다든지, 토성의 고리를 형성하는 조그마한 입자의 수수께끼와 같은 현상은 전자기력을 고려해야만 설명이 가능하다.

그러나 만유인력과 전자기력만으로는 원자핵을 이루는 핵 안에서의 결합을 설명할 수 없었고, 핵 사이에 매우 강하게 작용하는 핵력을 가정하게 되었다. 핵력을 처음 제안한 사람은 1949년에 노벨 물리학상을 수상한 유카와 히데키로 그는 핵자들이 중간자를 주고받음으로써 인력이 작용하고 있다고 생각했다. 핵자들 사이에 작용하는 힘에는 강한 핵력 혹은 강력이라고 부르는 중입자장과 약한 핵력 혹은 약력이라고 부르는 경입자장이 있다. 강력은 원자 한가운데 있는 핵이 뭉쳐 있도록 해 주며 약력은 핵으로부터 방사선이 나오도록 하거나 태양이 빛을 내도록 한다.

강력의 세기는 전자기력장의 세기보다 137배가 강하고 약력의 세기는 전자기력장의 세기를 기준으로 1천억 분의 1 정도이다. 강력도 천체의 일반적인 운동에서는 거의 영향을 미칠 수 없으나 별의 핵 부분에서는 매우 중요한 역할을 한다. 약력도 원자 정도의 거리에서 작용하는 장의 근원이다. 약력의 세기는 강력이나 전자기력에 비해 약하기는 하지만 중력과 비교하면 그래도 10^{29}배로 강한 것이다.

그렇다면 네 가지 장 중에서 가장 세기가 약한 중력이 우주에서 그렇게 크게 작용하는 이유는 무엇일까? 그것은 다른 힘들은 광범위한 거리에서는 적용되지 않도록 서로 상쇄되기 때문이다. 예를 들면, 전자기력은 인력이나 반발력이 존재하려면 전하를 필요로 한다. 그러나 원자들은 전기적으로 중성이 되려는 경향이 있으므로 원자들의 커다란 덩어리는 전체적으로 전하를 갖지 않는다. 동일한 논리로 핵들은 핵으로서 만족하므로 핵의 영역 밖에서는 강하게 상호작용하지 않는다. 마찬가지로 약력도 오직 핵의 영역 내에서만 작용한다. 이것을 강력과 약력은 힘이 미치는 거리가 아주 짧다는 것으로 설명할 수도 있다. 이들 힘은 1조 분의 1㎝만 떨어져도 느끼지 못할 정도이다.

우주의 원리를 하나로 통합시키자

장에 대한 설명은 이 정도로 만족하고 이제 통일장이론을 살펴보자.

20세기에 들어선 물리학은 크게 두 가지 새로운 흐름을 맞아 그 이전의 물리학과 구별해 현대물리학이라 부른다. 과학기술이 발달되면서 19세기까지의 물리학으로는 도저히 설명할 수 없는 현상과 영역이 생겨났기 때문이다.

그중 하나가 아인슈타인의 상대성이론으로 더 빠르고 더 큰 세상을 설

명하는 것이고 다른 하나가 이미 설명한 양자론으로 더 작은 미시적인 세상을 설명하는 것이다.⚜

양자론에 의하면 학자들은 우선 세상 만물이 렙톤(lepton)과 쿼크(quark)로 불리는 몇 가지 기본 입자로 구성되어 있으며 그들 사이에는 상호작용을 전달하는 게이지 입자가 있어서 이들을 뭉치게 하거나 흩어지게 한다고 생각한다. 물질을 작게 쪼개 나가면 원자는 원자핵과 전자로 이루어져 있으며 원자핵은 양성자와 중성자로 되어 있는데, 양성자와 중성자는 3개 쿼크로 되어 있다. 현재까지는 전자나 쿼크가 물질을 만드는 최소 단위인 소립자로 생각되고 있다. 물질을 만드는 소립자로는 6종류의 쿼크(다운, 업, 스트레인지, 참, 바텀, 톱)와 6종류의 렙톤(전자 뉴트리노, 전자, 뮤온 뉴트리노, 뮤온, 타우 뉴트리노, 타우)이 알려져 있다.

이 몇 가지 소립자들로 구성된 원자가 뭉쳐서 큰 덩어리가 될 때 만유인력인 중력의 지배를 받으면서 우주 전체에서 생기는 모든 변화를 일으킨다. 항성, 행성 등 천체는 물론 산이나 바다를 비롯하여 매년 피었다가 지는 꽃, 한 번 태어나면 꼭 죽지 않으면 안 되는 운명을 갖고 있는 동·식물들도 이들 원자가 뭉친 것이다. 그런데 이들이 똑같은 기본 입자로 이루어져 있는데 어떻게 천양지차일까?

해답은 생각보다 멀지 않은 곳에 있다는 것이 물리학자들의 생각이다. 우리들이 현재 사용하고 있는 수많은 책들은 그 종류와 크기 등에서 매우 다양하다. 그러나 이들 책 모두 공통점이 있다. 소설의 경우 장편이든 아니든, 논문의 경우 어느 나라의 언어로 쓰였든 1장, 2장 등으로 구성되어 있고 그 장은 또 절로 이루어져 있다. 문장은 단어로 구성되어 있고 그 단어는 기본 문자로 구성되어 있다. 한글의 기본 문자는 24개이며, 영어의 경우는 26개의 기본 문자가 있다.

그러나 이들 문자가 책을 구성하는 가장 작은 요소는 아니다. 조금만 생

⚜ 「자연계에 존재하는 서로 다른 네 가지 힘을 재결합하려는 물리학 이론」, 김성원, 『신동아』, 2004

각해 보면 우리의 일상생활에서 정보를 기록하는 가장 간단한 요소는 현재 컴퓨터에서 사용하는 0과 1의 기호임을 알 수 있다. 0과 1, 단 두 개로 수많은 글자나 기호를 만들어 낼 수 있다. 위대한 문학자 셰익스피어나 톨스토이의 장편도 0과 1을 어떻게 나열하느냐로 귀착될 수 있으며 수많은 기계제품이나 인간의 행동도 이 두 신호로 분석할 수 있다.

이와 똑같은 방법으로 자연을 만들고 있는 0과 1에 해당하는 기본 입자를 바로 쿼크와 렙톤이라고 부르는 것이다. 여기에서 상대성이론 및 양자역학적 관점에서 보면 물질의 구성요소뿐 아니라 그들 사이의 힘도 기본 입자로서 표현할 수 있다. 보통 어떤 물질은 에너지나 속도가 변했을 때 힘을 받으면 에너지나 속도가 변화하는데, 이때 변화된 에너지나 속도를 제공해 주는 실체를 생각해 보면 이것은 궁극적으로 기본 입자로 해석된다는 것이다.

이것은 상반된 물리적 개념으로 여겨왔던 물질과 힘을 기본 입자라는 동일한 개념에 의해서 나타낼 수 있다는 것으로 우주의 근본을 구성하는 미시계 자연 현상의 놀라운 점 중에 하나이다. 특히 우주가 탄생했을 때는 힘이 1종류만 있었을 것으로 생각되는데 이것이 현재 4가지의 힘으로 나뉘어졌다고 생각한다. 그러므로 이들이 존재하는 이유와 그 기본 성질을 수학적으로 간단하게 설명해 보자는 것이 바로 통일장의 궁극적인 목표인 것이다.

쉬운 것부터 먼저

먼저 통일장 이론에 대한 논의가 어떻게 진행되었는지 살펴보자.

현대적인 의미에서 물리학은 뉴턴부터 시작되었다고 말한다. 그는 자연의 힘에 대한 원리를 하나의 통합된 관점에서 보려는 노력을 처음으로 시도했기 때문이다.

뉴턴 이전에는 지구상에서 물건이 떨어지는 것과 달이 지구 주위를 도는 것이 한 가지 기본 힘에 의한다는 것을 알지 못했다. 뉴턴의 위대함은 이 두 가지 현상이 하나의 힘, 즉 중력에 의해 지배된다는 것을 발견했다는 점이다. 이 단원은 김선기 박사의 글에서 많이 참조했다.

뉴턴의 시도는 현재 물리학자들이 통일장이론을 통해 자연의 힘을 통일하려는 노력에 단초를 제시했다고도 볼 수 있다. 물리학자들이 자연계의 모든 힘들을 하나로 통합하려는 신념은 칭기즈칸, 알렉산더, 아틸라와 같은 영웅이 전 세계를 통일하여 하나의 제국을 건설하려 했던 것과 유사하다고 볼 수 있다.

뉴턴 이후 1870년대 맥스웰에 의해 또 다른 전기를 맞는다. 그는 항상 남북을 가르키는 나침반의 원리인 자기장과 번갯불을 만들어 주는 전기현상이 하나의 이론에 의해 설명된다는 것을 확인했다. 맥스웰은 '맥스웰 방정식'으로 불리는 몇 개의 방정식으로 이들 현상을 모두 설명했다. 전기력과 자기력이 전자기력이라는 하나의 힘으로 통일된 것이다.⚘

전자기장이 통일되자 학자들은 당시에는 물질 사이에 작용하는 두 가지 힘이라고 알려졌던 중력과 전자기장을 통일시키려고 노력했다. 이 연구에 가장 집착한 사람이 바로 아인슈타인이다. 그의 상대성이론은 중력을 다루는 이론이지만 소립자와 같은 초마이크로 세계에서는 중력의 거동은 설명할 수 없기 때문이다.

그러나 아인슈타인이 통일장이론에 접근하기 이전에도 통일장에 대한 아이디어는 제시되어 있었다.

먼저 1918년 독일의 수학자 바일(Hermann Weyl)은 아인슈타인의 일반 상대성원리에 기초하여 중력과 전자기력이 동시에 밀접하게 관계를 맺을

⚘ 「만물의 법칙이 등장하기까지」, 김선기, 과학동아, 1997. 7

| 자연계의 힘의 통일 |
과학자들은 우주가 탄생했을 때는 힘이 1종류만 있었는데 이것이 현재는 4가지의 힘으로 나눠어졌다고 생각하고 있다. 그 기본 성질을 수학적으로 간단하게 설명해 보자는 것이 통일장의 궁극적인 목표이다. (과학동아, 2000. 1)

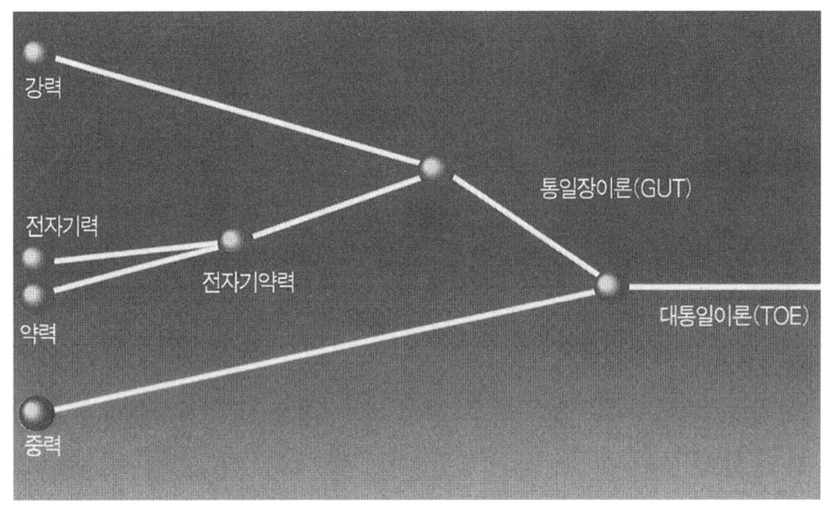

수 있는 이론을 발표했다. 사실 바일의 이론은 전자기장과는 다르지만, 후술하는 통일이론의 중요한 요소인 '게이지이론(gauge theory)'이 바로 그것이다. 후에 아인슈타인의 중력이론 자체도 일종의 게이지이론으로 이해된다.

1921년에는 소련의 쾨니히스베르크대학의 프란츠 칼루자(Franz Kaluza)가 제창하고 스웨덴의 클라인에 의해 정리되는 '칼루자-클라인 이론'이 발표되었다. 칼루자는 중력과 전자기력을 통합하면서 세상은 시공간으로 이뤄진 4차원 세계(아인슈타인이 주장)가 아니라 5차원 세계여야 한다고 주장했다.

아인슈타인은 중력과 기하학을 결부시켜 시공간이 휘어져 있음을 예언했고 실제로 에딩턴 경이 확인했다. 그런데 칼루자는 우리가 살고 있는 시공간은 5차원 공간의 측지선을 따라서 물체가 움직인다고 주장했는데 그것은 물체가 중력과 전자기의 힘을 받아 움직인다는 설명이었다.

그의 논문 발표에는 약간의 에피소드가 있다. 당시에는 유명한 물리학자의 추천이 없으면 학술지에 자신의 논문을 발표할 수조차 없었다. 칼루자는 자신의 이론을 정리한 논문을 아인슈타인에게 보내면서 자신의 논문을 추천해 달라고 했다. 논문을 받아본 아인슈타인은 자신의 이론을 확장한 칼루자의 이론을 지지하면서도 곧바로 추천서를 보내지 않았다. 아인슈타인은 그로부터 2년 반 동안 계속된 편지 왕래를 통해 칼루자의 논문에 일부 수정을 요구했고 1921년에 드디어 학계에 추천했다.

그러나 칼루자의 이론은 처음부터 문제를 안고 있었다. 그 문제점을 1927년 스웨덴의 클라인(Oskar Klein)이 구체적으로 제기했다.

클라인은 칼루자의 제안이 미시세계를 다루는 양자역학에 모순점이 없는가를 집중적으로 연구하여 슈뢰딩거의 방정식을 확장했고 다섯 개의 변수로 이뤄진 새로운 방정식으로 고쳤다. 그는 이 방정식의 해답은 중력과 전자기장의 영향을 받아 움직이는 파동이라고 해석했다.

그런데 잉여차원인 제5의 차원의 반경이 10^{-33}cm밖에 되지 않기 때문에 진폭이 변하지 않는(파장이 무한이 긴) 질량이 0인 입자가 나온다. 더구나 이들 이론은 양성자보다 질량이 10^{20}배 정도 무거운 입자를 예언하여 큰 주목을 받지 못했다.

이 당시만 해도 그들의 이론이 크게 주목받지 못한 것은 핵력과 약력이 알려져 있지 않았기 때문이다. 양자역학에 따르면 입자의 질량은 파장의 크기에 반비례한다. 양성자의 파장을 양성자의 크기인 10^{-13}cm 정도로 잡으면 10^{-13}cm는 10^{20}GeV에 달한다.

그러나 1970년대에 와서 이들의 존재가 확인되었기 때문에 오히려 5차원보다 큰 차원이 필요하게 되며 10차원 이상이 거론되는 토대가 된다. 특히 칼루자-클라인 이론은 한국의 조용민 교수가 이들 이론이 안고 있었던 0모드의 문제를 해결하는 수학적 길을 제시하였다고 김제완 박사는 적었다.[*]

그들의 상대성이론에서 태어난 혁명적인 중력이론을 발전시킨 이들의

[*] 「5차원 세계로의 초대 칼루자-클라인 이론」, 김제완, 과학동아, 1991. 9

통일 아이디어는 아인슈타인에게 용기를 주었고, 그는 더욱더 만족할 만한 통일 이론을 전개하는 데 도전했다. 그러나 천재 아인슈타인도 중력과 전자기장을 통일하는 데는 실패하고 말았다.

그러나 아인슈타인이 통일장이론을 완성시키는 데 실패했다고 해서 다른 과학자들도 모두 포기하는 것은 아니었다. 학자들은 먼저 힘이 어떻게 작용하는가를 규명하기 시작했다.

1960년대 말, 원자핵을 구성하는 양성자와 중성자가 더욱 작은 3개의 쿼크로 이루어져 있다는 것이 확인되었다. 또한 양성자와 아주 비슷하지만 양성자보다 무거운 입자가 여러 개 발견되기 시작했다. 이들 입자는 양성자의 에너지가 일시적으로 높아진 '들뜬 상태(excited state)' 라고 생각되었다.

1970년에 시카고대학의 남부 교수는 입자 안의 3개 쿼크는 끈과 같은 것으로 단단히 묶여져 있다고 제안했다. 쿼크를 꺼낼 수 없는 것은 끈으로 단단하게 묶여 있기 때문이라는 설명이다. 양성자의 들뜬 상태는 끈이 심하게 진동하여 양성자의 에너지가 높아진 상태라는 것이다.

여기에서 끈의 길이는 무려 10^{-13}cm, 즉 100조 분의 1mm밖에 안 되며, '열린' 끈과 '닫힌' 끈의 22종류가 있다. 남부 교수는 이를 '보조닉 끈이론(bosonic string theory)' 이라 불렀다. 그런데 이 이론에 의하면 끈이 26차원의 시공에서 진동하지 않으면 안 된다는 결론을 얻었다. 더욱이 끈의 진동에너지가 낮은 상태, 즉 끈의 '바닥 상태' 는 질량 0의 입자를 만든다는 것이다.

그런데 양성자 무리에는 질량이 0인 입자는 존재하지 않는다. 이러한 결정적인 단점으로 인하여 남부의 이론은 더 이상 연구되지 않았다.

남부 교수의 '보조닉 끈 이론' 이 퇴장하자 1960년대 후반부터 등장한 이론은 '게이지(gauge)이론' 이다. 전자기력은 '광양자', 강력은 '글루

| 테바트론 내부 |
쿼크를 발견한 데바트롤 링 내부의 터널 (과학동아, 2000. 8)

온', 약력은 '워크 보손' 중력은 '중력자(graviton)'를 주고받음으로써 작용하는데 이들 힘을 전달하는 입자를 '게이지 입자'라고 한다. 이것은 바일 박사가 게이지 대칭을 도입하여 아인슈타인의 중력자이론과 맥스웰의 전자기장이론을 통합하려고 시도했던 것을 보다 발전시킨 것이다.

'게이지이론'은 물질이 '대칭성'이라는 단순한 법칙의 지배를 받는다는 것이다. 대칭성이란 'A'와 'B'를 바꾸어도 원래의 것과 같다는 것이다. 이를테면 좌우 대칭성이란 오른쪽과 왼쪽을 바꾸어도 변하지 않는 상태를 말한다.

대칭성을 소립자의 세계에 적용시키는 게이지이론은, 힘이 작용하면 소립자를 교환하는 힘이 게이지 입자에 의해 전달된다는 것이다.

미국의 겔만(Murray Gell-Mann)은 '쿼크' 이론을 창시하고 기본이 되는 원자 구성 입자들과 그 상호작용을 기술하는 양자색역학을 발전시켰다. 그 이론은 '글루온'으로 알려진 중개 입자를 통해 쿼크와 반(反)쿼크의 상

| 파인만과 겔만(좌) |
겔만은 쿼크이론을 창시하고 기본이 되는 원자 구성 입자들과 그 상호작용을 기술하는 양자색역학을 발전시켰다.

호작용을 설명했다. 양자색역학은 원자 구성 입자를 함께 묶어 주는 '강력'의 작동을 완벽하게 설명해 냈다.

겔만은 하드론(무거운 입자라는 뜻의 바리온과 중간자를 포함하는 소립자의 한 족), 또는 '기묘도를 느끼는' 입자가 '쿼크'라는 구성 입자로 이루어져 있다고 제안했다. 1950년대에 사진 건판에 V자 흔적을 남기는 V입자가 발견되었다. 중성입자가 붕괴되어 하전되어 생긴 것으로 생각된 이 입자는 약 10^{-10}초 후에 붕괴되었다. 붕괴는 강력과 관련된 강한 상호작용을 통해 나타나는 것 같았다. 만약 그렇다면 이 입자의 수명은 10^{-23}초여야 했다. 이런 이상스런 형태 때문에 그것은 결국 '기묘함을 느끼는 입자(기묘입자)'라고 불리게 되었다.

처음에는 서로 다른 미소한 전하를 띤 세 개의 쿼크가 결합하여 여러 소립자를 만든다고 생각되었다. 그 세 개의 쿼크란 '업(up)', '다운(down)', '스트레인지(strange)'인데, 그 후 참(charm), 톱(top), 보텀(bottom)이 발견됨으로써 현재는 6종류의 쿼크가 알려져 있다. 쿼크는 '향(香)'을 갖고 있고 '색깔'도 서로 다르며 두 개씩 짝을 이루고 있어 그 짝을 '세대'라고 부른다. 업과 다운이 제1세대, 스트레인지와 참이 제2세대, 보텀과 톱이 제3세대로 톱 쿼크는 1994년에 발견되었다.

겔만은 자신의 쿼크 모델을 이른바 팔도설(八道說)로 설명했다. 그는 '기묘한 입자'의 성질을 기술하고 그들을 분류해서 각각에 '기묘도(strangeness)'의 숫자를 매겼으며 그 입자들의 상호작용을 예측할 수 있는 방정식으로 만들 수 있었다. 쿼크의 향과 색깔은 세상에 모습을 드러내지 않지만 학자들은 고에너지 전자빔으로 양성자의 내부를 밝혀 쿼크의 구조를 밝혔다. 여기서 쿼크가 '적색', '청색', '녹색'의 색전하를 가지고 있다는 것은 실제로 색이 들어 있는 것이 아니라 실제의 빛의 색은 적색, 청색, 녹색의 3원색이 모이면 백색이 되므로 세 개의 쿼크가 각각의 색을 가지고 그것이 모여 '백색'의 중화된 핵자를 구성한다는 뜻이다.

팔도설은 하드론, 또는 상대적으로 무거운 원자 구성 입자를 분류하는 수단으로 사용된다. 팔도설은 물리학자들이 수백 종의 원자 구성 입자를 발견한 이래로 물리학을 지배해 혼란을 해결했다. 특히 그는 강력과 전기적 약력을 단일한 이론으로 통합할 '표준 모델' 형성의 기초를 닦았다.

팔도설이라는 용어는 입자들을 무리로 묶을 수 있는 방법을 뜻하는데 열반에 이르는 여덟 개의 덕목(八正道)이라는 불교의 개념에서 딴 것이다. 겔만 스스로도 팔도설이 현대 물리학과 동양 종교가 서로 은밀한 관계가 있다고 말했다. 그는 1969년 노벨 물리학상을 받았다.

미국의 물리학자 와인버그(Steven Weinberg)와 파키스탄계 영국인 살람(Abdus Salam)은 각기 독립적으로 게이지이론을 이용하여 전자기력장과 약력장을 모두 포괄할 수 있는 수학 공식을 고안했다. 이것을 '약전자 통일장이론'이라고 부르는데 '약력 때문에 전자가 원자핵에서 되튕겨 조사될 때, 그 수에 있어 왼쪽 스핀과 오른쪽 스핀이 가지고 있는 전자의 수는 불균형을 이룬다'는 것이다.

이 공식으로 중성전류 상호작용이라 불리는 지금까지 관찰되지 않은 약한 상호작용의 한 종류가 존재한다는 것을 예견할 수 있었고, 이 상호작용에 의한 진행 비율도 정확히 예측했다. 이 상호작용은 1973년 중성미자 실험에서 정확하게 검증되었고 전자와 중성미자 빔으로 행한 후속실험은 그의 이론의 많은 예측들을 입증했다.

그러나 와인버그와 살람의 이론은 한 가지 제한이 있었는데 그것은 단지 소립자 분야에서만 적용된다는 것이다. 그들의 이론을 더욱 정교하게 개선한 사람은 미국의 물리학자 글래쇼(Sheldon Lee Glashow)이다. 그는 원자핵보다 작은 어떤 수학적 성분 참(charm)이 전자기력과 약력 사이의 연결을 가능하게 하고 모든 기본 입자들을 확장시킬 수 있다는 것을 증명했다. 그의 모델에 따르면 'X'라 불리는 게이지 입자가 작용하여 쿼크와 렙톤이 교환된다는 것이다. 결국 현재는 별개인 쿼크와 렙톤이 우주의 초기, 세 힘이 통일되어 있던 시기에는 모두 같은 입자일지 모른다는 뜻이다. 이것이 강력을 포함한 세 힘의 대통일이론이다.

이들 세 사람은 1979년에 기본 입자 간의 약력과 전자력의 통일장이론에 관한 연구로 노벨 물리학상을 받았다.

그러나 그들이 제안한 표준이론의 이론적 근거는 출발부터 수학적으로 불완전했다. 특히 이 이론이 질량이나 전하를 자세히 계산하는 데 사용할 수 있는지가 분명하지 않았기 때문이다. 표준이론은 자발적인 대칭성 깨짐을 도입해 게이지 입자가 변환에 대해 변하지 않는다는 것을 설명하는 데는 성공했지만 재규격화가 가능한지를 밝히지 못했다.

게이지 변환이란 상호작용을 포함하는 함수를 변화시키는 특정한 규칙이다. 이 규칙에 의해 변화된 함수에 의해서도 실제적인 물리량(예를 들어 전기장)이 변하지 않으면 게이지 변환에 불변이라고 한다. 재규격화란 양자역학적인 효과를 고려했을 때 무한대의 양이 나오지 않도록 하는 것이다. 물리량이 무한대라면 예측 가능한 이론이 아니라는 뜻으로 재규격화는 예측이 가능하다는 전제 조건이 된다.

자발적 대칭성이 깨짐은 우리 주변에 있는 자석에서 볼 수 있다. 강자성체인 자석은 스핀을 가진 입자들이 나란히 배열돼 있는 물리계인데, 이 자석의 전체 에너지는 각 입자들의 스핀 방향에 의존하지 않는다. 따라서 물리계를 회전시켜도 전체 에너지는 변하지 않는다. 하지만 가장 낮은 에너지 상태는 모든 입자의 스핀이 한 방향으로 향해 있을 때 나타난다고 최준곤 박사는 적었다. 이와 같이 전체 에너지는 방향에 대한 의존성이 없어서 회전에 대하여 변함이 없지만 가장 낮은 상태의 에너지는 방향에 의존하게 될 때 회전에 대한 대칭성이 자발적으로 깨졌다고 한다.

이와 비슷한 방법을 표준이론에 도입하자 게이지 입자는 질량을 얻게 되고 게이지 원리는 깨진다. 그러나 게이지원리가 깨지는 것은 받아드릴 수 있어도 게이지 입자가 질량이 있으므로 재규격화가 가능한지는 분명하지 않았다.

호프트(Gerardus Hooft)와 벨트만(Marttinus J. G. Veltman)은 자발적으로 대칭성이 깨진 게이지이론이 재규격화 된다는 것에 도전했고 1971년에 증명했다. 그들의 업적 이후 표준이론은 예측 가능한 이론적 체계로 받아들여 졌다. 또한 표준이론에서 나타나는 입자의 성질, 예를 들어 W게이지 입자와 톱 쿼크의 질량과 같은 물리량들이 이론적으로 예측되었고 실험적으로도 검증되었다. 그들은 1999년에 노벨 물리학상을 수상했다.

재규격화가 가능하다는 실험은 호프트와 벨트만이 처음 했지만, 이에 대한 연구를 둘만이 한 것은 아니다. 불의의 사고로 사망한 이휘소 박사도 같은 연구에서 매우 뛰어난 업적을 이룩했다. 만일 이휘소 박사가 살아 있었다면 노벨상을 함께 받았을지도 모를 일이다.⚜

대통일장이론

양자론으로 전자기력과 약력을 통합시킬 수 있다는 것을 목격한 학자들은 강력까지 쉽게 통일될 것으로 예상했다. 여기에서 약전자 통일장이론을 '통일장이론'이라고 한다면 강력장을 포괄하는 경우를 '대통일장이

⚜ 「표준이론 수학적으로 증명」, 최준곤, 과학동아, 1999. 11

론'이라고 한다. 그러나 대통일장이론을 약칭해서 'GUTs(Grand unified theories)'라고 하는데 끝의 's'는 아직 정립되지 않은 이론이라는 뜻이다.

대통일장이론은 입자들이 일정 거리 이하로 가까워지면(또는 에너지가 얼마 이상 커지면), 전자기력, 약력, 강력 등 세 힘이 하나의 힘으로 기술되는 것을 의미한다. 그러나 GUTs를 규명하는 것이 어려운 것은 최소한 접착자의 질량보다 12배 더 많은 강한 상호작용을 할 수 있는 교환 입자(monopole)가 존재하고 '양성자 붕괴' 현상이 있어야 하기 때문이다. 그러나 양성자가 붕괴하여 다른 입자로 변환하는 현상도, N극이나 S극의 단독의 자기밖에 없는 모노폴의 현상도 아직 발견되지 않았다. 더구나 그것들을 검출해낼 희망이 거의 없다는 데 학자들은 고민하지 않을 수 없었다. 그 이유는 강력의 상호작용이 활동할 수 있는 범위는 원자 지름의 1천조 분의 1보다도 작기 때문이다.

무거운 교환 입자가 존재한다면 이 입자는 양성자 안에 있는 쿼크 사이를 왔다갔다 하면서 쿼크 중 하나가 경입자(렙톤)로 변환한다. 이렇게 쿼크 하나가 없어지게 되면 양성자는 중간자가 되어 마침내 양전자로 붕괴한다. 그러나 이런 작용이 가능하려면 아주 무거운 교환 입자와 작용할 수 있는 거리 안에 있어야 하는데 그 작용거리가 너무 짧기 때문에 쿼크가 양성자 안에 모여 있다 하더라도 그 작용거리 안으로 들어가는 것은 불가능하다는 점도 골칫거리였다.

이렇게 필요한 거리로 접근하기 어렵기 때문에 양성자가 붕괴하는 데는 10^{31}년이나 걸리는데 이것은 우주의 나이인 10^{10}년보다 훨씬 길다. 더구나 이 숫자도 양성자의 평균 수명이다. 그래서 실험적으로 양성자의 붕괴를 확인하려면 매우 많은 수의 양성자를 붙잡아 놓고 기다려야 한다.

이것은 사람의 평균수명이 70세라고 할 때 모든 사람이 70세에 죽는 것은 아니다. 사람에 따라 더 일찍 죽을 수도 있고 더 늦게 죽을 수도 있다.

같은 방법으로 충분히 많은 양성자를 모아 놓으면 그 중에 붕괴하는 것이 나타날지도 모른다는 뜻이다.

그러나 학자들은 이렇게 수동적으로만 기다리지 않는다. 그들은 양성자 붕괴를 검출하는 방법을 고안했다. 그것은 대량으로 Z^0 입자를 만들어 전자기 상호작용과 약한 상호작용의 혼합을 나타내는 각인 와인버그각을 측정하는 것이다. 이 실험이 성공한다면 대통일이론을 검증할 수 있다는 것이다.

그런데 1998년 6월에 도쿄대학의 우주선 연구소의 뉴트리노 관측 장치로 지하 1,000m에 만들어진 '슈퍼카미오칸데' 에서의 관측을 통해 '뉴트리노' 에도 질량이 있다는 결론을 발표했다.

슈퍼카미오칸데는 '초속 300,000km' 장에서도 설명한 바와 같이 카미오칸데가 발전된 것으로 원래 아연과 납을 생산하던 일본 기후현 카미오카광산을 개조한 것이다. 지름 40m, 높이 42m의 원기둥형으로 파낸 암반 안에 설치된 순수한 물 50,000t을 담은 탱크로 이 탱크 안에는 직경 50cm의 초고감도 빛탐지기가 1만 1,000여 개나 빽빽하게 들어차 있다.

이와 같이 엄청난 측정시설로 되어 있는 슈퍼카미오칸데가 건설된 이유는 너무나 간단한 질문에서 시작한다. '우주에도 수명이 있는가' 라는 질문이다.

이와 같은 질문은 모든 원자의 핵 속에 있는 양자가 영원하지 않고 언젠가 붕괴하는지, 그렇지 않은지를 알아내면 된다. 슈퍼카미오칸데는 바로 양자의 붕괴로 인해 발생되는 방사선을 검출하기 위한 장치이다. 그러나 아직 전 세계의 어느 실험진도 양자의 붕괴를 감지해내지 못했다.

그런데 이 검출장치가 의외로 흥미로운 물질을 관측하는 성과를 올렸다. 1987년, 슈퍼카미오칸데의 전신으로 만들어진 카미오칸데에서 우연히 초신성이 폭발할 때 나온 중성미자 19개를 잡아냈다. 그것은 지구에서

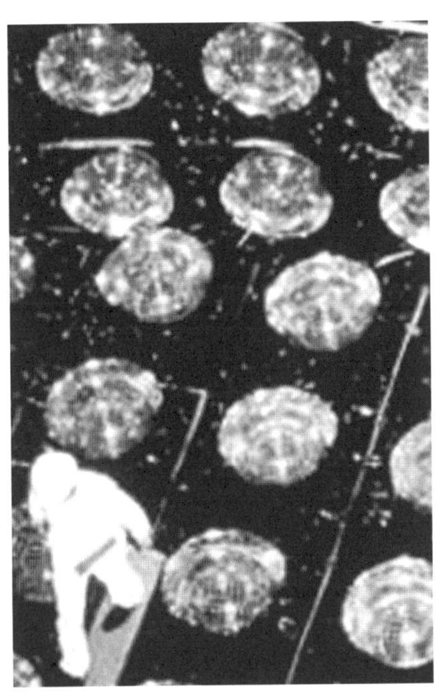
일본 가미오카 광산 속에 있는 슈퍼카미오칸데 뉴트리노 검출기(과학동아, 2000. 8)

16만 광년이나 떨어진 대마젤란성운에서 날아온 중성미자로 아인슈타인의 이론을 결정적으로 증명시킨 것임을 앞에서 설명했다.

초신성 폭발이나 태양의 핵융합 반응으로 발생하는 중성미자는 우주에 엄청난 양이 흩날리지만, 물질과 거의 반응을 일으키지 않아 관측이 어려우므로 '유령입자' 라고도 불렸다. 태양에서 오는 중성미자만 하더라도 지구 표면의 엄지손톱 만한 넓이에 초당 수백억 개가 쏟아지는데, 대부분 지구를 뚫고 우주 속으로 날아가 버린다. 우리의 몸을 투과하는 중성미자도 1초에 수십조 개에 달한다.

중성미자가 무엇이든 뚫고 다니지만 수백조 개 가운데 하나쯤은 물 분자에 부딪쳐 물 원소의 핵에서 전자가 튀어나오게 한다. 이 전자는 물 속에서 파란 빛을 내며 엄청난 속도로 움직이는데 너무 희미한 빛이라 눈에는 보이지 않지만, 슈퍼카미오칸데 안에 설치된 초고감도 빛탐지기로는 관측할 수 있는 것이다.

최근 슈퍼카미오칸데에서는 인류 역사상 최장거리 규모의 실험이 행해졌다. 250km나 떨어진 쓰쿠바시의 고에너지연구소(KEK) 양성자가속기로부터 인위적인 뮤온 중성미자 빔을 만들어 슈퍼카미오칸데로 정조준해 쏘아 보낸 것이다. 그 결과 중성미자에도 질량이 있다는 결정적인 증거를 포착했다.

2003년 한 · 미 · 일 · 유럽의 국제공동연구팀은 "빔이 퍼지는 정도와 충돌 확률 등을 고려할 때 151개의 중성미자가 검출될 것으로 예상했으나 실제 관측에서는 108개만 검출되었다"고 발표했다. 이는 나머지 43개의 뮤온 중성미자가 진동변환을 일으켜 아직 관측되지 않는 타우 중성미자 등의 다른 형태로 바뀐 것을 의미한다.

이 실험에 참여한 서울대 물리학과 김수봉 교수는 "입자가 다른 입자로 바뀌려면 필수적으로 질량이 있어야 하는데, 이렇게 진동 변환을 일으켰다는 것은 곧 중성미자에 질량이 있다는 것을 의미한다"고 말했다. 이로써 중성미자에 질량이 없다고 가정한 표준모형이론은 수정되어야 할 상황에 처했으며, 중력을 제외한 전자기력, 약력, 강력의 모든 힘을 통합하려는 대통일이론은 더욱 힘을 얻게 되었다. 대통일이론은 중성미자의 질량 존재를 예측하고 있기 때문이다.

특히 중성미자에 질량이 있다는 것이 학자들을 흥분케 만든 것은 과학자들이 별의 이동 속도를 이용해 계산한 결과, 전 우주의 별을 모두 합해도 전체 우주 질량의 10%에 미치지 못하는 것으로 나왔기 때문이다. 이는 우리가 미처 볼 수 없는 작은 입자가 우주에 널리 퍼져 있어 나머지 90%의 질량을 채우고 있다는 의미로 생각할 수밖에 없다.

빛과 상호작용을 하지 않는 그 미지의 입자를 암흑물질이라고 부르는데 학자들은 뉴트리노를 암흑물질이 아닌가 하고 추측한다. 우주 대폭발 이론에 따르면 현재 우주에는 폭발과정에서 생성된 중성미자가 1㎤당 약 330개 정도 분포하는 것으로 알려져 있다. 학자들은 중성미자가 얼마 만한 질량을 갖느냐에 따라 지금껏 인간이 알고 있던 우주의 역사가 달라질 수 있고, 우주의 미래까지 예측할 수 있을지 모른다고 예상한다.⚘

한편 2004년 노벨 물리학상은 소립자 쿼크들 사이에 작용하는 강력의 새로운 속성을 밝힌 미국 과학자 데이비드 그로스와 데이비드 폴리처, 프

⚘ 「지하 1천m에서 밝혀진 '유령입자'」, 이성규, 사이언스타임스, 2004. 10. 12

랭크 윌첵에게 돌아갔다. 학자들은 물질의 기본을 이루는 소립자의 세계를 완전히 밝혀내야 우주의 역사와 미래를 설명할 수 있다고 주장한다. 소립자가 중요하게 여겨지는 것은 인간이 미처 발견하지 못한 중요한 입자가 우주와 삼라만상의 비밀을 쥐고 있을 것으로 추측하기 때문으로 추후 노벨상은 이 분야에서 계속 나올 것으로 추측하는 이유이기도 하다.

부상하는 끈이론

또 다시 아인슈타인이 등장한다. 이미 앞의 '자동문'의 장에서 설명한 바와 같이 아인슈타인은 하이젠베르크의 불확정성 원리를 반박하기 위해 새로운 불확정성 원리를 세웠다. 그것은 소립자 세계에서 아주 짧은 기간 동안은 에너지 보존의 법칙이 깨질 수 있다는 것이다.

우주의 시초인 빅뱅을 다시 한 번 살펴보자.

빅뱅이 시작된 지 10^{-42}초 후의 우주는 양성자보다 작고 온도는 10^{36}℃에 달했으며 오직 한 종류의 장과 입자의 상호작용만 존재했었다. 우주가 팽창하면서 온도가 떨어졌고 다른 장들이 생기기 시작했다. 이것은 우리의 지구의 경우를 생각하면 이해하기 쉽다. 원시 지구는 매우 뜨겁고 여러 종류의 모든 원자들이 같은 비율로 섞여 있는 기체 덩어리였다고 믿어진다. 그 기체 덩어리가 식으면서 먼저 액체 물질이, 그 다음엔 고체 물질이 분리되어 나오기 시작했다. 마침내 여러 물질이 분리되어 존재하는 구형의 행성이 된 것이다.

과학자들은 새로 태어난 우주에는 물질과 반물질이 같은 양으로 포함되어 있었다고 생각했었다. 그러나 반물질이 물질보다 더 많거나 똑같았다면 현재와 같은 우주는 탄생할 수 없었을 것이다. 별이나 은하와 같은 물질 구조가 만들어질 수 있었던 것은 물질과 반물질이 서로 만나 빛을 발하면서 완전하게 쌍소멸하지 않았기 때문이다. 그렇다면 처음부터 왜 완전히 소멸하지 않고 물질이 반물질보다 더 많았는가를 의심하지 않을 수 없다.

이것을 보다 구체적으로 설명하기 위해서는 또 다른 사고가 필요하다. 현대 과학에는 철통같이 옹호되고 있는 법칙이 여러 가지 있는데 그것 중에 대표적인 것이 보존법칙이다. 이것은 우주에서 어떤 일들이 일어날 수 있는지 또는 일어날 수 없는지를 파악하는 데 사용되는데, 에너지 보존, 운동량 보존, 각 운동량 보존, 전하량 보존 등이 있으며 좀 생소한 이론이지만 중입자 수의 보존, 스핀의 보존 등도 있다.

학자들은 너무나도 당연한 이야기이지만 상술한 4가지 장의 상호작용은 이러한 모든 보존법칙을 만족시킨다고 생각했다. 그런데 놀라운 현상이 발견되었다. 약한 상호작용의 경우에는 적용되지 않는 보존법칙이 존재한다는 것이다.

보존법칙 중 처음으로 깨지기 시작한 것은 홀짝대칭성의 보존이다. 이것은 에너지처럼 기본적인 성질로 어떤 변화나 반응이 일어날 때 홀짝대칭성이 반드시 보존되어야 한다. 다시 말해서 입자가 새로운 입자와 반응했을 때 질량수라든가 원자수 혹은 각 운동량과 같이 균형이 맞아야 한다는 것이다. 즉 홀대칭성 입자와 짝대칭성 입자가 상호작용하여 2개의 다른 입자를 만들었다면 반드시 새로운 입자 중 하나는 홀대칭성을, 다른 하나는 짝대칭성을 가져야 한다는 뜻이다.

그런데 케이중간자가 말썽을 피웠다. 케이중간자는 2개의 파이중간자로 붕괴되기도 하며 또 3개의 파이중간자로 붕괴될 수도 있다. 파이중간자는 홀대칭성을 갖기 때문에 2개와 3개가 나오면 결코 대칭성이 보존될 수 없다.

| 리숭타오와 양첸닝 |
중국의 리숭타오와 양첸닝은 강한 상호작용에서는 홀짝대칭성이 보존되지만 약한 상호작용에서는 케이중간자의 붕괴로 인해 이 대칭성이 깨진다는 것을 증명하였다. 이들이 1957년에 노벨상을 수상할 당시 리숭타오는 불과 31세였는데, 이것은 25세에 노벨상을 수상한 브래그 다음으로 젊은 나이에 노벨상을 수상한 기록이다.

중국의 리숭타오(Tsung Dao Lee)와 양첸닝(Chen Ning Yang)은 강한 상호작용에서는 홀짝대칭성이 보존되지만 약한 상호작용에서는 케이중간자의 붕괴로 인해 홀짝대칭성 보존의 법칙이 깨진다는 새로운 해결책을 제시하였다. 특히 그들은 약한 상호작용에서 홀짝대칭성이 보존되지 않으면 그 입자들은 반드시 편기성(handedness)을 보여야 한다고 결론을 내렸다. 그들은 1950년대에 건설된 베바트론과 브룩헤이븐의 코스모트론과 같은 유명한 원자가속기로 자신의 이론을 증명했다. 전자는 비대칭성 보존의 법칙이 지켜지지 않은 것이다. 그들은 이 연구로 1957년 노벨 물리학상을 받았다. 이들은 중국 물리학자 중에서는 처음으로 노벨상을 수상했으며 특히 리숭타오는 브래그의 25세 다음으로 가장 젊은 나이인 31세에 노벨상을 받았다. 양첸닝도 수상할 당시 35세였다.

이들의 연구는 매우 중요한 결과를 갖고 왔다. 입자의 대칭성이 약한 상호작용에서 깨지게 된다면 그것은 그 외의 어느 곳에서나 깨질 수 있다는 것이다. 결국 우주 전체는 대칭으로 균형되는 것이 아니라 선택적으로 2

종류의 우주가 있을 수 있다는 것이다. 이것이 한 우주는 물질로 구성되어 있고, 다른 우주는 반물질로 구성될 수 있다는 생각을 갖게 한 것이다.

홀짝대칭성과 전하 짝바꿈이 합해져 'CP보존'이라는 새로운 보존법칙이 만들어졌는데 이 역시 타당하지 않다는 것이 밝혀졌다. 여기에서 C(charge)는 음과 양전하의 균형이고 P는 좌우 간의 균형 또는 반전성이다. 미국의 피치(Val Logsdon Fitch)와 크로닌(James Watson Cronin)은 약한 상호작용에서 CP 보존의 법칙이 깨진다는 것을 증명했다. 그들은 CP 불변성에 대한 확고한 실험적 증명을 위해 실험을 했지만 결론은 그들의 기대와는 달리 자신들의 이론과 반대의 것을 증명한 것이 된 것이다.

또한 그들의 연구는 시간 T를 포함한 'CPT의 대칭'도 절대적이 아니라는 것을 증명했다. 어떤 상호작용이 T에 대해서 불변이라면 CP에 대해서도 불변이어야 한다. 반대로 만약 CP가 깨져 있다면 T가 깨짐으로써 보상되어야 한다는 뜻이다.

이 연구로 그들은 1980년 노벨 물리학상을 받았다. 그들의 수상 제목은 「중성 케이중간자의 붕괴에서 기본 대칭 원리의 붕괴 현상 발견」이다.

이 연구의 중요성은 바로 무에서 유가 창조될 수가 있다는 것이다. 1970년대부터 학자들은 우주가 아주 작고 무거운 가상의 입자에서 매우 빨리 팽창하여 현재에 이르고 있다는 가설을 갖고 있다. 이 가설에 따르면 우주는 아무것도 아닌 상태에서 형성되었으며 아무것도 아닌 무한한 부피에서 무한한 개수의 우주가 생겼을 가능성이 있다는 것이다. 아인슈타인이 구상한 이론과 실험 결과에 의하면 물질과 반물질이 보존법칙에 의하지 않고 남아 있을 수 있으며, 이것을 확대하면 무에서 유가 창조되었다는 가설이 힘을 받게 된다.

1970년대 미국의 물리학자 거스는 GUTs에 근거하여 대폭발이 일어났을 초기에 우주는 아주 급격한 팽창을 겪었다고 주장했다. 이러한 팽창

우주에서는 온도가 너무 급격히 떨어지기 때문에 다른 종류의 장이나 입자가 분리되어 나올 시간이 없다. 이 급격한 팽창이 끝난 후, 우주가 상당히 커졌을 때에야 분화가 시작되었다는 가설이다. 그래서 우주는 울퉁불퉁한 점들을 가지면서 고르게 평평할 수 있는 것이다.

GUTs가 우주의 탄생에 관한 수수께끼를 보다 알기 쉽게 설명하지만 또 하나의 걸림돌이 있다. 그것은 중력의 상호작용이 비타협적이라는 것이다. 대통일장, 즉 GUTs 이론이 검증되더라도 그 속에 중력이 들어갈 길이 마땅치 않기 때문이다. 중력을 포함한 이론을 '모든 것의 이론(TOE: theory of everything)', 즉 '초통일이론'이라고 한다.

학자들은 중력도 실험실에서 검출할 수 있다고 믿는다. 그러나 이런 것을 검증하려면 최소한 10^{19}GeV로 추산되는 에너지가 필요하다. 현재 개발된 테바트론 방식을 사용한다면 10^{15}GeV의 에너지를 얻기 위해서는 인근에 있는 별까지 포함하는 커다란 기구를 제작해야 하며 10^{19}GeV를 얻으려면 은하 규모가 필요하다.

가까운 장래에 이러한 장비를 제작하기가 어려운 것은 물론이다. 그러나 학자들은 단념하지 않고 있다. 우주에 대한 연구는 오히려 이제부터 시작이라고 볼 수 있다. 현재도 수많은 물리학자들이 우주의 근본인 이론을 찾기 위해 부단히 노력하고 있고, 언젠가 10^{19}GeV 규모의 장비가 아니더라도 TOE를 찾아낼 수 있다는 희망을 갖고 있다.

현재까지 유력한 이론은 우주의 팽창이 초대칭(Supersymmetry)을 요구한다는 초대칭적(SUSY)대통일이론 또는 SUSY-GUT 모형이다. 이 이론에 의하면 이미 알려진 모든 기본 입자는 각자에 상응하는 초대칭 짝의 입자를 가지게 된다. 따라서 우리가 알고 있는 입자에 대응되는 초대응입자가 발견되면 초대칭이론은 입증된다. 1996년 영국의 과학자들은 광자, 즉 포톤(photon)에 상응하는 초대칭 짝인 포티노(photino)의 존재를 나타내는 실험 결과를 얻었다고 발표했다. 페르미 입자가속기 연구소에 있는 과학자들도 전자(electron)의 초대칭 짝에 해당하는 셀렉트론(selectron)을 생성시키는 입자 충돌 사건을 확인했다고 주장하나 아직 학계의 인정을 받지는 못하고 있다.

이어 1976년에 초대칭성의 수법으로 중력을 응용한 '초중력이론'이 발표되었지만 시공의 차원이 11차원이 되어야 하므로 이 역시 '보조닉 끈이론'과 같이 문제점을 노정시켰다.

끈이라는 말이 등장하는 것은 입자가 하나의 점이 아니라 약간의 크기(10^{-33}cm 정도를 갖기 때문에 일상적인 의미의 크기는 아님)를 갖는 끈으로 생각하기 때문이다.

다소 난해한 고차원의 문제가 계속 제기되자 학자들은 오히려 이런 고차원에 대해 진지하게 접근하기 시작했다. 이미 1920년대에 칼루차와 클라인이 4차원을 넘어선 5차원 좌표를 이용해서 전자기 현상과 중력 현상을 통일하려 했던 시도가 있었다.

여기에서 우리들은 4차원에 대해서는 쉽게 이해한다. 그런데 4차원을 넘는 고차원의 시공은 대체 어떤 의미가 있는 것일까. 5차원을 제안한 카르차는 여기에서 전자기력을 담당하는 하나의 차원은 초미시 크기로 축소되어 있다고 생각했다. 이 생각을 발전시킨 것이 스웨덴의 클라인이다. 그는 미시 차원의 크기를 계산했는데 현재는 이 크기가 양자역학적으로 생각할 수 있는 최소의 길이 즉, 10^{-33}(100조 분의 1의 1,000조 분의 1에 대한 10,000분의 1)mm의 '플랑크 길이'이다.

이때 혜성처럼 나타난 이론이 바로 1970년 요이치로에 의해 제창된 '초끈이론(Superstring)'이다. 그 후 1974년 프랑스의 세르크와 미국의 슈바르츠에 의해 제안된 후 영국의 마이클 그린에 의해서 골격이 마련되었다. 이 이론의 핵심은 입자들을 끈의 진동 모드로 대치시킨 것으로 끈이론에

| 벌집 구조의 대칭성 |
자연이 대칭성을 좋아한다는 하나의 증거이다.
www.cnongtcng.co.kr
(과학동아, 2000. 1)

초대칭의 기법을 도입하면 중력을 다른 세 힘과 통일할 수 있다. 초끈이론의 '초'는 초대칭성을 뜻한다.

그러나 왜 힘이 통일될 수 있는가 하는 이유가 불분명하다는 것이 문제였다. 1984년 그린과 슈바르츠는 중력에 휘감기는 무한대가 다른 세 힘의 성질에 따라 상쇄되고 있다는 것을 발견했다. 그리고 무한대가 상쇄되기 위한 필요조건을 제시했다. 이를 학자들은 물리역사상 처음으로 약자역학과 모순이 양자중력이론을 찾아냈다고 평가한다.

1985년에 미국의 그로스 연구팀은 'E8×E8혼성(헤테로티크)형' 초끈이론을 발표했다. 이것은 그린과 슈바르츠가 제안한 조건을 충족하는데 그로스의 계산에 의하면 통일장이론과 대통일장이론의 내용이 자연스럽게 유도된다는 것이다. 바로 그것이 초통일이론의 유력한 후보로서 주목받는 이유이다.

E8×E8혼성형 초끈이론은 물질을 만드는 입자와 힘을 전달하는 입자가 모두 10^{-33}cm의 1종류의 닫힌 끈으로 구성되어 있다고 설명한다. 이 끈이

왼쪽으로 돌아서 진동하면, 힘을 전달하는 입자와 물질을 만드는 입자가 태어난다. 중력을 전달하는 중력자는 끈이 오른쪽으로 돌아서 진동하여 생기는 경우와 왼쪽으로 돌아서 진동하여 생기는 경우가 있다.

그들은 우주에 존재하는 4가지 종류의 힘과 수많은 입자들의 구조를 통일시키기 위해서 10차원의 시공 구조를 가진 초끈의 존재를 제안했다. 일반적으로 알려져 있는 우리의 우주는 공간이 3차원, 시간이 1차원으로 모두 4차원이라고 생각한다.

그렇다면 왜 우리는 3차원을 제외한 나머지 차원을 볼 수 없을까. 초끈이론에서는 나머지 6차원은 작게 뭉쳐져서 '소립자의 내부 공간'에 갇혀 있다는 것이다. 즉 3차원을 제외한 나머지 차원의 공간을 초기에 끈들이 돌돌 말아 억눌렀기 때문에 나머지 차원들이 성장하지 못했다고 설명한다.*

여하튼 끈이론의 요지는 물질과 자연계의 모든 힘의 기본 단위가 끈을 닮았다는 것이다. 끈이 풀렸을 때 양 끝을 가진 끈은 힘의 기본 단위가 되고, 고리 모양으로 닫혔을 때 끈은 물질의 기본 단위(아마도 양성자보다 10억×1000억 배 정도 작은)가 된다.

그러나 이 이론에 따르면 무려 5종류의 서로 다른 초끈이론이 나타날 수 있고, 블랙홀과 양자역학이 공존할 수 없다고 스티븐 호킹(S. Hawking) 박사가 주장하자 난관을 맞으면서 사라지는 듯 했다. 특히 수학적으로 너무 복잡한데다가 실험을 통한 검증이 사실상 불가능한 것도 문제였다.**

초끈이론이 해결책?

1990년대 중반 서스킨드(L. Susskind) 박사가 블랙홀과 양자역학이 공

* 「숨은 우주와 충돌로 생겼을까」, 이충환, 과학동아, 2002. 3

** 『사이언스 오딧세이』, 찰스 프라워스, 가람기획, 1998

존할 수 있다는 가능성을 제시하면서 블랙홀에 대한 오랜 논쟁은 호킹에 대한 서스킨드의 판정승으로 끝나자 '초끈이론'은 다시 각광을 받는다. 초끈이론에 의하면 이미 설명한 10^{500}개의 서로 다른 우주가 존재하며 각 우주마다 각각의 물리법칙을 가질 수 있다는 가능성을 제시한다.

초끈이론(Superstring Theory)이 각광을 받는 것은 이제까지 생각하던 만물의 궁극을 끈과 같은 형태라고 보는 데 있다. 20세기 물리학을 지배한 입자이론은 모든 물질의 근원이 원자 → 원자핵 → 양성자와 중성자 → 쿼크(0차원의 점) 등 아주 작고 쪼갤 수 없는 입자로 이뤄져 있다는 것이다. 초끈이론은 이런 입자들을 끈으로 대체하는 것이다.

즉 우주의 만물은 소립자나 쿼크와 같은 기존의 단위보다도 훨씬 작은 구성요소인 '진동하는 가느다란 끈', 아주 짧은(10^{-33}cm) 1차원 끈으로 이루어져 있다고 생각하는 것이다. 양성자의 크기가 10^{-13}cm인 것을 감안하면 이 끈이 얼마나 작은지 알 수 있다.[‡‡‡]

사실 기존 우주에 대한 새로운 우주관으로 표현되는 '새로운 세계관'에서는 절대적인 물리법칙이란 없다. 뉴턴의 만유인력 법칙 등 '우리 우주(지구가 속해 있는 우주)'의 신성한 물리법칙은 여러 우주의 수많은 물리법칙 중 하나일 뿐이다.

심지어는 10^{500}개의 우주 법칙이 있을 수도 있다고 생각한다. 다른 우주들이 우리 우주와 비슷할 수도 아닐 수도 있다는 것이 다소 혼동스럽지만 물리학자들의 생각은 매우 구체적이다. 예를 들어 원자나 전자는 다 비슷하게 행동하지만 중력만 1억 배 만큼 센 경우도 있을 수 있다. 어느 경우에는 중력은 그대로이지만 원자나 전자와 같은 기본적인 물질들이 없을 수도 있다는 말이다.[‡‡‡‡]

그 후 1994년에 '막이론(M이론 Membrane, Magic, Mystery, Matrix 혹은 모든 이론의 어머니(Mother)라는 뜻)'이 등장하여 5종류의 초끈이론을 통합할

[‡‡‡] 「만물의 통합이론에 도전한다 – 초끈이론」, 최성우, 과학향기 포커스, 2004. 5. 24

[‡‡‡‡] 「우주가 10^{500}개! 상상을 초래한다」, 조선일보, 2004. 1. 27

수 있는 이론이 제시되었다. 'M이론'이란 끈이 시간에 따라 변화된 과정의 전체를 그리면 마치 종이 같은 막의 형태를 이룬다는 것이다. 따라서 막의 경우에는 초끈이론에 차원이 하나 더 결합된 11차원 이론이 된다.ᵻ

이 과정에서 한국의 이수종 박사가 S-양면성 끈이론을 제시했다. S-양면성이란 끈의 상호작용이 약한 경우가 같다는 설명이다.

예를 들면 약하게 상호작용하는 열린 끈은 강하게 상호작용하는 복합끈과 같다는 것이다.ᵻᵻ

초끈이론은 자연계의 기본입자가 하나의 자유도를 갖는 점(point)이 아니라 무한한 자유도를 갖는 1차원 끈(string)으로 되어 있다는 가설에서 출발한다. 물질이 입자로 돼 있다고 생각하면 자연에 존재하는 기본입자들을 도입해야 한다. 예를 들어 전자, 쿼크, 중성미자(뉴트리노), 광자, 중력자, 글루온 등 매우 다양한 입자들이 필요하다. 그러나 초끈이론은 끈 하나만 있으면 된다. 학자들은 이를 기타줄로 비유해서 설명한다.

기타줄은 연주자가 어떤 코드를 잡고 퉁기느냐에 따라 여러 가지 다양한 음을 낼 수 있다. 이렇게 낼 수 있는 음의 수는 무한히 많으므로 우리는 이들 기타음들을 하나하나 구별하기 위해 '도레미파솔라시도'와 같이 음높이 이름을 붙여 놓았다. '도', '레' 등 각 음높이는 기타줄이 특별한 한 가지 모양으로 진동할 때에만 나는 소리이다. 다시 말하면 기타줄의 진동 모양만 보아도 '도'는 '레'와 분명하게 구별된다.

초끈의 이론도 이와 유사한 개념에서 출발한다.

초끈을 원 모양의 고무줄로 생각한다면 고무줄과 같은 끈 역시 무수히 다른 모양으로 진동할 수 있다. 기타줄에서와 같이 각각 다른 고무줄 진동 모양마다 이름을 하나씩 붙여 전자, 쿼크 빛, 중력파 등등으로 이름을 붙일 수 있다고 보는 것이다.

통일이론에서 가장 큰 과제는 중력과 다른 힘을 양자세계에서 통합하는

ᵻ 「자연계에 존재하는 서로 다른 네 가지 힘을 재결합하려는 물리학 이론」, 김성원, 신동아,2004

ᵻᵻ 「끈이론, 상대론의 모순 해답에 도전」, 이수종, 과학과 기술, 2005. 1

것이다. 중력이 다른 힘보다 워낙 작기 때문에 이들을 연계시키는 것이 문제점이었고 이 때문에 학자들의 연구는 답보상태에 빠지기 일수였다.

그런데 초끈이론에 의하면 중력은 고무밴드와 같은 '닫힌 끈'이고 다른 힘과 모든 입자는 짧은 실과 같은 '열린 끈'이다. 막 위에서 열린 끈이 진동하는 모양에 다라 끈은 전자기력과 강력, 약력이 되기도 하고 쿼크와 같은 입자도 만든다. 이 열린 끈이 막 위에서 살짝 떨어진 뒤 닫힌 끈이 되면 중력으로 표현된다. 이처럼 초끈이론은 끈 하나로 4가지 힘과 모든 입자들을 설명할 수 있다.ቀቀቀ

그런데 우리가 살고 있는 공간은 3차원이며 여기에 1차원의 시간으로 이루어져 4차원 공간에 살고 있다고 이미 설명했다. 그런데 10차원이란 대체 어떻게 설명할까. 카루차와 클라인의 설명은 다음과 같다.

평평한 마분지를 펴면 2차원의 공간이다. 이 마분지를 둘둘 말아서 눈 앞에 보면 가까운 거리에서는 단지 둥글둥글 말렸을 뿐이지 마분지가 여전히 2차원임을 알 수 있다. 그러나 아주 멀리 떨어져서 보면 마분지가 둥글둥글 말린 것은 보기 힘들고 길쭉한 막대처럼 보인다. 즉 1차원의 공간으로 느껴진다는 것이다.

여기에서 착안하여 카루차와 클라인은 원래 우주는 5차원이지만 그중 한 개의 차원이 분자나 원자보다 훨씬 작은 구간으로 되어 있어서 지금까지 가능한 실험이나 검증 범위 안에서는 4차원처럼 느껴진다는 것이다. 이러한 원리를 계속 적용시켜 아인슈타인의 일반상대성이론과 양자역학 현상을 자연스럽게 나타내려면 시공간의 차원이 10차원이 되어야 한다는 것이다.ቀቀቀቀ

그러나 이제 에드워드 위튼이 제창한 M이론에 따르면 1차원 끈이 사실은 11차원에서 대롱처럼 말려 있는 2차원 막이며, 보다 두 배의 자유도를 갖는 2차원 면으로 되어 있다고 볼 수 있다는 것이다.

ቀቀቀ
「진동하는 끈이 만물을 지배한다」, 남순건, 과학동아, 2005. 1

ቀቀቀቀ
「우주는 10차원 진동으로 존재한다」, 이수종, 과학과 기술, 2004. 4

이후 폴친스키가 'E-브레인' 이란 것을 제시했는데 브레인이란 2차원의 막(membrane)을 다양한 차원으로 확장한 것이다. 즉 3차원 막, 4차원 막, 9차원 막이 브레인이다. 이러한 브레인은 초끈이론에서 끈만큼 중요한 역할을 한다. 열린 초끈은 D-브레인 위에서만 움직이기 때문이다.

또한 스트로민저와 바파 박사는 끈이론으로부터 블랙홀의 엔트로피를 정확히 계산했다. 앞에서 설명한 스티븐 호킹이 블랙홀에서 정보가 소멸되지 않는다는 점을 인정하면서 내기에 졌다고 시인한 것도 초끈이론 때문이다. 특히 이 아이디어는 빛으로 보는 세계, 즉 우리가 보는 세계는 4차원에 불과하지만 중력으로 보면 11차원의 세계가 모두 열린다고 남순건 박사는 적었다.[*]

그렇지만 M이론은 아직 완성된 것이 아니다. 사실 M이론에서는 2차원 면 이외에도 일반적으로 p차원 입자(p-brane)들이 나오며, 또 이들이 서로 대칭성을 갖고 있기 때문에 기본입자가 몇 차원 입자인가를 완전히 대답할 수 없다. 그래서 최근에는 M이론에서 한 단계 더 나아간 12차원 F이론(모든 이론의 Father란 뜻)이 나오기까지 했다.

궁극적인 통일장이론으로 발전하기 위해서는 앞으로도 수많은 혁명을 겪어야 할 정도로 험난하다는 것을 예고하는 것이다.[**]

여기에서 아인슈타인이 통일장이론을 완성시키기 위해 그의 인생 중에서 거의 절반에 걸친 30년을 투입한 배경을 알아보자.

그것은 아인슈타인의 중력이론이 본질적인 면에서 금세기 또 하나의 위대한 성과인 '양자역학' 과 모순되는 성질을 갖고 있기 때문이다. 아인슈타인이 양자역학 중에서도 '불확정성 원리' 를 강하게 비판한 것도 사실은 그의 이론과 양자론이 대립되는 데서 기인한다.

양자역학에 따르면 미시의 세계에서는 아무리 해도 제거할 수 없는 본질적인 '요동', '불확정성' 이 존재한다는 것이다. 그런데 이 이론을 중력

[*] 「우주의 통일이론을 찾아서」, 남순건, 과학동아, 2005. 1

[**] 「현대통일장이론의 최전선」, 조용민, 과학동아, 1997. 7

| 전통적이론(좌)과 끈이론(우) |
전통적이론은 전자와 쿼크를 물질의 최소 단위로 간주하는데 끈이론은 모든 입자를 진동하는 끈으로 간주한다. (『우주의 구조』)

이론에 적용시킨다면 다음과 같은 질문이 나온다.

'미시의 세계에서 길이를 재는 자의 눈금이, 그리고 시간을 새기는 시계의 눈금이 흔들린다면, 거기에서는 시간과 공간의 개념 그 자체가 의미를 상실하는 것은 아닌가?'

그러나 그는 중력 이론과 양자론이 대립되거나 모순되어서는 안 된다는 생각을 갖고 있었다. 이 문제를 해결하기 위해 아인슈타인이 30년간을 통일장이론에 매달렸으나 결국 해결하지 못하고 사망했다.

초끈이론이 태어난 동기는 바로 양자론과 중력이론의 불일치를 해결하기 위해서이다. 현재 거시적인 세계에서는 중력 현상을 설명하는 이론(상대성이론 등)이 주로 들어맞고, 원자 등 미시적 세계에서는 양자역학을 이용한 설명이 주로 들어맞는다. 초끈이론에 의하면 물질과 힘의 근본을 입자가 아니라 진동하는 작은 끈이라고 생각하는 것이다. 다만 이 끈의 크기가 워낙 작아 우리에게는 입자처럼 생각된다는 것이다.

다소 난해하기는 하지만 현재로서는 초끈이론이 양자론과 중력이론을 처음으로 모순 없이 융합시키는 데 성공하였다는 점에서 크게 평가받는다. 그럼에도 불구하고 통일장이론으로 가기 위해서는 초끈이론도 끝없는 보완이 이루어져야 할 것으로 학자들은 생각한다.[†††]

학자들은 앞으로 초끈이론이든 막이론이든 좋은 결과가 나오리라고 예측한다. 하지만 그 시기가 30년 후일지 아니면 50년 후일지는 장담하지 않는다. 어쩌면 기존의 사고를 뒤엎는 제3의 새로운 이론이 나와서 통일

††† 「우주가 10^{500}개! 상상을 초래한다」, 조선일보, 2004. 1. 27

장이론의 문제를 아주 단순한 형태로 해결해 줄지도 모른다.

한편 몇몇 과학자들은 우주에는 네 종류의 장만이 아닌 다른 장도 있을 수 있다는 가설을 세운다. 그러나 많은 과학자들이 설사 넷 이상의 장이 있다고 하더라도 이 넷의 작용이 모든 입자의 행동을 설명해 줄 수 있다고 단정한다. 한 종류의 장이 여러 측면으로 모습을 나타낼 수 있으므로 제5의 장이 있을 가능성은 거의 없다는 뜻이다.

물론 측정할 수 있는 이런 네 종류의 상호작용으로 우리가 모든 현상을 이해했다는 것은 아니다. 이것은 복잡한 문제를 풀어 답을 구했다고 해서 반드시 그 문제를 완전히 해결한 것은 아니라는 의미와 같다. 그러나 그 공식을 찾을 수 있으면 아직도 알려지지 않은 미지의 측면을 들추어 낼 수 있기 때문에 모든 학자들이 통일장에 관한 이론에 매달리는 것이다.

초끈이론의 발전에는 우리나라의 물리학자들도 큰 기여를 하고 있다.

서울대 물리학부 조용민 교수는 초기의 끈이론과 관련이 있는 '칼루자-클라인 이론'의 발전에 공헌했고, 고등과학원 이필진 교수는 M이론의 정체를 밝히는 연구를 계속하고 있다. 서울대 물리학부의 이수종 교수는 초끈이론에 관한 그간의 연구업적을 인정받아 한국인 최초로 유엔교육과학문화기구(UNESCO) 국제이론물리연구센터(ICTP)에서 수여하는 '2001년 ICTP상' 수상자가 된 데 이어, 올해에는 독일 훔볼트재단이 수여하는 2004년도 베셀상 수상자로 선정되었다.

앞으로도 우리나라에서도 만물의 근원을 밝히는 이론에 관한 세계적인 업적들이 나오기를 기대해 본다.⚘

⚘
「만물의 통합이론에 도전한다 - 초끈이론」, 최성우, 과학향기 포커스, 2004. 5. 24

노벨 물리학상 수상자 명단

연도	수상자	국적	업적(수상내용)
1901	빌헬름 뢴트겐	독일	X선 발견
1902	헨드리크 안톤 로렌츠 피에터 제만	네덜란드	네덜란드 복사현상의 자기적 영향에 대한 연구
1903	앙투안 앙리 베크렐 피에르 퀴리 마리 퀴리	프랑스 프랑스 프랑스	자연방사현상 연구 A.-H. 베크렐에 의해 발견된 방사현상연구
1904	J. W. S. 레일리	영국	아르곤 발견
1905	필립 레나르트	독일	음극선 연구
1906	J. J. 톰슨	영국	기체의 전기전도율 연구
1907	A. A. 마이컬슨	미국	분광(分光)과 측정에 관한 연구
1908	가브리엘 리프만	프랑스	천연색사진 연구
1909	굴리엘모 마르코니 카를 브라운	이탈리아 독일	무선전신 개발
1910	J. 반 데르 발스	네덜란드	기체와 액체의 상태방정식에 대한 연구
1911	빌헬름 빈	독일	열복사 법칙 발견
1912	닐스 구스타프 달렌	스웨덴	등대용 가스 어큐뮬레이터에 쓰이는 자동조절기발명
1913	H. 카메를링 오네스	네덜란드	저온에서의 물질의 속성에 대한 연구 : 액체 헬륨의 생성
1914	막스 폰 라우에	독일	결정에 의한 X선 회절(回折)의 연구
1915	윌리엄 브래그 로렌스 브래그	영국 영국	X선을 이용한 결정 구조 분석

연도	수상자	국적	업적(수상내용)
1916	수상자 없음		
1917	찰스 바클라	영국	원소의 특성 X선 발견
1918	막스 플랑크	독일	기본 양자 발견
1919	요하네스 슈타르크	독일	양 이온 광선에서 도플러 효과 발견 및 전기장에서의 스펙트럼선 분석
1920	샤를 기욤	스위스	합금의 아노말 발견(니켈강의 연구)
1921	알베르트 아인슈타인	스위스	이론물리학에 공헌
1922	닐스 보어	덴마크	원자구조와 복사에 대한 연구
1923	로버트 밀리컨	미국	기본전하와 광전효과에 대한 작업
1924	카를 시그반	스웨덴	X선 분광학에 대한 연구
1925	제임스 프랑크 구스타프 헤르츠	독일 독일	원자에 대한 전자 충돌에 관한 법칙 발견
1926	장 바티스트 페랭	프랑스	물질의 불연속적 구조에 대한 연구
1927	아서 홀리 콤프턴 찰스 윌슨	미국 영국	산란된 X선에서 파장의 변화 발견 전기적으로 하전된 입자의 경로를 가시화 시키는 방법
1928	오언 리처드슨	영국	리처드슨 법칙 발견
1929	루이 드 브로이	프랑스	전자의 파동성 발견
1930	C. 라만	인도	빛 산란에 대한 연구, 라만 효과 발견
1931	수상자 없음		
1932	베르너 하이젠베르크	독일	양자역학의 불확정성원리 발견
1933	P. A. M. 디랙 에르민 슈뢰딩거	영국 오스트리아	양자역학에 파동 방정식 도입
1934	수상자 없음		
1935	제임스 채드윅	영국	중성자 발견
1936	빅터 헤스 칼 앤더슨	오스트리아 미국	우주선 발견 양전자 발견
1937	클린턴 데이비슨 조지 패짓 톰슨	미국 영국	전자에 의해 굴절된 결정 내에서의 상호 간섭 현상을 실험적으로 증명
1938	엔리코 페르미	이탈리아	중성자에 의한 인공방사성 원소의 연구
1939	어니스트 로렌스	미국	사이클로트론의 발명
1943	오토 슈테른	미국	양성자의 자기 모멘트 발견
1944	이시더 래비	미국	원자핵의 자기 속성의 표시를 위한 공명 방법
1945	볼프강 파울리	오스트리아	배타원리 발견

연도	수상자	국적	업적(수상내용)
1946	퍼시 브리지먼	미국	고압물리학의 재발견
1947	에드워드 애플턴	영국	전리층에서의 애플턴층 발견
1948	패트릭 블래킷	영국	핵 물리학 및 우주선의 재발견
1949	유카와 히데키[湯川秀樹]	일본	중간자의 존재 예견
1950	세실 파웰	미국	핵과정에 대한 연구에 있어 사진적 방법 : 중간자 발견
1951	존 코크로프트 어니스트 월턴	영국 아일랜드	가속 입자에 의한 원자핵의 변환 연구
1952	필릭스 블로흐 에드워드 퍼셀	미국 미국	고체에서 핵자기 공명에 대해 연구
1953	프리츠 제르니케	네덜란드	위상차 현미경의 완성
1954	막스 보른 발터 보테	영국 독일	파동 함수에 대한 통계적 연구 동시 계수법 발명
1955	윌리스 램 2세 폴리카프 쿠시	미국 미국	수소 스펙트럼의 구조에 관한 여러 발견 전자의 자기 모멘트 측정
1956	윌리엄 쇼클리 존 바딘 월터 브래튼	미국 미국 미국	반도체 연구 및 트랜지스터 효과의 발견
1957	리정다오[李政道] 양전닝[楊振寧]	중국 중국	패리티의 보전법칙에 위배되는 현상 발견
1958	파벨 A. 체렌코프 일리야 M. 프랑크 이고르 Y. 탐	소련 소련 소련	체렌코프 효과의 발견과 해석
1959	에밀리오 세그레 오언 체임벌린	미국 미국	반양성자의 존재 확인
1960	도널드 글레이저	미국	거품 상자의 개발
1961	로버트 호프스태터 루돌프 뫼스바우어	미국 독일	원자핵의 형태와 크기를 규정 뫼스바우어 효과 발견
1962	레프 D. 란다우	소련	물질의 응축상태에 대한 이해에 공헌
1963	J. H. D. 옌젠 마리아 괴페르트 마이어 유진 폴 위그너	독일 미국 미국	원자핵 내에서 양성자와 중성자의 상호작용을 지배하는 원자핵 원리의 구조에 대한 핵껍질 모델 이론을 개발

연도	수상자	국적	업적(수상내용)
1964	찰스 H. 타운스 니콜라이 G. 바소프 알렉산드르 M.프로호로프	미국 소련 소련	메이저 레이저 원리에 기초를 둔 실험 장치 구성을 가능하게 한 양자 전자공 학 분야의 업적
1965	줄리언 S. 슈윙거 리처드 P. 파인먼 도모나가 신이치로 [朝永振一郎]	미국 미국 일본	양자 전기역학의 기초원리 연구
1966	알프레드 카스틀레	프랑스	원자에서 헤르츠파 공명연구의 광학적 방법 발견
1967	한스 H. 베테	미국	별의 에너지 발생에 대한 연구
1968	루이스 W. 앨버레즈	미국	소립자에 대한 업적, 공명상태의 발견
1969	머리 겔 만	미국	소립자의 분류와 상호작용에 관한 발견
1970	한네스 알벤 루이 넬	스웨덴 프랑스	자기유체역학 및 반강자성과 강자성 분야의 업적
1971	데니스 가보르	영국	홀로그래피 발명
1972	존 바딘 리언 N. 쿠퍼 존 R. 슈리퍼	미국 미국 미국	초전도 이론의 개발
1973	에사키 레오나 [江崎玲於柰] 이바르 예이베르 브라이언 조지프슨	일본 미국 영국	반도체와 초전도체의 터널 효과
1974	마틴 라일 앤터니 휴이시	영국 영국	전파 천문학 분야의 연구
1975	오게 보어 벤 R. 모텔손L. 제임스 레인워터	덴마크 덴마크 미국	핵융합의 길을 열어놓은 원자핵 이해에 있어서의 업적
1976	버튼 리히터 새뮤얼 C.C. 팅	미국 미국	새로운 소립자 발견(제이, 프사이 입자 발견)
1977	필립 W. 앤더슨 네빌 모트 존 H. 반 블렉	미국 영국 미국	비결정성 고체에서 나타나는 자기에 따른 전자의 반응에 대한 연구
1978	표트르 L. 카피차 아노 A. 펜지어스 로버트 W. 윌슨	소련 미국 미국	헬륨 액화장치의 발명과 응용 우주의 초단파 배경 복사 발견과 대폭발 이론에 공헌

연도	수상자	국적	업적(수상내용)
1979	셸던 글래쇼 아브두스 살람 스티븐 와인버그	미국 파키스탄 미국	전자기력과 원자구성 입자의 약한 상호작용 간에 추론 확립
1980	제임스 W. 크로닌 발 L. 피치	미국 미국	하전공핵변환과 패리티 역전의 대칭성에 위반되는 현상 입증
1981	카이 M. 시그반 니콜라스 블룸베르헨 아서 L. 숄로	스웨덴 미국 미국	화학적 분석에 전자분광학 적용전자분광학에 레이저 응용
1982	케네스 G. 윌슨	미국	상 전이 분석
1983	수브라마니안 찬드라세카르 윌리엄 A. 파울러	미국 미국	별의 생성과 소멸에 대한 이해에 공헌
1984	카를로 루비아 시몬 반 데르 메르	이탈리아 네덜란드	원자구성입자인 W와 Z 발견, 이는 전기 약력이론을 뒷받침
1985	클라우스 폰 클리칭	서독	양자화된 홀(Hall) 효과 발견, 이는 전기 저항의 정확한 측정을 가능케 함
1986	에른스트 루스카 게르트 비니히 하인리히 로러	서독 서독 스위스	특수 전자현미경 개발
1987	J. 게오르크 베드노르츠 K. 알렉스 뮐러	서독 스위스	새로운 초전도물질 발견
1988	리언 레더만 멜빈 슈바르츠 잭 스타인버거	미국 미국 미국	원자구성입자의 연구
1989	노만 F. 램지 한스 G. 데멜트볼 프강 파울	미국 미국 독일	원자시계 개발 고립원자와 원자구성 입자들의 연구 방법 개발(패닝 트랩의 개발)
1990	제롬 I. 프리드먼 헨리 W. 켄들 리처드 E. 타일러	미국 미국 미국	쿼크의 발견
1991	피에르 질 드 젠	프랑스	분자의 형태를 규정하는 일반 법칙 발견
1992	조르주 샤르파크	프랑스	아원자 입자 추적 검출기 고안
1993	러셀 A. 헐스 조지프 H. 테일러	미국 미국	이중 맥동성(脈動星) 확인

연도	수상자	국적	업적(수상내용)
1994	버트럼 N. 브록하우스 클리퍼드 G. 셜	캐나다 미국	중성자 산란 기술 개발
1995	프레더릭 라인스 마틴 L. 펄	미국 미국	원자구성입자인 중성미자와 타우경 입자 발견
1996	데이비드 M. 리 더글러스 D. 오셔로프 로버트 D. 리처드슨	미국 미국 미국	초유동체 헬륨-3의 발견
1997	윌리엄 필립스 클로드 코앙 타누지 스티븐 추	미국 프랑스 미국	레이저광으로 원자를 냉각해 포획
1998	로버트 래플린 다니엘 추이 호르스트 슈퇴르머	미국 미국 독일	극저온의 자기장하에서의 반도체 내 전자에 대한 연구
1999	헤라르튀스 토프트 마르티뉘스 J. G. 벨트만	네덜란드	전자기 및 약력의 양자역학적 구조 규명
2000	조레스 I. 알페로프/허버 트 크뢰머 잭 S. 킬비	러시아/미국 미국	복합반도체 개발 집적회로 개발
2001	칼 위먼 볼프강 케테를레 에릭 코넬	미국 독일 미국	보스-아인슈타인 응축(BEC) 이론 실증
2002	레이먼드 데이비스 2세 고시바 마사토시 리카르도 지아코니	미국 일본 이탈리아	중성미자의 존재 입증, 우주의 X선원 발견
2003	알렉세이 A. 아브리코소프 비탈리 L. 긴즈부르크 앤소니 J. 레깃	미국 · 러시아 러시아 영국 · 미국	중성미자의 존재 입증, 우주의 X선원 발견

참고 문헌

• 『E=Mc2』, 배리 파커, 양문, 2004 • 『1984년』, 조지 오웰, 보성출판사, 1980 • 『20세기 과학의 쟁점』, 임경순, 사이언스북스, 2000 • 『20세기 대사건들』, 리더스다이제스트, 1985 • 『20세기의 드라마』, 요미우리 신문사, 새로운 사람들, 1995 • 『21세기를 지배하는 10대 공학기술』, 장호남 외, 김영사, 2002 • 『39가지 과학 충격』, 김준민, 지성사, 1997 • 『갈릴레오 갈릴레이는 "그래도 지구는 돈다"고 말하지 않았다』, 게르하르트 프라우제, 한길사, 1994 • 『갈릴레오와 킬러나무』, 에이드리언 베리, 하늘연못, 2000 • 『거꾸로 읽는 세계사』, 유시민, 도서출판 푸른나무, 1988 • 『거꾸로 읽는 교과서』, 교과모임연합, 푸른나무, 1989 • 『거의 모든 것의 역사』, 빌 브라이슨, 까치, 2005 • 『거짓말에 관한 진실』, M. 허시 골드버그, 중앙일보사, 1994 • 『거짓말 잡아내기』, 폴 에크만, 동인, 1997 • 『거짓말탐지기 검사결과서의 증거능력에 관한 연구』, 신성섭, 법조(법조협회), 1981.8월호~10월호 • 『건강과 바다』, 김기태, 양문, 1999 • 『걸리버여행기』, 조나단 스위프트, 해누리, 2001 • 『고대에 대한 열정』, 하인리히 슐리만, 일빛, 1997 • 『古文明70發明』, Brian M.Fagan, 猫頭鷹出版社, 2006 • 『과학, 그 위대한 호기심』, 서울대학교 자연대학 교수 외, 궁리, 2002 • 『과학 · 마술 · 미스터리』, 강건일, 나무의꿈, 2000 • 『과학사신론』, 김영식 외, 다산출판사, 1999 • 『과학사에 오점을 남긴 배신의 과학자들』, W. 브로드 외, 겸지사, 1997 • 『과학사의 뒷얘기』, A. 섯클리프 외, 전파과학사, 1996 • 『과학사 X파일』, 최성우, 사이언스북스, 1999 • 『과학속의 대논쟁 10』, 헬먼, 가람기획, 2000 • 『과학으로 풀어보는 건강에세이』, 김영식 외, 도서출판 동아, 1990 • 『과학으로 찾아간 아틀란티스』, 이종호, 월드북, 2005 • 『과학으로 파헤친 세기의 거짓말』, 이종호, 새로운 사람들, 2003 • 『과학은 모든 의문에 답할 수 있는가』, 존 브록만 외, 두산동아, 1996 • 『과학의 개척자들』, 로버트 웨버, 전파과학사, 1993 • 『과학의 세계, 미지의 세계』, 아이작 아시모프, 고려원미디어, 1994 • 『과학의 역사』, 스티븐 에프 메이슨, 까치, 1996 • 『과학의 역사 1, 2』, 에릭 뉴트, 이끌리오, 2000 • 『과학이야기』, 곽영직, 사민서각, 1997 • 『과학이 있는 우리 문화유산』, 이종호, 컬처라인, 2001 • 『과학, 인간을 만나다』, 헨버리 브라운, 한길사, 1994 • 『과학인명사전』, 뉴톤 편집부, 계몽사, 1995 • 『과학자는 왜 선취권을 노리는가』, 고야마 게이타, 전파과학사, 1991 • 『과학자의 개척자들』, 로버트 웨버, 전파과학사, 1993 • 『광기와 우연의 역사』, 귀도 크노프, 자작나무, 1997 • 『교과서를 만든 수학자들』, 김화영, 글담, 2005 • 『교실 밖 화학이야기』, 진정일, 양문, 2006 • 『구조지질학 용어집』, 장태우, 도서출판 춘광, 1997 • 『꿈의

에너지, 핵융합』, 박덕규, 전파과학사, 1997 • 『공상과학대전』, 리카오 야나기타 외, 도서출판 대원, 2000 • 『공상비과학대전 1, 2』, 리카오 야나기타, 대원씨아이, 2002 • 『궁극의 가속기 SSC와 21세기 물리학』, 모리 시게키, 전파과학사, 1994 • 『그것은 이렇게 끝났다』, 찰스 패너티, 중앙 M&B, 1998 • 『그들은 누구인가』, 윤한채, 명지출판사, 1998 • 『근현대 과학 기술과 삶의 변화』, 국사편찬위원회, 두산동아, 2005 • 『기계의 발명』, 편집부, 흥신문화사, 1994 • 『기술의 역사』, F. 플럼, 미래사, 1992 • 『기이한 역사』, 존 리처드 스티븐스, 예문, 1998 • 『김치도 과학이에요?』, 정동찬, 한림출판사, 1998 • 『나는 갯벌을 겪는다』, 백용해, 한림미디어, 2004 • 『나는 멋진 로봇 친구가 좋다』, 이인식, 랜덤하우스 중앙, 2005 • 『나는 생각한다 고로 실수한다』, 장 피에르, 문예출판사, 1995 • 『나는 수중사진을 한다』, 장남원, 한림미디어, 2005 • 『나는 왜 사이버그가 되었나』, 케빈 워릭, 김영사, 2004 • 『날조된 역사』, 제프리 버튼 러셀, 모티브, 2004 • 『남극 탐험기지에서 쓴 화석, 지질학 이야기』, 장순근, 대원사, 1997 • 『내가 듣고 싶은 과학교실』, 데이비드 엘리엇 브로디 외, 가람기획, 2001 • 『노벨상 따라잡기』, 과학동아 편집부, 아카데미서적, 1999 • 『노벨상으로 말하는 20세기 물리학』, 고야마 게이타, 전파과학사, 1994 • 『노벨상의 발상』, 미우라 겐이치, 전파과학사, 1995 • 『노벨상의 빛과 그늘』, 과학 아사히, 전파과학사, 1995 • 『노벨상이 만든 세상(물리학)』, 이종호, 나무의꿈, 2000 • 『노벨상이 만든 세상(생리 · 의학)』, 이종호, 나무의꿈, 2000 • 『노벨상이 만든 세상(화학)』, 이종호, 나무의꿈, 2000 • 『노벨상 이야기』, 박병소, 범한서적주식회사, 1998 • 『노벨상 따라잡기』, 과학동아 편집부, 아카데미서적, 1999 • 『노화의 시계를 멈춰라』, 이영진 외, 집사제, 2000 • 『놀라운 발견들』, 프랭크 애셜, 한울, 1996 • 『눈송이는 어떤 모양일까?』, 이언 스튜어트, 한승, 2004 • 『닭이냐 달걀이냐』, 로버트 샤피로, 책세상, 1990 • 『대세계사』, 조의설, 정한출판사, 1980 • 『대장장이와 연금술』, 미르치아 엘리아데, 문학동네, 1999 • 『도대체 에너지란 무엇일까?』, 한국브리태니커회사, 1988 • 『대한민국 과학수사파일』, 최상규, 해바라기, 2004 • 『돌에 새겨진 인간의 정념』, NHK 취재반, 우주문명사, 1984 • 『동시성의 과학, 싱크 SYNC』, 스티븐 스트로가츠, 김영사, 2005 • 『두뇌의 비밀을 찾아서』, 페터 뒤베게, 모티브, 2005 • 『라이프 인간과 과학 시리즈』, 존 R. 윌슨, 타임라이프북스, 1985 • 『람세스 2세』, 시공사, 1999 • 『레이저와 영상』, 다츠오카 시즈오, 겸지사, 1994 • 『레이저와 홀로그래피』, W. E. 칵, 전파과학사, 1993 • 『로마제국의 정복자 아틸라는 한민족』, 이종호, 백산자료원, 2003 • 『로봇 만들기』, 로드니 A. 브룩스, 2005 • 『로봇의 시대』, 도지마 와코, 사이언스북스, 2002 • 『로봇의 행진』, 케빈 워릭, 한승, 1999 • 『로봇이야기』, 김문상, 살림, 2005 • 『매머드, 빙하기 거인의 부활』, 리처드 스톤, 지호, 2005 • 『명예의 전당에 오른 한국의 과학자들』, 박택규 외, 책바치, 2004 • 『메이팅 마인드』, 제프리 밀러, 도서출판 소소, 2004 • 『몸과 마음의 생물학』, 김창환, 지성사, 1995 • 『무서운 세계사의 미궁』, 키류 미사오, 열림원, 2001 • 『무시무시한 사기극』, 미에리 메이상, 시와사회, 2002 • 『문명과 질병으로 보는 인간의 역사』, 황상익, 도서출판 한울림, 1998 • 『문명의 불을 밝힌 과학의 선구자들』, 이세용, 겸지사, 1993 • 『문화라는 이름의 야만』, 찰스 패너티, 중앙 M&B, 1998 • 『물리적 사고 길들이기』, 케이스 로케트, 에드텍, 1996 • 『물리학을 뒤흔든 30년』, G.가모프, 전파과학사, 1994 • 『물리학자는 영화에서 과학을 본다』, 정재승, 동아시아, 2000 • 『물질과 생명』, 강영선 외, 향문사, 1992 • 『미래사회 전망과 한국의 과학 기술』, 과학기술부, 2005 • 『미래 신문』, 이인식, 김영사, 2004 • 『미래의 수수께끼』, 에리히 폰 대니켄, 삼진기획, 1998 • 『미리가본 21세기』, 현원복, 겸지사, 1997 • 『미스터리 세계사』, 프랜시스 히칭, 가람기획, 1995 •

『바다를 건너는 달팽이』, 권오길, 지성사, 1998 • 『바다의 과학』, 이종화, 현대과학신서, 1989 • 『바이오테크놀러지의 세계』, 와타나베 이타루, DNA연구소, 1995 • 『발굴과 인양』, 이병철, 아카데미서적, 1990 • 『발명이야기』, 아이라 플래토, 고려원미디어, 1994 • 『발명특허의 정석』, 김익철, 현실과미래, 2001 • 『발효식품학』, 심상국 외, 진로연구사, 2001 • 『별난인종 별난 에로스』, 유종현, 성하출판, 1996 • 『별들의 비밀』, 지오프리 코넬리우스, 문학동네, 1997 • 『배꼽티를 입은 문화』, 찰스 패너티, 자작나무, 1995 • 『백과사전이나 역사 교과서엔 실리지 않은 세계사의 토픽』, 리처드 잭스, 가람기획, 2001 • 『백만인의 유전학』, 존. J. 프리드, 중앙일보 중앙신서, 1978 • 『백범일지』, 김구, 삼중당, 1986 • 『보이지 않는 권력자』, 이재설, 사이언스북스, 1999 • 『봉화에서 텔레파시 통신까지』, 진용옥, 지성사, 1996 • 『분자생물학 입문』, 김은수, 전파과학사, 1994 • 『불사의 신화와 사상』, 정재서, 민음사, 1994 • 『빛을 만들어낸 이야기』, 고인수, 동인기획, 1998 • 『빛의 역사』, 리차드 바이스, 도서출판 끌리오, 1999 • 『사람의 과학』, 김용준, 통나무, 1994 • 『사람의 유전과 환경』, 정영호, 아카데미서적, 1992 • 『사이언스 오딧세이』, 찰스 플라워스, 가람기획, 1998 • 『사이언티스트 100』, 존 시몬스, 세종서적, 1997 • 『사탄과 약혼한 마녀』, 시공사, 1997 • 『산업미생물학』, 배무, 민음사, 1992 • 『새로운 생물학』, 노다 하루히코 외, 전파과학사, 1992 • 『상식 밖의 세계사』, 안효상, 새길, 1994 • 『상식 밖의 예술사』, 정윤, 새길, 1995 • 『새로운 유기화학』, 사키키와 노리유키, 전파과학사, 1994 • 『생각하는 생물』, 프랭크 H. 헤프너, 도솔, 1993 • 『생각하라 그리고 성공하라』, 나폴레옹 힐, 삼성출판사, 1982 • 『생리학 에세이』, B.F. 세르게이에쁘, 도서출판 나라사랑, 1991 • 『생명의 기원』, L. E. 오글, 현대과학신서, 1986 • 『생명의 신비』, D. 아텐보로, 학원사, 1989 • 『생물공학 이야기』, 유영제 외, 고려원미디어, 1996 • 『생물들의 신비한 초능력』, 리츠네스키, 청아출판사, 1997 • 『생명의 기원에 관한 일곱 가지 단서』, 그래이엄 케언스 스미스, 동아출판사, 1991 • 『생명이란 무엇인가』, 린 마굴리스 외, 지호, 1999 • 『생태학이란 무엇인가?』, M. 쀠젱, 현대과학신서, 1975 • 『생활 속의 물리이야기』, 김상수, 자작B&B, 2000 • 『서양고대사』, 헨리 C. 보렌, 탐구당, 1996 • 『서양과학사』, 오진곤, 전파과학사, 1997 • 『서양문명의 역사』, E. M. 번즈, 외 소나무, 1994 • 『서양문화의 수수께끼』, 찰스 패너티, 일출, 1997 • 『서양 미술사』, E. H. 곰브리지, 열화당, 1987 • 『선구자들이 남긴 지질과학의 역사』, 김정률, 도서출판 춘광, 1997 • 『선사 예술 기행』, 요코야마 유지, 사계절, 2005 • 『선생님이 가르쳐 준 거짓말』, 제임스 W. 로웬, 평민사, 2001 • 『성서 속의 불가사의』, 동아출판사 1991 • 『성의학자의 초과학이야기』, 설현욱, 성아카데미, 1997 • 『세계과학백과대사전』, 광학사, 1989 • 『세계문화사』, 학원사, 1964 • 『세계를 바꾼 20가지 공학기술』, 이인식 외, 생각의나무, 2004 • 『세계를 빛낸 탐험가』, 박덕운, 가교, 1998 • 『세계를 속인 거짓말』, 이종호, 뜨인돌, 2002 • 『세계 불가사의』, 콜린 윌슨, 칸디서원, 2004 • 『세계 불가사의 백과』, 콜린 윌슨, 하서, 1997 • 『세계사를 뒤흔든 발굴』, 이종호, 인물과사상, 2004 • 『세계사 속의 토픽』, 리처드 잭스, 가람기획, 2001 • 『세계사의 뒷이야기』, 박은봉, 실천문학사, 1994 • 『세계사의 전설, 거짓말, 날조된 신화들』, 리처드 솅크먼, 미래M&B, 2001 • 『세계사 편력』, 자와할랄 네루, 일빛, 1995 • 『세계 사형백과』, 카를 브루노 레더, 하서, 1995 • 『세계에서 가장 오래된 이야기』, 테오도르 H. 가스터, 평단문화사, 1986 • 『세계의 마지막 불가사의』, 동아출판사, 1990 • 『세계의 명저』, 이휘영 외, 법통사, 1964 • 『세계의 불가사의』, 김영만, 태서출판사, 1992 • 『세계의 철새 어떻게 이동하는가?』, 폴 컬린저, 다른세상, 2005 • 『세계 최고의 우리 문화유산』, 이종호, 컬쳐라인, 2001 • 『세계의 현대병기』, 박진구, 한국일보사, 1987 • 『세계 풍속사』, 파울 프리샤우어, 까치, 1995 • 『세이렌의 노래』, 시공디스커버리 총서, 2002 • 『셜록홈스의 과학 미스테리』, 콜린 브루스, 까치, 1999 • 『소립자를 찾아서』, Y. 네이먼 외, 미래사, 1993 • 『소설처럼 아름다운 수학이야기』, 김정희, 동아일보사, 2002 • 『소설처럼 읽는 미생물 사냥꾼 이야기』, 폴 드 쿠루이프, 몸과마음, 2005 • 『수학사』, 하워드 이브, 경문사, 2005 • 『수학자를 알면 공식이 보인다』, 과학동아 편집실, 도서출판 성우, 2005 • 『슈퍼맨의 비밀』, 전영석, (주)동아사이언스, 2002 • 『슈퍼영웅의 과학』, 로이시 그레시 외, 한승, 2004 • 『스트레인지 뷰티』, 조지 존슨, 승산, 2004 • 『스파게티에서 발견한 수학의 세계』, 알브레히트 보이텔슈파허, 이끌리오, 2001 • 『시간여행』, 김훈기, 아카데미서적, 1999 • 『시간의 역사』, 스티븐 호킹, 삼성이데아, 1988 • 『시간의 지배자들』, 존 보슬로, 새길, 1996 • 『시간이 없는 지구』, 피터 콜로시모, 우주문명사, 1984 • 『시네마 사이언스』, 정재승, 아카데미서적, 2000 • 『시네마 싸이콜로지』, 심영섭, 다른우리, 2003 • 『시인을 위한 물리학』, 로버트 H. 마취, 한승, 1999 • 『식물 바이오테크놀러지』, 스즈키 마사히코, 현대과학신서, 1991 • 『식물의 생명상』, 후루야 마사키, 전파과학사, 1996 • 『식품의 독성』, 정동효, 현대과학신서, 1986 • 『신과 악마의 물리학』, 고마타 게이타, 개마고원, 1994 • 『신과학 바로 알기』, 강건일, 가람기획, 1999 • 『신과학은 없다』, 강건일, 지성사, 1998 • 『신경망 이론과 응용』, 김대수, 휴먼 M&B, 2004 • 『신나는 미래과학여행』, 김진태, 동아사이언스, 2005 • 『신비의 성의』, 스티븐슨 외, 보이스사, 1987 • 『신의 지문』, 그레이엄 핸콕, 까치, 1996 • 『신토불이, 우리 문화유산』, 이종호, 한문화, 2003 • 『신화와 역사로 읽는 세계 7대 불가사의』, 이종호, 뜨인돌, 2001 • 『실수에 관한 진실』, 허시 골드버그, 중앙M&B, 1997 • 『실험실 밖에서 만난 생물공학 이야기』, 유영제 외, 고려원미디어, 1995 • 『아누비스』, 이종호, 명진출판사, 1997 • 『아빠, 우주 퀴즈 같이 해요』, 사이조 게이이치 외, 가람기획, 2002 • 『아버지가 들려주는 세계사 이야기』, 핸드릭 W. 반 룬, 들녘, 1995 • 『아시모프의 과학 에세이』, 아이작 아시모프, 언어문화사, 1990 • 『아시모프의 물리학』, 아이작 아시모프, 웅진문화, 1992 • 『아시모프의 생물학』, 아이작 아시모프, 웅진문화, 1992 • 『아시모프의 지구과학 화학』, 아이작 아시모프, 웅진문화, 1992 • 『아시모프의 천문학입문』, 아이작 아시모프, 전파과학사, 1994 • 『아우슈비츠와 히로시마』, 이안 부르마, 한겨레신문사, 2002 • 『아인슈타인, 나의 노년의 기록들』, 알베르트 아인슈타인, 지훈, 2005 • 『아인슈타인의 우주』, 나이절 콜더, 미래사, 1992 • 『아, 좋은 생각 오른쪽 뇌』, 김종안, 길벗, 1993 • 『약』, 김신근, 현대과학신서, 1986 • 『알고 싶은 과학의 세계』, 리처드 플레이스트, 문예출판사, 2000 • 『알기 쉬운 양자론』, 스즈키 타구치, 손명수, 전파과학사, 1988 • 『알기 쉬운 양자역학』, B. E. 루드니크, 나라사랑, 1991 • 『알기 쉬운 전파기술 입문』, 도쿠마루 시노부, 전파과학사, 1996 • 『알기 쉽고 재미있는 항공우주이야기』, 임달연, 고려원, 1997 • 『양자전자공학』, 존 R. 파이어스, 전파과학사, 1993 • 『어, 그래』, 이규조, 일빛, 1998 • 『엉뚱한 과학사』, 게리 제닝스, 한울림, 1991 • 『에세이 의료 한국사』, 허정, 한울, 1995 • 『역사로 읽는 우리 과학』, 과학사랑, 아침, 1994 • 『역사를 바꾼 씨앗 5가지』, 헨리 홉하우스, 세종서적, 1997 • 『역사 속의 의인들』, 황상익, 서울대학교출판부, 2004 • 『역사와 인간에 얽힌 수수께끼』, F. 에드워드, 우주문명사, 1984 • 『연금술』, 안드레아 아로마티코 시공사, 1998 • 『연금술』, 요시다 미츠쿠니, 현대과학신서, 1983 • 『연금술 이야기』, 엘리슨 쿠더트, 민음사, 1995 • 『열화학법에 의한 수소제조기술 연구』, 손영목 외, 한국동력자원연구소, 1990 • 『영상 컨텐츠 기획론』, 문만기, 정보와사람들, 2006 • 『영화로 과학 읽기』, 이필렬 외, 지식의날개, 2006 • 『영화 속의 철학』, 박병철, 서광사, 2001 • 『영화에서 만난 불가능의 과학』, 이종호, 뜨인돌, 2003 •『영화의 탄생』, 암마뉘엘 툴레 시공디스커버리, 2005 •『에세이 의료 한국사』, 허정, 한울, 1995 •『오디세이 3000』, 게로 폰 뵘, 이끌리오, 2001 •『오류와 우연의 과학사』, 페터 크뢰닝, 이마고, 2005 •『오리진』, 리차드 리키 외, 학원신서1, 1983 •『오안네스』, 김원, 도서출판 와우, 1999 •『오지의 사람들』, 연호택, 성하출판, 1999 •『오, 통일코리아(1), (2)』, 이종호, 새로운사람들, 2002 •『왜 지금 통합의료인가』, 아츠미 가즈히코, 홍익재, 2005 •『우리가 처음은 아니다』, A. 토머스, 현대과학신서, 1988 •『우리도 도전하자 노벨상』, 이시타 도리오, 겸지사, 1998 •『우리들을 위한 원자력 이야기』, 이용수, 도서출판 보고, 1991 •『우리 역사 과학 기행』, 문중양, 동아시아, 2006 •『우리 조상들은 얼마나 과학적으로 살았을까』, 황훈영, 청년사, 1999 •『우리 조상은 하늘을 어떻게 이해했는가』, 정성희, 책세상, 2000 •『우리 태양계』, 이향순, 현암사, 1994 •『우연과 행운의 과학적 발견이야기』, 로이스톤 M. 로버츠, 국제, 1994 •『우주 개발의 숨은 이야기』, 정홍철, 살림, 2004 •『우주 · 물질 · 생명』, 권영대 외, 현대과학신서, 1986 •『우주선과 카누』, 케네스 브라워, 창작과비평사, 1997 •『우주 오디세이』, 미즈타니 히토시, 신지평, 1994 •『우주의 구조』, 브라이언 그린, 승산, 2005 •『우주의 불가사의』, 진성문화사, 1993 •『우주의 비밀』, 아이작 아시모프, 동아출판사, 1993 •『우주의 암호』, 하인즈 페이겔스, (주)범양사출판부, 1989 •『우주의 창조』, G. 가모브, 현대과학신서, 1989 •『우주의 충돌』, 다나 데소니, 김영사, 1996 •『우주전쟁』, 허버트 조지 웰스, 집사재, 2005 •『우주 진화의 수수께끼』, 존 그리빈 외, 푸른미디어, 1999 •『우표 속의 수학』, 로빈 윌슨, 한승, 2002 •『원숭이는 어떻게 인간이 되었는가』, 요한 그끌레, 이글리오, 2000 •『원시인』, 타임-라이프북스, 1983 •『원자력과 핵은 다른 건가요?』, 이순영, 한세, 1995 •『원자력의 기적』, 사이토 기이치로 외, 한국원자력문화재단, 1994 •『원자폭탄 만들기』, 리처드 로즈, 민음사, 1995 •『위대한 발명 · 발견 이야기』, 유한준, 대일출판사, 1994 •『위험한 이야기』, 히로세 다카시, 푸른산, 1990 •『윙크하는 원숭이』, 오영근, 인간능력개발원, 1994 •『유레카』, 레슬리 앨런 호비츠, 생각의나무, 2003 •『유레카! 발명의 인간』, 이효준, 김영사, 1996 •『유레카, 유레카』, 미카엘 매크론, 세종서적, 1999 •『유물로 통해 본 세계사』, 하비 래클린, 세종서적, 1997 •『유물의 재발견』, 남천우, 학고재, 1997 •『유전자가 세상을 바꾼다』, 김훈기, 궁리, 2000 •『유전자 사냥꾼』, 제리 비숍 외, 동아출판사, 1995 •『유전자의 분자생물학』, 제이 디 왓슨, 대광문화사, 1985 •『유전자의 세기는 끝났다』, 이블린 폭스 켈러, 지호, 2002 •『유전자 진단으로 무엇을 할 수 있을까』, 나라 노부오, 아카데미서적, 1999 •『의사가 못 고치는 환자는 어떻게 하나』, 황종국, 우리문화, 2005 •『의학사 산책』, J. H. 콤로, (주)미래사, 1995 •『응용초전도』, 이와다 아키라, 전파과학사, 1995 •『이것이 공해다』, 박창근, 동화기술, 1993 •『이것이 생물학이다』, 에른스트 마이어, 몸과마음, 2002 •『이 기적인 유전자』, 리처드 도킨스, 동아출판사, 1992 •『이머전스』, 스티븐 존슨, 김영사, 2004 •『이야기 파라독스』, 마틴 가드너, 사계절, 1996 •『이인식의 과학생각』, 이인식, 생각의나무, 2002 •『이집트 신화』, 조지 하트, 범우사, 1999 •『인간 게놈 프로젝트』, 로버트 쿡 외, 민음사, 1994 •『인간을 지배한 음식 21가지』, 김승일, 예문, 1997 •『인간의 역사』, 미하일 일리인, 홍신문화사, 1994 •『인간의 역사』, 일리인 외, 연구사, 1999 •『인터넷 다음은 로봇이다』, 배일환, 동아시아, 2004 •『전쟁의 역사』, 버나드 르 몽고메리, 책세상, 1995 •『人類災絕的10種可能』, 李昇鳴, 신세계출판사, 2004 •『일리아드 · 오디세이』, 김영종, 글벗사, 1989 •『임석재 서양건축사』, 임석재, (주)북하우스, 2006 •『입체로 읽는 화학』, 이인호, 자작나무, 1994 •『잊혀진 이집트를 찾아서』,

장 베르쿠테, 시공사, 1995 •『잃어버린 고대문명』, 알렉산더 고르보프스키, 자작나무, 1995 •『자동차 마케팅』, 김상대, 새로운사람들, 2001 •『자연과 우주의 수수께끼』, 김제완 외, 서해문집, 1999 •『자연과학의 역사』, 곽영직 외, (주)도서출판 북힐스, 2002 •『자연의 탐구자들』, 정해상, 겸지사, 1989 •『작은 세상의 반란』, 이원경, 동아사이언스, 2003 •『작은 아이디어로 삶을 변화시킨 발명이야기』, 아이라 플래토, 고려원미디어, 1994 •『작은 인간』, 마빈 해리스, 민음사, 1995 •『잡학사전』, 리더스 다이제스트, 1989 •『장대한 동서문화의 교류』, NHK 취재반, 우주문명사, 1984 •『재미있는 나노과학 기술여행』, 강찬형 외, 양문, 2006 •『재미있는 물리학 I, II』, 후지카와 겐지, 전파과학사, 1978 •『재미있는 생체공학 이야기』, 도비오카 켄, 인암문화사, 1992 •『재미있는 생활과학 이야기 50』, 박기성, 동인, 1997 •『재미있는 원자분자 이야기』, 21세기 열린과학인 모임, 청암미디어, 1994 •『재미있는 인류 이야기』, 리차드 리키, 예문당, 1998 •『전기상식백과』, 기쿠치 마코토, 아카데미서적, 1998 •『전쟁의 역사』, 버나드 르 몽고메리, 책세상, 1995 •『전파기술에의 초대』, 도쿠라무 시노부, 전파과학사, 1996 •『전파기술입문』, 도쿠라무 시노부, 전파과학사, 1996 •『젊은이에게 들려주는 원자력 이야기』, 무라타 히로시, 한국원자력문화재단, 1997 •『조명공학』, 지철근, 문운당, 1971 •『조선의 과학문화재』, 서울역사박물관, 2004 •『종의 기원』, 다윈, 삼성출판사, 1983 •『줄기세포』, 박세필 외, 동아사이언스, 2005 •『중국 고대 과학전』, 박성래, 도서출판 명진, 1990 •『中國發見科學的奇蹟』, 何樂爲, 중국장안출판사, 2006 •『중국의 과학과 문명』, 조셉 니덤, 까치, 2000 •『중년의 건강과 성생활』, 이문호 외, 국제문화출판공사, 1991 •『즐거운 과학산책』, 강건일, 학민사, 1996 •『지구는 우주인의 동물원』, 막스 H. 프린트, 우주문명사, 1984 •『지구란 무엇인가』, 다케우치 히토시, 전파과학사, 1993 •『지구물리학』, 김광호 외, 도서출판 춘광, 1997 •『지구의 마지막 선택』, S. 보일 외, 동아출판사, 1991 •『지구 변화와 인류의 신비』, 라이어닐 카슨 외, 느티나무, 1990 •『지구와 우주 문명의 신비』, R. 콜린스, 우주문명사, 1984 •『지구의 과학(I)』, 다게우치 히토시 외, 현대과학신서, 1985 •『지구의 수호신 성층권 오존』, 시마자키 다츠오, 전파과학사, 1992 •『지진이란 무엇인가』, 아이작 아시모프, 과학교육사, 1984 •『진리의 섬』, 이바스 피터슨, 웅진출판, 1993 •『진화, 치명적인 거짓말』, 한스 요하임 칠머, 푸른나무, 2002 •『진시황릉』, 위에 난, 일빛, 1998 •『진화』, 칼 짐머, 세종서적, 2004 •『질투하는 문명』, 와타히키 히로시, 자작나무, 1995 •『짝짓기로 배우는 세계사』, 박상진, 모아, 1997 •『차종환 박사가 들려주는 재미있는 핵 이야기』, 차종환, 좋은글, 1995 •『창세의 수호신』, 그레이엄 핸콕 외, 까치, 1997 •『처음 3분간』, S. 와인버그, 현대과학신서, 1989 •『천재들의 수학노트』, 박부성, 향연, 2003 •『첨단 자연과학』, 기초과학연구회, 형설출판사, 1991 •『청소년을 위한 과학자 이야기』, 송성수, 신원문화사, 2002 •『초고대 여행』, 박우인, 예원, 1994 •『초과학 미스터리』, 문용수, 하늘출판사, 1996 •『초능력과 미스터리의 세계』, 동아출판사, 1994 •『초자연』, 라이언 왓슨, 인간사, 1993 •『초전도란 무엇인가』, 오츠카 다이이치로, 전파과학사, 1996 •『초보자를 위한 DNA』, 이스라엘 로젠필디 외, 오월, 1994 •『초이론을 찾아서』, 배리 파커, 전파과학사, 1998 •『초전도혁명의 이론적 체계』, 최동식, 고려대학교 출판부, 1994 •『카오스』, 제임스 글리크, 동문사, 1996 •『카오스란 무엇인가』, 스티븐 켈러트, 범양사출판부, 1995 •『쿼크에서 코스모스까지』, 레온 M. 레더만, 범양사출판부, 1996 •『클라시커 50 재판』, 마리 자겐슈나이더, 해냄, 2003 •『타임라인』, 마이클 클라이튼, 금성사, 2000 •『탄압받는 과학자들과 그들의 발견』, 조나단 에이센, 양문, 2001 •『탈무드』, 마빈 토케이오, 다모아, 2001 •『탐욕에 관한 진실』, M. 허시 골드버그, 중앙M&B, 1997 • 『탐험과 발견』, 이병철, 아카데미서적, 1990 • 『태양계』, 유경희, 동아출판사, 1994 • 『태양을 삼킨 람세스』, 크리스티안 데로슈 노블쿠르, 영림카디널, 1999 • 『태양전지란 무엇인가』, 구와노 유키노리, 아카데미서적, 1998 • 『터부의 수수께끼』, 야마우치 히사시, 사람과사람, 1997 • 『테마가 있는 20가지 과학 이야기』, B. E. 짐머맨 외, 세종서적, 1999 • 『테크노 폴리틱스』, 민경진, 시와사회, 2002 • 『트로이』, 에르베 뒤센, 시공사, 1997 • 『파리가 잡은 범인』, M. 리 고프, 해바라기, 2002 • 『판타스틱 사이언스』, 수 넬슨 외, 웅진닷컴, 2005 • 『평양의 핵미소』, 남찬순, 자작나무, 1995 • 『포르노 영화 역사를 만나다』, 연동원, 연경미디어, 2006 • 「폴리그래프 검사결과의 법적 증거능력」, 신성섭, 한국폴리그래프협회 98정기세미나, 1998.11월 • 『푸른 행성 지구』, 김규환, 시그마플러스, 1998 • 『풀리지 않는 세계사 미스터리』, 민웅기, 하늘출판사, 1995 • 『풍속의 역사』, 에두아르트 푹스, 까치, 2000 • 『프랑스 혁명비사』, 이기석 외, 집문당, 1971 • 『피라미드(전12권)』, 이종호, 새로운사람들+자작나무, 1999 • 『피라미드의 과학』, 이종호, 새로운사람들, 1999 • 『하늘을 나는 수레』, 홍상훈, 솔, 2003 • 『하이테크 달걀』, 현원복, 동아출판사, 1992 • 『하재봉의 영화읽기』, 하재봉, 예문, 1996 • 『학습 만화 세계사』, 계몽사, 1988 • 『한국 과학 사상사』, 박성래, 유스북, 2005 • 『한국의 성신앙』, 김종대, 인디북, 2004 • 『한국의 풍수지리와 건축』, 박시익, 일빛, 2001 • 『한국인의 일생』, 월간조선 2000년 1월 별책부록, 조선일보사, 2000 • 『한국장수인의 개체적 특성과 사회환경적 요인』, 박상철 외, 서울대학교출판부, 2005 • 『한 권으로 보는 세계사 100 장면』, 박은봉, 가람기획, 1992 • 『한눈으로 보는 세계사 1000 장면』, 폴 임, 우리문화사, 1996 • 「해리포터의 사이언스」, 정창훈 외, 과학동아, 2003 • 『핵물질 보고서』, 데이빗 알브라이트 외, 도서출판 해인기획, 1996 • 『핵의 세계와 한국핵정책』, 이호재, 법문사, 1987 • 『핵, 터놓고 이야기합시다』, 장순근, 대원사, 1997 • 『화석 · 지질학 이야기』, 류창하, 김영사, 1992 • 『화학사 상식을 다시 보다』, 일본화학회, 전파과학사, 1993 • 『화학의 발자취』, H. W. 샐츠버그, 범양사출판부, 1993 • 『현대과학으로 다시 보는 세계의 불가사의 21가지 (I), (II)』, 이종호, 새로운사람들, 1998 • 『현대과학으로 다시 보는 한국의 유산 21가지』, 이종호, 새로운사람들, 1999 • 『현대물리학과 한국철학』, 김상일, 고려원, 1993 • 『현대물리학 입문』, 이노끼 마사후미, 현대과학신서, 1987 • 『현대 물리학이 탐색하는 마음』, 폴 데이비스, 한뜻, 1994 • 『현대사상키워드 60』, 『신동아』 2004년 신년호 특별부록 동아일보사, 2004 • 『현대 세계사상교양 대전집 1』, 권(징비록), 현암사, 1983 • 『현대의학, 그 위대한 도전의 역사』, 예병일, 사이언스북스, 2004 • 『홀로그램 우주』, 마이클 탤보트, 정신세계사, 1999 • 『화석』, 이베트 케라르-빌리, 2004, 시공사, 1989 • 『화학의 발자취』, H. W. 샐츠버그, 범양사출판부, 1993

노벨상이 만든 세상
물리학 Ⅱ

초판인쇄 | 2007년 4월 25일
초판발행 | 2007년 5월 1일

지은이 | 이종호
펴낸이 | 주영희
펴낸곳 | 나무의 꿈

주소 | 121-842 서울시 마포구 연남동 224-57 2층
전화 | 02-332-4037(代)
팩스 | 02-332-4031
출판등록 | 제10-1812호

ISBN 978-89-91168-16-9(04400)
ISBN 978-89-91168-14-5(전6권)